Carl Hagenbeck

Von Tieren und Menschen

Erlebnisse und Erfahrungen von Carl Hagenbeck

SEVERUS

Hagenbeck, Carl: Von Tieren und Menschen
Hamburg, SEVERUS Verlag 2013

ISBN: 978-3-86347-716-5
Druck: SEVERUS Verlag, Hamburg, 2013
Lektorat: Marc Püschel, Julia Felis

Der Text der vorliegenden Edition folgt der Ausgabe:
Carl Hagenbeck: Von Tieren und Menschen. Leipzig 1928.

Der Text wurde aus Fraktur übertragen. Die Orthographie wurde behutsam modernisiert, grammatikalische Eigenheiten bleiben gewahrt. Die Interpunktion folgt der Druckvorlage.

Der SEVERUS Verlag ist ein Imprint der Diplomica Verlag GmbH.

Bibliografische Information der Deutschen Nationalbibliothek:
Die Deutsche Nationalbibliothek verzeichnet diese Publikation in der Deutschen Nationalbibliografie; detaillierte bibliografische Daten sind im Internet über http://dnb.d-nb.de abrufbar.

Von Tieren und Menschen

Erlebnisse und Erfahrungen

Von

Carl Hagenbeck

SEVERUS

MIX
Papier aus verantwortungsvollen Quellen
Paper from responsible sources
FSC® C105338

Vorwort

Hagenbeck – schon allein der Name weckt bei den meisten Menschen Assoziationen an Tiergärten und Zoobesuche. Leicht verständlich ist es noch, daß ihn in Hamburg jedes Kind kennt. Umso erstaunlicher aber, daß ein Zoodirektor, der lebenslang seiner Geburtsstadt Hamburg treu blieb, auch in ganz Deutschland eine solche Berühmtheit geworden ist, daß sein Name jedem ein Begriff ist. Vergleichbares lässt sich schwerlich finden.

Und doch ist es nachvollziehbar, angesichts der imposanten Lebensleistung Carl Hagenbecks und den bedeutenden Neuerungen, die er in die Behandlung von Tieren im allgemeinen und die Zooarchitektur im besonderen einbrachte. Seine 1908 erschienene Autobiographie „Von Tieren und Menschen" ist wohl immer noch die beste und vor allem spannendste Einführung in sein Leben und Werk, und eine Neuauflage der vergriffenen Originalausgabe allein deswegen schon mehr als gerechtfertigt.

Carl Gottfried Wilhelm Heinrich Hagenbeck wurde am 10. Juni 1844 in Hamburg als Sohn des Fischhändlers Gottfried Claes Carl Hagenbeck geboren. Sein Vater war der wichtigste Wegbereiter zum Einstieg ins Tiergeschäft. Eher zufällig kam 1848 eine Handvoll Seehunde in dessen Besitz. Er bewies Geschäftssinn, indem er sie gegen ein geringes Entgelt zur Schau stellte. Allmählich kamen weitere Tiere dazu, anfangs vor allem aus dem Norden (Eisbären, Robben, etc.) und Schritt für Schritt wurde aus dem Fischhandel ein allgemeiner Tierhandel, der von Beginn an auch mit der Ausstellung der Tiere verbunden war.

Wie einige seiner Geschwister war Carl von Kindesbeinen an in das Geschäft seines Vaters einbezogen. Mehr als bei den anderen aber zeigte sich bei Carl schon früh eine starke Neigung zum Umgang mit Tieren und so übernahm er im Jahre 1866, im Alter von gerade einmal 21 Jahren, die Tierhandlung, während sich sein Vater auf das Fischgeschäft konzentrierte. Wenn auch die beruflichen Bahnen des jungen Hagenbeck somit schon vorgezeichnet waren, so war die ungewöhnlich rasche Expansion, die das Unternehmen erfuhr, der Geschäftstüchtigkeit und dem Einfallsreichtum des neuen Besitzers zu verdanken. Schon 1874 wurde der bisherige Umschlagplatz für Tiere am Spielbudenplatz zu klein und Hagenbeck erwarb ein Grundstück am Neuen Pferdemarkt in Hamburg, wo von nun an der Tierhandel sowie die Ausstellung der Tiere in Käfigen stattfand. Letzteres wurde bereits hier als „Hagenbecks Tierpark" vorgestellt.

In den nämlichen Zeitraum um 1874 fiel auch die Idee Hagenbecks, angeregt von dem Freund und Tiermaler Leutemann, Völkerschaustellungen zu veranstalten. Dabei wurden Gruppen aus weit entfernten Völkern, anfangs Lappländer, später auch zum Beispiel Inuit, Singhalesen, Kalmücken und Vertreter verschiedener afrikanischer Stämme, nach Hamburg eingeladen, wo sie, meist zusammen mit Exemplaren aus der Tierwelt ihrer Heimat, dem interessierten Publikum präsentiert wurden. Dabei mussten sie Tänze, religiöse Rituale, handwerkliche Fähigkeiten und allgemein ihre Lebensweise vorführen. In der Epoche des Kaiserreichs – der Erwerb der ersten deutschen Kolonien fiel in die gleiche Zeit – waren die Völkerschauen ein großer Erfolg. In späterer Zeit und insbesondere von der historischen Forschung wurde an dieser Art von Veranstaltung allerdings scharfe Kritik geübt – zu Recht. Wie selbstverständlich wurden die Völker zusammen mit der Tierwelt im Zoo gezeigt und die Menschen dabei auf ihre „Wildheit" und Andersartigkeit reduziert. Daß die Fremden oft klischeehaft als exotisch und primitiv dargestellt wurden, leistete rassistischen und pro-kolonialistischen Einstellungen Vorschub, ja, die Aufmachung der Völkerschauen war selbst von diesen Einstellungen geprägt. Auch war die Bezahlung und die Versorgung der eingeladenen Völkergruppen mitunter sehr schlecht. Zur Verteidigung Hagenbecks lässt sich immerhin sagen, daß bei ihm, wie bei manchem seiner Zeitgenossen, noch ein ganz anderes Motiv mitwirkte – war es doch die Zeit, als die ersten negativen Begleiterscheinungen der Industrialisierung und Technisierung sich bemerkbar machten und viele daher eine ehrliche Bewunderung für die Naturverbundenheit und „Ursprünglichkeit" dieser Völker pflegten. Auch Hagenbeck bringt dies in seiner Autobiographie zum Ausdruck.

Zusammengenommen waren die Völkerschauen jedoch nur einer von vielen Aspekten im Geschäft Hagenbecks. Der Tierhandel lief zunächst hervorragend, so daß es sich der Unternehmer leisten konnte, zahlreiche Expeditionen in die ganze Welt zu schicken. Die Reisenden hatten den Auftrag, seltene Tiere aufzustöbern, einzufangen und möglichst unversehrt nach Hamburg zu bringen. Darüber hinaus vernetzte sich Hagenbeck bald mit anderen europäischen Städten, in denen ebenfalls reger Tierhandel betrieben wurde, um dort weitere Exemplare zu erwerben. So wurde aus ihm, obwohl er zeitlebens Hamburger blieb, schnell ein weltgewandter Geschäftsmann.

Es spricht für seine Flexibilität und Vielseitigkeit, daß Hagenbeck, als der Handel mit Tieren einmal schlechter lief, kurzfristig umsattelte und 1887 einen eigenen Zirkus gründete. Zugleich konnte er damit sein langgehegtes Projekt der „zahmen Dressur" verwirklichen. Neuartig, jedenfalls ungewöhnlich, war diese Art der Dressur dadurch, daß man die Tiere durch geschickte Auswahl, Anreize und Belohnungen gleichsam zu erziehen versuchte, anstatt sie, wie früher, einfach durch brutale Strafen abzurichten. Trotz enormen Startschwierigkeiten und einigen heiklen Episoden während der Dressur, von denen der Leser sich im vorliegenden Buch ein Bild machen kann, wurde der „Zirkus Hagenbeck" ein Erfolg. Nach dem Tod des Gründers setzten seine Söhne diesen Erfolg fort und so gab es einen gleichnamigen Zirkus noch bis 1953.

Den Höhepunkt seines Schaffens stellte aber zweifelsohne der Bau des Tierparks in Stellingen dar. Hagenbeck hatte schon früh das Ideal eines ganz anders gearteten Tierparks, als es die damals verbreiteten Zoologischen Gärten waren, vor Augen. Deshalb erwarb er sich im damals preußischen, heute hamburgischen Stellingen ein großes, freies Areal. Bis 1907 wurde hier ein neuer Tierpark erbaut und am 7. Mai dieses Jahres eröffnet. Der als „Carl Hagenbecks Zoologisches Paradies“ betitelte Tierpark brach mit allen bisherigen Zookonstruktionen. Zuvor bestanden Zoos meist nur aus Käfigen in geheizten Zelten oder Hallen, in denen die Tiere präsentiert wurden. Hagenbeck dagegen hatte sich schon seit geraumer Zeit damit beschäftigt, völlig gitterlose, der Natur nachempfundene Gehege zu konstruieren. Die Realisation dieser Pläne gelang in Stellingen, wo die natürliche Umgebung der jeweiligen Tierarten großflächig nachgebaut beziehungsweise geschaffen wurde. Einzigartig war der Verzicht auf jede Art von Zäunen, Gittern, etc. Den Besucher, der durch ausgedehnte Parkanlagen spazierte, und die Tiere in ihren Arealen trennten nur natürliche Hürden, vor allem sorgfältig angelegte Wassergräben. Weltweit wurde diese Art von Zooarchitektur schnell zum Vorbild, und Hagenbeck damit zum Vorreiter des modernen Zoos. Überhaupt war Stellingen ein ständiges Experimentierfeld. So ließ Hagenbeck beispielsweise auch ausgestorbene Tiere, vor allem Saurier, in Lebensgröße nachbauen und ausstellen, oder er stellte vielfache Versuche bezüglich der Akklimatisation von Tieren im kalten Hamburg an.

Carl Hagenbeck starb im April 1913, aber seine Söhne Heinrich und Lorenz führten den Tierpark fort. Und es spricht sicherlich für die Weitsicht und Tragfähigkeit seiner Konzeptionen, daß der „Tierpark Hagenbeck“ heute immer noch von der Familie Hagenbeck, mittlerweile in der sechsten Generation, betrieben wird. Ja, es gelingt sogar, den Tierpark immer weiter auszubauen und zu ergänzen, wie etwa durch das 2007 eröffnete Tropen-Aquarium.

Angesichts dieser Tradition und den damit verbundenen Erfindungen und Neuerungen im Bereich der Tierbehandlung mag es dem Leser vielleicht etwas verständlicher werden, wieso Hagenbeck weit mehr war als bloß ein Zoodirektor, und worauf seine außergewöhnliche Berühmtheit beruht.

Die vorliegende Autobiographie „Von Tieren und Menschen“ ist in zwei Abschnitte gegliedert. Der erste ist der Lebenserzählung Hagenbecks gewidmet, welche nacheinander die fünf Stationen Jugend, Tierhandel, Völkerschaustellungen, Zirkus und Stellinger Tierpark durchläuft. Die Erzählung Hagenbecks folgt nur lose dem chronologischen Strang, sie ist vielmehr durchdrungen von einer Fülle an lebhaften Schilderungen einzelner Szenen aus dem Leben mit Tieren, das gefährlich, spannend, lehrhaft, mitunter auch grotesk und lustig sein kann. Und so vielseitig wie Hagenbecks Tätigkeiten – vom Tierhandel und -transport über den Zirkusbetrieb bis zum Zoo – sind auch seine Anekdoten. Auf jeder Seite spürt man förmlich die Authentizität der Berichte. Die Anteilnahme des Lesers wird auch deswegen besonders hoch sein, da es sich nirgends um Erzählungen von standardisierten Abläufen handelt, sondern Hagenbeck mit fast jedem Schritt, den sein Geschäft machte, Neuland betrat. Er selbst betonte oft, daß kein Vorgehen, weder im Einfangen, noch Transportieren, noch dem Halten von Tieren, auf Vorwissen beruhte, sondern alles durch eigene praktische Erfahrungen erlernt werden musste – learning by doing, wie es heute heißen würde. Es versteht sich von selbst, daß dies seine Berichte ungleich lesenswerter macht, als es gegenwärtige Erzählungen über dieselben Themen sein könnten.

Der zweite Abschnitt behandelt in eher systematischer Absicht ausgewählte Arbeitsbereiche. Auch diese Schilderungen sind voller einzelner bemerkenswerter Szenen, allerdings sollen sie vor allem bestimmte Arbeitsvorgänge und Methoden für den Leser veranschaulichen. Dargestellt wird unter anderem das Einfangen wilder Tiere, ihre Haltung, ihre Pflege bei Krankheit, die Dressur und die Akklimatisation. Dabei konnte Hagenbeck bei Ereignissen, die er nicht selbst miterlebt hat, zumindest immer auf Berichte aus erster Hand zurückgreifen, hauptsächlich von den Teilnehmern seiner Expeditionen. Darüber hinaus beeindrucken in dem zweiten Buchabschnitt besonders die umfangreichen, zeitlosen Tierbeschreibungen, die von der Beobachtungsgabe des Erzählers leben.

Nicht zuletzt tritt in all diesen Erzählungen nicht nur der Geschäftsmann und innovative Konstrukteur Hagenbeck, sondern auch der große Tierfreund zutage, der seinen Beruf aus Liebe zu den Tieren ausübte und der immer bemüht war, die Lebensbedingungen derjenigen Tiere, die seiner Obhut unterstanden, zu verbessern. Wenn man bedenkt, daß gerade dies in seiner Zeit alles andere als selbstverständlich war, so ist diese Haltung auch heute noch vorbildlich.

Inhalt

Erster Abschnitt

I. Jugenderinnerungen

Die Welt stand noch nicht im Zeichen des Verkehrs, als ich meine Knabenzeit verlebte. Vom Geräusch und Getriebe, das heute die Weltstadt Hamburg erfüllt, war noch wenig zu bemerken. Durch die Straßen des lustigen alten Hamburgs wandelten noch neben dem Ausrufer des Senats, der seine große Glocke schwang, die seltsamsten Originale, irgendwo in den Vorstädten fand fast in jeder Jahreszeit der fröhliche Trubel eines Jahrmarktes statt, und um die Weihnachtszeit wurden nahezu alle freien Plätze der Stadt dem berühmten „Hamburger Dom“ dienstbar gemacht, der inzwischen vieles von seiner Originalität verloren hat.

Wenn ich jetzt meinen Blick über die weiten Gründe des Stellinger Tierparkes schweifen lasse, mit seinen grünen Matten und ragenden künstlichen Gebirgsformationen, zwischen denen Tausende von Besuchern sich des Anblicks der lebenden Tierpanoramen erfreuen. dann will es mir fast wie ein Traum erscheinen, daß der alte Hamburger Dom mit dem Tierparadies von Stellingen durch ein festes Band verknüpft ist.

Deutlich sehe ich noch den mit verschneiten Buden bedeckten Großneumarkt vor mir, wie er sich zur Weihnachtszeit ausnahm. Die Hände in den Taschen, vor Kälte von einem Fuß auf den andern hüpfend, drängte sich das Jungenvolk vor den lockenden Auslagen mit Zuckerwerk, Spielsachen und duftendem Schmalzgebäck, aber mehr noch vor den mechanischen Theatern, Wachsfigurenkabinetts und Buden mit menschenfresserischen Wilden und seltenen Tieren. Auf dem alten „Dom“ konnte man noch allen Ernstes die Seejungfer und ähnliche Fabeltiere leibhaftig zu sehen bekommen. Vor den Buden gingen die Ausrufer hastig auf und ab, denn auch sie froren, und ließen laut ihre einladenden Stimmen erschallen. Einer von ihnen war der „Schauspieler“ Schwanenhals oder, wie er sich selbst nannte, Swonenhals, ein origineller

Mensch, der sich für alle möglichen Dienstleistungen anwerben ließ. Jetzt also, an einem Winterabend des Jahres 1853, schritt Swonenhals auf dem Großneumarkt vor einer Schaubude auf und ab und rief immer wieder die denkwürdigen Worte in das staunende Publikum:

„Immer hereinspaziert, meine Herrschaften! Hier ist zu sehen: das größte Schwein der Welt! So etwas muß man gesehen haben, das ist kolossal, das ist unglaublich. das ist noch nicht dagewesen! Das Riesenschwein, meine Herrschaften, persönlich hier in Augenschein zu nehmen. Erwachsene zahlen einen Schilling, Kinder die Hälfte!"

Diesen Text unterstützte ein mächtiges Schild, auf dem das Schwein so groß wie ein Nilpferd abgebildet war.

Was aber das Merkwürdigste an dieser Bude auf dem alten Hamburger Dom für mich ist, das ist die Tatsache, daß auch jenes primitive Unternehmen den Namen Hagenbeck trug, ja, daß diese oder eine andere ähnliche Schaustellung aus vergangener Zeit die Wurzel war, aus welcher das weitverzweigte Unternehmen, das jetzt in Stellingen zentralisiert ist, im Laufe eines halben Jahrhunderts emporwuchs.

Der Unternehmer, der das Riesenschwein auf dem Großneumarkt einem verehrlichen Publikum vorführte, war mein lieber Vater, der das Tier, das in der Tat neunhundert Pfund wog, von einem alten Tierarzt gekauft hatte. In jenen Jahren pflegte mein Vater die Domzeit nie vorübergehen zu lassen, ohne irgendeine seltene oder merkwürdige Erscheinung aus der Tierwelt auszustellen. Es kamen dabei freilich die ergötzlichsten, heute ganz unmöglich gewordenen Täuschungen vor, die man selbst in einem amerikanischen Groschenmuseum nicht mehr ungestraft wagen dürfte. Eines Tages wurde meinem Vater von dem Kapitän eines im Hamburger Hafen angekommenen Schiffes ein Vicunna-Lama angeboten, das sofort für sechzig Taler gekauft und zur öffentlichen Ausstellung bestimmt wurde. Alle Vorbereitungen wurden getroffen, und unter anderem auch ein großes Aushängeschild beim alten Maler Gehrts bestellt, aber – o weh! Ehe die neue Attraktion zur Schau gestellt werden konnte, segnete sie das Zeitliche. Das Lama ging ein. Was tun? Das teure Schild, das zwölf Taler gekostet hatte, in den Winkel stellen? Unmöglich. Zu dem Schild mußte in den Gefilden Hamburgs ein neues Vicunna erjagt werden. Mein Vater fand ein solches in Gestalt eines ganz gewöhnlichen

Rehs, das er kaufte und nun ganz unverfroren als Lama den Besuchern zeigen ließ. Solche Scherze durfte man sich damals ohne weiteres erlauben; man war in der Zoologie noch nicht so gut bewandert wie heute, holte man doch seine Kenntnisse aus umherziehenden Menagerien, die sich noch ganz andere Unterschiebungen gestatteten.

Die Anfänge des Tiergeschäfts, soweit es mit meinem Hause verknüpft ist, liegen indes noch weiter zurück. Was mich selbst betrifft, so kann ich behaupten, daß mein ganzes Leben, von der Wiege an, sich in unmittelbarer Verbindung mit der Tierwelt abgespielt hat, denn mein Vater betrieb in der Hamburger Vorstadt St. Pauli, wo ich am 10. Juni 1844 geboren bin, ein Fischgeschäft. Unmittelbar aus diesem erwuchs auch der Tierhandel. Doch darf man aus dem kleinen Domschwindel, der im lustigen alten Hamburg nichts bedeutete, keine falschen Schlüsse ziehen. Befand sich doch auf dem Dom die berühmte Bude „Hamburg bei Nacht", in die man den Besucher gegen einen Schilling Entgelt vorne hineinließ, um ihn hinten einfach wieder hinauszulassen, auf die Straße: da hatte er Hamburg bei Nacht.

In meiner Erinnerung steht die Gestalt meines Vaters als die eines aufrechten, scharf umrissenen Charakters. Er war ein Mann von unerschütterlichen Grundsätzen und großen Gesichtspunkten. Dankerfüllt muß ich sagen, daß zu allem, was erreicht worden ist, er den Grundstein gelegt hat. In seinem Charakter paarte sich großer Lebensernst mit einer freundlichen Umgangsform. Sein Spruch war bei allen Gelegenheiten: Mit dem Hute in der Hand kommt man durch das ganze Land. Die praktische Nutzanwendung dieses Spruches ist mir als Knabe so oft begreiflich gemacht worden, daß er mir in Fleisch und Blut übergegangen ist, und daß ich ihn, glaube ich, auf die Meinigen wieder vererbt habe. Hinter äußerer Strenge, die mein Vater in der Erziehung seiner Kinder beobachtete, verbarg sich eine große Herzensgüte. Der Stock spielte in der Erziehung keine Rolle, schon durch das Vorbild des Vaters, der ganz aus Tätigkeit, Pünktlichkeit und Sparsamkeit zusammengesetzt war, lernten wir Kinder in seinem Geiste zu leben.

Nur ein einziges Mal entsinne ich mich, Prügel bekommen zu haben: der Vater hatte mich rufen lassen, und ich war trotzdem nicht rechtzeitig zu Tisch gekommen. Seitdem gewöhnte ich mich an strenge Pünkt-

Ansicht von Hamburg und dessen Häfen.
(Mitte des 19. Jahrhunderts)

lichkeit. Gab es zwischen den Kindern einmal einen Streit, so genügte ein lautes „Hallo, hallo!“ oder ein „Nana!“, und alles war still. Ganz besonders wurden wir zum Sparen angehalten; nichts, was irgendwie von Wert sein konnte, durfte verlorengehen. So wurden zum Beispiel die Nägel, die sich beim Öffnen der Kisten krumm bogen, wieder gerade geklopft und noch einmal verwendet. Als eine Art Talisman trug mein Vater das erste größere Geldstück, das er in seiner Jugend verdient hatte, stets in der Tasche, und als ein teures Vermächtnis ist dieses alte Geldstück jetzt mein ständiger Begleiter. Für die Arbeit, die wir Kinder schon frühzeitig im Geschäft leisten mußten, erhielten wir eine bestimmte Entlohnung, die jedes Kind eigenhändig in eine tönerne Sparbüchse stecken mußte. Zu Weihnachten wurden dann diese Spardosen zerschlagen und das Geld in Silber und auch Golddukaten umgewechselt. Die meinigen besitze ich heute noch.

Wir waren drei Knaben und vier Mädchen, wovon jetzt noch, außer mir, mein Bruder Wilhelm und meine Schwester, Frau Umlauff, am Leben sind. Meine Mutter starb im Frühling 1865. Durch eine zweite Ehe, welche mein Vater später wieder einging, besitze ich noch zwei Halbbrüder, John Hagenbeck in Colombo auf Ceylon und Gustav Hagenbeck in Hamburg.

Meine ganze arbeitsreiche Knabenzeit hat sich zwischen dem Fischgeschäft, das aus kleinen Anfängen zu großen Dimensionen erwuchs, und dem beginnenden Tierhandel abgespielt. In die Schule ging ich nur, wenn Zeit dazu vorhanden war, höchstens drei Monate im Jahre. Die Elementarweisheiten wurden mir in einer Mädchenschule, bei Mutter Feind in der Friedrichstraße auf St. Pauli, eingetrichtert. Erst von meinem zwölften Jahre ab erhielt der Schulbesuch mehr Regelmäßigkeit. Mein Vater verschloß sich keineswegs dem Segen der Bildung, und ein angemessenes Teil schien ihm durchaus notwendig, aber er stellte, ganz im heutigen amerikanischen Geiste, den frühzeitigen praktischen Erwerb ebenso hoch. Er pflegte zu sagen: „Pasters füllt je nich warden, aber reeken und schriben mutt je können!“[1] Als später das aufblühende Geschäft Verbindung mit Frankreich und England anknüpfte, bewährte sich der weite Blick meines Vaters, und da hieß

[1] Pastoren sollt ihr nicht werden, aber rechnen und schreiben müßt ihr können!

es: „Dat nützt nix, englisch und franzeusch mußt du ook noch leern.“[2] In den wenigen noch übrigbleibenden Schuljahren wurde dann der Grund in den höheren Fächern und auch in Sprachen gelegt; allein in der Hauptsache blieb der Erwerb derjenigen Kenntnisse, die zu einer ausgebreiteten Geschäftsbetätigung nötig sind, jener hohen und höchsten Schule vorbehalten, die man praktisches Leben nennt.

Die Haupttätigkeit im Fischgeschäft fiel in den Sommer. Damals kamen noch massenhaft die jetzt brandteuren Störe auf den Markt, und mein Vater war einer der Hauptabnehmer. Er hatte sogar eine Anzahl

Carl Hagenbeck mit seinen Geschwistern. (1861)

von Fischern gegen festes Gehalt in seinem Dienst, die alles, was sich in ihren Netzen fing, abliefern mußten. Von März bis Juli zogen die Fische aus dem Meere elbaufwärts, um zu laichen und sich, freilich wider Willen, in langen, großen Netzen fangen zu lassen. Wir kauften und verarbeiteten in jeder Saison durchschnittlich 4 000–5 000 Störe. Unter Verarbeitung ist die Gewinnung des Kaviars und das Räuchern des Fleisches zu verstehen. Sicherlich ist es für den Leser, der nicht tief genug in die Tasche greifen kann, um die Bedürfnisse des Lebens zu decken, auch von Interesse, etwas über die damaligen Preise zu erfahren. Ein Pfund geräuchertes Störfleisch galt bereits als teuer, wenn es mit 4–5 Hamburger Schillingen, das sind 32–40 Pfennig nach heutigem Geld, bezahlt werden mußte. Jetzt kostet das Pfund Störfleisch 2,50 bis 3 Mark, also das Achtfache. Der Preis für einen gewöhnlichen Milchstör war 3–4 Mark kurant. Rogenstöre kosteten 10–12 Taler per Stück, je nach ihrer Größe. Alles dies weiß ich nicht nur vom Hörensagen, ich stand schon damals als zehnjähriger Junge mitten im Geschäft, und an manches Ereignis aus jener Zeit denke ich noch heute mit Vergnügen zurück. Wievielmal bin ich mit den Fischern hinausgezogen zum Fang und habe mit meinen Knabenhänden die mit harten Schuppen gepanzerten Kolosse aus den Netzen herausziehen helfen. Einmal

[2]Das nützt nichts, englisch und französisch mußt du auch noch lernen

fingen wir in der Nähe von Glückstadt ein Riesenexemplar, welches die stattliche Länge von dreizehn Fuß und eine entsprechende Stärke besaß. Die Beute entpuppte sich als ein Rogenstör, dem zweieinhalb Eimer Kaviar entnommen werden konnten. Der Rogen wurde damals mit 10–12 preußischen Talern per Eimer (15 Liter) bezahlt.

Das Feld meiner Knabentätigkeit lag aber nicht auf dem Wasser. An manchem Tage habe ich auf dem Hamburger Hopfenmarkt, wo ja auch heute noch gemarktet wird, ganz selbständig für hundert und mehr Taler Fische eingekauft. Zu Hause waren meine Geschwister und ich beim Ausnehmen des Kaviars behilflich, auch mußten die drei ältesten den Kaviar nach Hamburg zur Ablieferung bringen und die Blasen der Störe verarbeiten, die als Hausenblasen zu verschiedenen chemischen Zwecken verwendet wurden.

Von Mitte Juli ab begannen die Aale den Stören die Herrschaft streitig zu machen. In dieser Zeit, bis etwa Ende September, erhielt mein Vater große Aalsendungen aus Jütland, zuweilen wöchentlich bis zu 10 000 Pfund, die in Säcken verpackt waren. Bei dem Reinigen und Verarbeiten dieser Fische mußten wir natürlich heran. Was nicht gleich frisch abging, wurde in Fässer gepackt und später geräuchert und versandt. Auch im Herbst und Winter konnten wir die Hände keineswegs in den Schoß legen. Jetzt kamen die kleinen Fische dran. Heringe und Sprotten waren auf Eisendrähte zu ziehen – mir kribbelt es noch in den Fingern, wenn ich an diese herrliche Arbeit zurückdenke. Man mußte die Fische nämlich aus einer eisigen Pökel, worin sie eingesalzen waren, herausnehmen und auf ebenso kalte Eisendrähte aufreihen. Da gab es manchmal verfrorene Hände, aber Spaß machte die Sache uns Kindern doch, es wurde sogar um die Wette gearbeitet, denn für jede zehn vollgezogenen Drähte erhielten wir einen Hamburger Schilling als Arbeitslohn.

Von diesen Ereignissen aus der Jugendzeit kann ich unmöglich scheiden, ohne zweier bekannter, ja berühmter Hamburger Originale zu gedenken, die seltsamerweise mit unserm Hause ebenso verwachsen sind wie der Hamburger Dom. Der eine war der alte „Aalweber", einer unserer treuesten Kunden. Ich sehe ihn noch vor mir mit seiner hellen Jacke und roten Weste, einen hohen, weißen Filzhut auf dem Kopfe, am Arme aber den von einer Serviette bedeckten Korb mit geräucherten Aalen.

Wer kannte Aalweber nicht? Morgens zog er mit einer Karre umher und hielt Bürsten feil, und zwar auf ganz besondere Art. Er sprach nämlich nur in Versen, die eine unendliche Länge hatten und eigentlich nie abrissen. Nachmittags zog Aalweber aber mit jenem Artikel durch die Straßen, der ihm seinen Spitznamen eingebracht hat. Damals gab es in Hamburg keinen Menschen, der nicht einmal am Lämmermarkt- oder Waisengrüntage vor Aalwebers Bude in der Kirchenallee zu St. Georg, da wo jetzt das „Deutsche Schauspielhaus" steht, erschienen oder sonstwie zu dem Genuß Aalweberscher Aale gekommen wäre. Noch heute ist der Name dieses Originals nicht nur bei alten, sondern auch bei jüngeren Hamburgern, die ihn nie gesehen, lebendig. Wohl niemals hatte sich irgendein Straßenverkäufer größerer Beliebtheit und Volkstümlichkeit zu erfreuen. In einem in der Steinstraße gelegenen Theater brachte man sogar Aalweber, von einem jungen Schauspieler treffend dargestellt, auf die Bühne, und das Stück – es hieß „Gustav oder der Maskenball" – hatte einen ungeheuren Zulauf.

Das andere Original, das Aalweber an Berühmtheit keineswegs nachsteht, war Dannenberg. Es wird mir schwer werden, diesen ganz seltsamen Menschen zu schildern, trotzdem ich ihn in meiner Knabenzeit so genau kennengelernt habe wie wenige. Dannenberg wohnte in der zweiten Etage unseres Hauses in der Petersenstraße, und ich hatte natürlich stets freien Eintritt bei ihm. Schön war der berühmte Mann gerade nicht, denn sein von einem schwarzen Backenbart umrahmtes Gesicht wurde durch eine eingesunkene Nase entstellt. In den Ohren trug er kleine Ringe, wie man es heute noch bei Seeleuten sieht. Dem unschönen Äußeren stand aber ein umso anständigeres Inneres gegenüber, und Dannenberg entfaltete eine unglaubliche Tätigkeit. Es gab keine Arbeit, die dieser Mann, der eigentlich von Beruf Schauspieler war, nicht angegriffen hatte – nota bene für Geld und gute Worte. Morgens sah man ihn als Ausrufer durch die Vorstadt ziehen und mit lauter Stimme allerhand Neuigkeiten ankündigen. Zuweilen, wenn er in städtischem Auftrage Auktionen ankündigte, trug er eine große Glocke in der Hand. Er begann seine öffentlichen Reden gewöhnlich mit den Worten: „Hört, Lüd!" oder „Hört, ihr Hamburger und Einwohner!", und dann ging's etwa in folgender Art weiter:

Aalweber.

„Door is hüt morgen groote Akschoon of der lange Reeg bi Herrn Mittelstraß över diverse Mobilien, Kleidungsstücken, Gold- un Sülbergeschirr, Koppergerät und sonstige wertvolle Gegenstänn. Wer da Lust to köpen hätt, dee koom klock tein, bring över Geld mit!“[3]

Wenn ein Kind oder ein Hund sich verlaufen hatte, wenn irgendwo frisch eingetroffene Eßwaren angekommen waren, alles wurde von Dannenberg angekündigt. Gab es nichts auszurufen, dann sah man den Tätigen Holz zerkleinern, beim Umzug helfen und allerhand andere Verrichtungen besorgen.

Eine besondere Aushilfestellung hatte Dannenberg bei meinem Vater. Natürlich mußte er auch hier zunächst den Ausrufer spielen, und alle St. Paulianer erinnern sich gewiß noch seiner großartigen Anpreisungen: „Hört, Lüd! Frisch gerökerte warme Neesen! Bi Hogenbeck in de Peter stroot giwt dat acht dicke, fette, warme Neesen för eenen Schilling.“ Zu anderen Zeiten hatte dieser Mann für alles uns drei älteste Kinder zu beaufsichtigen.

Die Glanzzeit Dannenbergs begann aber erst nachmittags, denn nun verwandelte sich der Ausrufer und Hilfsarbeiter in den Theaterdirektor, dessen problematischer Ruhm selbst in die Annalen der Hamburger Theatergeschichte Eingang gefunden hat. Wenn Dannenberg, als Ritter der Vorzeit verkleidet, im blanken Harnisch, den Helm auf dem Haupte und das gewaltige Schwert an der Seite, die versunkene Nase durch rote Schminke verdeckt, vor seinem Elysium-Theater auf St. Pauli stand, war er nicht wiederzuerkennen. Man entdeckte den St. Paulianer Ausrufer in ihm erst wieder, wenn er den Mund öffnete und das Publikum, diesmal in gewähltem Hochdeutsch, seine Stimme immer drohender erhebend, zum Besuch der großen Tragödie einlud. „Entree erster Platz vier, zweiter Platz zwei und letzter Platz, ich schäme mich fast, es zu sagen, nur einen Schilling.“ Mehr als einmal habe ich als Galeriebesucher den Aufführungen beigewohnt und die heitersten Szenen miterlebt. Mitten in die hochtrabendsten Reiterszenen sausten zuweilen vom hohen Olymp herab faule Äpfel und Eier auf die Bühne, und dann mußte erst einer der Schauspieler, während

---

[3]Hört, Leute, es ist heute morgen große Auktion auf der Langenreihe bei Herrn M. über . . . Wer Lust zu kaufen hat, der komme Schlag zehn Uhr, bringe aber Geld mit.“

die Vorstellung unterbrochen wurde, im Laufschritt nach der Galerie eilen, um die Übeltäter an die Luft zu setzen. Das war also Dannenberg. Wer sich für seine Persönlichkeit und sein Theater näher interessiert, der findet eine gute Charakteristik und die heitersten Episoden in Borcherdts Werk „Das lustige alte Hamburg" verzeichnet.

Der Beginn der Verwandlung des Fischgeschäftes, das doch gewissermaßen nur eine Nahrungsmittelhandlung war, in ein Tiergeschäft fällt in das Sturmjahr 1848. Anfang März fingen die Fischer, die in diesem Jahre schon sehr früh zum Störfang ausgezogen waren, sechs Seehunde in ihren Netzen. Da die Fischer verpflichtet waren, den ganzen Fang an meinen Vater abzuliefern, überbrachten sie ihm natürlich auch diese Seehunde. Zu dem, was nun folgte, kann man wirklich sagen: kleine Ursachen. große Wirkungen. Mein Vater kam nämlich auf die glückliche Idee, die Tiere gegen Entgelt sehen zu lassen, und stellte sie zu diesem Zwecke in zwei großen Holzbottichen auf dem Spielbudenplatz in St. Pauli gegen einen Schilling (acht Pfennig) Eintrittsgeld aus. Mit dieser Schaustellung wurde ein ganz gutes Geschäft gemacht. Sie war die erste ihrer Art für meinen Vater, da es sich diesmal nicht um Haustiere handelte, und man kann wohl sagen, daß sich aus ihr das ganze Tiergeschäft entwikkelt hat. Von einem Berliner Geschäftsfreunde wurde es meinem Vater nahegelegt, die Seehunde auch in Berlin zu zeigen – für den modernen Menschen eine sonderbare Idee, Seehunde nach der Reichshauptstadt zu bringen, um sie dort als große Seltenheit auszustellen. Damals handelte es sich aber wirklich um eine Seltenheit, und die Seehunde wurden also schleunigst in Krolls Garten untergebracht. Trotz der politischen Gärung war das Geschäft gar nicht schlecht. Als aber die revolutionäre Bewegung täglich zunahm, begann es meinem Vater in Berlin ungemütlich zu werden. Er verkaufte also die berühmten sechs Seehunde an einen Berliner Unternehmer und reiste wieder nach Hamburg zurück. Dieser Unternehmer hatte beklagenswerterweise ein sehr schlechtes Gedächtnis, er ging nämlich mit den Seehunden in die Weite und vergaß ganz, die Rechnung zu bezahlen. Das war der Anfang des Tierhandels. Er war nicht so schlecht, wie es vielleicht aussieht, denn mein Vater hatte nicht nur nichts verloren, sondern durch die Schaustellungen in Hamburg und Berlin noch ein Sümmchen übrigbehalten.

Das hagenbecksche Stammhaus am alten Spiebudenplatz in Hamburg.

Man muß nun nicht glauben, daß der Gewinn bei den Schaustellungen und Tierankäufen, die jetzt folgten, allein eine Rolle spielte, es kam bei meinem Vater eine angeborene Liebe für die Tiere hinzu, das kann ich mit gutem Gewissen sagen. Ein Tiergeschäft, sei es klein oder groß, ist ohne Liebe für die Tierwelt gar nicht denkbar. Mein Vater war ein ganz besonders ausgesprochener Tierfreund, das erhellt schon daraus, daß er sich stets Ziegen, eine Kuh, einen Affen, einen sprechenden Papagei, Hühner, Gänse und allerlei sonstiges Viehzeug hielt.

In den großen Räumlichkeiten, die zum Aufbewahren der Räucherwaren dienten, stolzierten außerdem ein Paar Pfauen. Die Menagerie war eigentlich schon fertig, noch ehe jemand an ein Geschäft mit Tieren dachte.

Von meinem Vater muß die Liebe zur Tierwelt sicherlich durch Vererbung auf mich übergegangen sein. Wenigstens hat sich die Tierneigung bei mir schon in frühester Jugend und recht drastisch geäußert. Als zweijähriger Knirps brachte ich eines Tages in meiner Schürze zum Schrecken meiner guten Mutter acht lebendige junge Ratten ins Haus, die mir natürlich sofort abgenommen wurden. Resultat: ein fürchterliches Geschrei, das erst verstummte, als mein Vater auf den glücklichen Gedanken kam, mir statt der verschwundenen Ratten ein Paar junge Meerschweinchen zum Spielen zu geben, denn auch von diesen Viechern hielt er sich eine ganze Zucht zu seinem besonderen Vergnügen. Etwas später erhielt ich einen lebendigen Maulwurf geschenkt. Als Burg für den neuen Einwohner wurde eine große Tonne voll Sand hergerichtet. Die Hauptfrage war aber auch hier die Magenfrage. Allabendlich pilgerte ich mit meinen älteren Geschwistern zum Heiligengeistfeld, um Regenwürmer zu suchen, und hiermit hielten wir den Maulwurf auch über zwei Monate am Leben. Wahrscheinlich hätte er noch länger gelebt, wenn er nicht einem Unfall zum Opfer gefallen wäre. Während eines schweren Gewitterregens vergaßen wir, die Tonne zuzudecken, und so ertrank der arme Kerl in seiner eigenen Burg. Dies war die erste kleine Lehre, die ich bezüglich der Behandlung von Tieren empfing. Der Unfall ging meinem Kinderherzen sehr nahe, und wenn auch unbewußt, habe ich wohl aus ihm die Lehre zu größerer Vorsicht gezogen.

Einige Jahre später passierte mir ein weit eigenartigeres Unglück. Ich war bereits ein zwölfjähriger Junge und war mir infolge meiner beinahe selbständigen Tätigkeit in dem schon mehr und mehr erblühenden Tiergeschäft über mein eigenes Tun und Lassen völlig klar. Wir hatten auf unserm großen Hof ein halbes Dutzend Enten laufen, deren Gefieder sehr schmutzig geworden war. Da es den Tieren an Badegelegenheit fehlte, kam ich auf den Gedanken, ihnen diese zu verschaffen. Ich pumpte also ein leeres Seehundsbassin halb voll Wasser, ergriff meine Enten und setzte sie eine nach der andern ins Bad, wo sie sich lustig zu tummeln begannen. Ein Weilchen sah ich dem lebhaften Treiben mit Vergnügen zu, dann begab ich mich in unsere Wohnung in der Petersenstraße zum Mittagessen. Wie groß aber war mein Erstaunen, als ich nach etwa zweieinhalb Stunden zurückkehrte und keine Enten mehr vorfand, weder auf dem Wasser noch im Hofe. Mit Hilfe eines alten Wärters wurde das ganze Grundstück abgesucht – ohne Erfolg. Da verstieg sich der Wärter zu dem für mich damals sehr merkwürdigen Ausspruch: „Vielleicht sind die Enten ertrunken." Ich war der Ansicht, das könne überhaupt gar nicht möglich sein, als wir aber das Bassin untersuchten, fanden wir die sechs Enten still am Boden liegen. Sie waren wirklich – ertrunken. Wegen des starrenden Schmutzes hatte das Gefieder nicht genügend durch die natürlichen Quellen des Körpers eingefettet werden können und vermochte also das Wasser nicht abzuhalten. Das Gefieder sog sich dadurch ganz voll Wasser, und seine Schwere zog die Tiere in die Tiefe. Man hätte sie zunächst nur in ganz seichtes Wasser setzen dürfen. Nun kann man sich wohl denken, daß ich für diesen Streich von meinem Vater nicht gerade gelobt wurde, es hatte aber doch für mich sein Gutes, indem es mir eine Lehre für die Zukunft war.

Mit dem Seehundsgeschäft war der Stein ins Rollen gekommen. In den nächsten Jahren wurde mit Erfolg auf neue Seehunde gefahndet, die mein Vater aber nicht mehr selbst ausstellte, sondern an reisende Schausteller weiter verkaufte. Von diesen wurden die unschuldigen Tiere auf Messen und Märkten als „Seejungfern" oder gar als „Walrosse" vorgeführt – unter dem taten es diese Leute nicht. Im Juli 1852 wurde ein ausgewachsener Eisbär angeboten, den Kapitän Main mit seinem Schiff „Der junge Gustav" aus Grönland nach Hamburg gebracht hatte. Für ein solches Ungetüm fand sich damals, als erst drei zoologische Gärten existierten, so leicht kein Käufer. Kühnheit und Unternehmungsgeist gehörten dazu, in diesen Eisbären sozusagen Geld hineinzustecken. Mein Vater scheute sich indes nicht, dies zu tun, und erstand den Eisbären nach langem Handeln für 350 preußische Taler. Zufällig gelangten um dieselbe Zeit eine gestreifte Hyäne sowie einige andere zu Schiff angekommene Tiere und Vögel in seinen Besitz, und diese ganze Menagerie wurde alsbald auf dem Spielbudenplatz zu St. Pauli in dem damaligen Hühnermärderschen Museum gegen vier Schilling Eintritt ausgestellt. Nun muß man nicht denken, daß einfach, sagen wir, eine Anzeige in die Zeitung gesetzt und auf das Publikum gewartet wurde. I wo! Ein Ausrufer wurde vor die Tür gestellt, und was für einer! Der damals sehr bekannte Ausrufer Barmbecker wurde in einen roten Frackanzug gesteckt, wie ihn die dänischen Postbeamten als Uniform trugen; in die Hand bekam er ein riesiges Sprachrohr, und mit Hilfe dieses Instrumentes mußte er es in die staunende Menge hineintuten, daß hier der Rieseneisbär aus Grönland gegen nur vier Schilling Eintrittsgeld zu besichtigen sei. Solche Reklame mußte man zu jener Zeit machen, denn der Spielbudenplatz mit dem schon gekennzeichneten Mattler-Theater und seinem Direktor Dannenberg, mit seinen Karussells und Schaubuden verlangte starke Wirkungen.

Das Blockhaus in Hamburg ums Jahr 1850.

An diese Schaustellungen schlossen sich dann alljährlich die Vorführungen auf dem Hamburger Dom an, die fast alle eines komischen Beigeschmacks nicht entbehrten. Im Herbst des Jahres 1858 entsprang aus einem Wagen einer Menagerie der auf dem Transport nach Harburg befindliche Löwe „Prinz“, ein prächtiges, ausgewachsenes Tier. Die erste Tat, die der Flüchtling vollführte, war die, daß er dem Pferde, welches den Wagen zog, an den Hals sprang und sich in seiner Gurgel festbiß. Ein kaltblütiger Knecht, der den Wagen begleitete, der später unter dem Ehrentitel „Der Löwe von Hamburg“ bekannt gewordene Heinrich Rundshagen, warf dem Raubtier eine Schlinge um den Hals und erdrosselte es. Merkwürdigerweise zeigte man später nicht nur den ausgestopften Löwen für Geld, sondern auch Rundshagen, dem sein Heldentum zu Kopf gestiegen war, ließ sich für Geld sehen. In dem Dezember also, der auf diese weltbewegende Begebenheit folgte, ersann mein Vater eine ganz großartige Schaustellung, die heute natürlich keine Katze anlocken würde. In Gesellschaft mit dem alten Schuster Baum, auch einem Original des alten St. Pauli, wurde eine Nachahmung des Löwenrittes hergestellt und in einer Bude gegen einen Schilling Eintritt gezeigt. Das Kunstwerk bestand aus einer alten ausgestopften Löwenhaut, die am Nacken eines noch älteren ausgestopften Schimmels befestigt wurde. Beide Tiere entstammten dem Hühnermärderschen Museum, nur die Stellung wurde etwas umgeändert. Die Blutspuren am Nacken des armen Schimmels stellte man durch aufgetropften Siegellack her. Dieses Unternehmen erwies sich als außerordentlich gewinnbringend, dem Publikum gruselte vor Entsetzen, und der Löwenritt war wohl das beste Weihnachtsgeschäft, das mein Vater auf dem Dom bis dahin gemacht hatte.

Während einer anderen Domzeit kam wieder einmal das beliebte Riesenschwein dran. Dieses Mal war es ein großer Eber der englischen Yorkshire-Rasse, die bekanntlich nur schwach mit Borsten versehen ist. Dadurch kam einer der Arbeiter meines Vaters auf die originelle Idee, das Tier als eine ganz besondere Merkwürdigkeit, nämlich als nacktes Riesenschwein, zu zeigen. Zu diesem Zwecke wurde der Eber rasiert, doch ging die Sache nicht so leicht, wie man sich‘s vorstellt, und das Schwein wurde infolgedessen auf das jämmerlichste geschunden. Auf dem Schilde, welches oberhalb der Bude angebracht war, befand sich natürlich ein Porträt des guten Schweines, etwa doppelt so groß, als es in Wirklichkeit war, und darunter folgender Vers:

Durchgehende Giraffen.
(Nach einem alten Bild)

„Oft sah man schon ein großes Schwein,
Doch niemals diesesgleichen;
Drum tret‘ ein jeder hier herein.
Die Größe zu vergleichen.“

Ganz langsam begann nun, neben der Fischhandlung, das Tiergeschäft sich zu entwickeln. Auf kleine Geschäfte folgten größere, und die meisten waren mit Reisen verbunden, an denen ich schon als Knabe teilnahm. Von da ab hat sich mein halbes Leben sozusagen auf der Walz abgespielt, ich habe mündliche Verhandlung der Schreiberei stets vorgezogen, auch damit die schönsten Erfolge erzielt; kurz, ehe sich‘s jemand versah, saß ich schon auf der Eisenbahn oder dem Dampfschiff. Seit meiner Knabenzeit hat sich, wie ich glaube, diese Eigenschaft nicht im mindesten verändert.

Meine erste Geschäftsreise machte ich als elfjähriger Junge in Begleitung meines Vaters nach Bremerhaven; hier hatte ein Ship-Chandler einige Tiere zu verkaufen. Damals mußte man noch, um mit der Eisenbahn von Hamburg nach Bremen zu gelangen, einen Umweg über Hannover machen; eine Fahrt nach Bremerhaven, die wir heute gar nicht mehr in Rechnung ziehen, bedeutete damals also wirklich eine Reise. Der Tiervorrat bestand aus einem großen Waschbären, zwei amerikanischen Opossums, einigen Affen und Papageien, die eingekauft und mit dem Dampfboot zunächst nach Bremen gebracht wurden; von hier aus sollten sie den Weg nach Hamburg auf dem Deck der „Diligence“ zurücklegen. Die Menagerie sollte also in luftiger Höhe auf dem Dache der Postkutsche die Reise machen, ein Wagnis, das denn auch nicht unbestraft blieb. Nachdem die Postkutsche die ganze Nacht hindurchgerasselt war, entdeckte man am Morgen in Harburg, daß einer der Kasten leer sei. Der Waschbär hatte sich während der Nacht zwischen den Holzstäben hindurchgenagt und das Weite gesucht. Nie werde ich das Gesicht meines Vaters vergessen, als er, sich hinter den Ohren kratzend, mit verlorenen Blicken den leeren Kasten ansah. Der Waschbär war und blieb indes verschwunden, und man durfte nicht einmal Lärm schlagen, weil einem sonst ein ganzer Rattenschwanz von Prozessen hätte an den Hals geworfen werden können; denn würde der flüchtige Gesell nicht bald erlegt, dann standen für die Hofbesitzer und ihr Geflügel böse Tage in Aussicht. Wirklich hat sich der Waschbär auch noch volle zwei Jahre in der Lüneburger Heide umhergetrieben, bis man das seltene Wild erlegte. Wir erfuhren dies aus der Zeitung, verhielten uns aber natürlich mäuschenstill, und niemand, außer meinem Vater, dem Postillion und mir, erfuhr jemals, wie der Waschbär in die Heide gelangt war.

An ähnlichen Episoden, die sich aber meistens im Hause abspielten, war überhaupt kein Mangel. Mitten aus dem schönsten Schlummer wurden wir einmal von einem Nachtwächter aufgerüttelt, der uns schreckensbleich mitteilte, daß beim Millerntor in der Nähe des Stadtgrabens ein großer Seehund umherrutsche. Sogleich machte mein Vater sich auf den Weg, und ich als erster Assistent des Tiergeschäfts war natürlich auch dabei. Das Glück kam uns zu Hilfe. Wir konnten den Flüchtling eben noch erwischen, als er gerade die steile Wallböschung, die zum Wasser des Stadtgrabens führt, hinabrutschen wollte. Es war keine schwere Arbeit, das Tier in einem unserer Seehundsnetze zu verwickeln und nach unserm Quartier am Spielbudenplatz zurückzubringen. Wäre der Seehund aber erst in das Wasser gelangt, so hätte sich das Einfangen viel schwieriger gestaltet. Ein anderes Mal, ebenfalls des Nachts, wurden wir von unserem alten Wärter mit der Meldung überrascht, daß eine gestreifte Hyäne, die am Abend vorher eingepackt worden war und am nächsten Morgen verschickt werden sollte, ausgebrochen sei. Mein Vater bekam keinen geringen Schreck, denn wir hatten damals noch keine Erfahrung in dem Umgang mit solchen Raubtieren. Zur Hilfe wurden ich und meine älteste Schwester mitgenommen, denn der Wärter war schon ein alter Mann, hoch in den Siebzigern, auf den man nicht rechnen konnte, und dann ging's nach dem Spielbudenplatz. Als wir die Menagerie betreten hatten, meine Schwester mit einer Lampe, mein Vater und ich jeder mit einem Seehundsnetz bewaffnet, suchten wir mit aller Vorsicht den Raum ab und fanden die Hyäne endlich in einer Ecke unter einem großen Affenkasten versteckt. Nach der Art ihres Geschlechts begrüßte sie uns mit einem greulichen Geheul, einen Angriff wagte sie jedoch nicht. Mit langen Knüppeln brachten wir das Tier endlich unter dem Kasten heraus. In dem Augenblick, als es sich voll Wut auf meinen Vater stürzen

Im Hofe des Suezhotels 1870.

wollte, warf dieser ihm mit großem Geschick das Seehundsnetz über den Kopf, und im Nu hatte die Bestie sich in den Maschen verwickelt. Innerhalb weniger Minuten brachten wir das gefangene Tier nunmehr in einen leeren Raubtierkasten hinein. Das ganze Abenteuer spielte sich aber durchaus nicht so rasch ab, wie ich es hier erzählt habe, denn erst gegen acht Uhr in der Frühe kehrten wir in unser Heim zurück.

Ein anderes Abenteuer, das mir aus jener Zeit im Gedächtnis geblieben ist, verlief nicht so glimpflich. Aus einem großen Affenkäfig sollte eine Anzahl Paviane vermittelst eines Sack-Keschers herausgefangen werden. Mein Vater hatte, im Käfig stehend, gerade ein Exemplar im Kescher und wollte es herausbringen, als auf das Geschrei des Gefangenen sämtliche anderen Paviane, etwa ein Dutzend, meinen Vater anfielen und ihn jämmerlich zerkratzten und zerbissen. Es gelang ihm, freilich blutüberströmt, den Käfig zu verlassen. Außer einer Menge offener Biß- und Kratzwunden zeigte der Körper da, wo ihn die Kleider beschützt hatten, unzählige blaue Flecken. Nach diesem Unfall wurden die Affen stets vermittelst eines sogenannten Umsetzkastens, in den man sie mit Früchten hineinlockte, eingefangen.

An diese kleinen Abenteuer mögen sich noch zwei Bärengeschichten anschließen, womit ich allerdings der Zeit etwas vorgreife, denn sie fanden erst einige Jahre später, 1863, am Spielbudenplatz statt. Ein gewisser Herr Klimek, Proviantmeister der Hamburg-Amerika-Paketfahrt-Aktien-Gesellschaft, brachte aus New-York fünf große dressierte Bären mit. Es waren zwei Grislybären, zwei Zimmetbären und ein schwarzer Baribal. Alle stammten aus dem Besitze des in Amerika damals überall populären „Grisly-Adams“, eines alten Trappers, der sie jung gefangen und dressiert hatte und dann mit ihnen jahrelang in den Vereinigten Staaten umhergezogen war. Nach dem Tode des Trappers kamen die Tiere zur Versteigerung und auf diese Weise in den Besitz des Proviantmeisters. Da andere Käufer sich nicht fanden, kauften wir die Tiere zu einem ziemlich niedrigen Preise. Die Tiere wurden auf unserem Hofplatz in Käfigen untergebracht. Eines Nachts brach einer der Grisly-Bären, zum Glück ein blinder, aus seinem Käfig aus und machte sich‘s auf dessen Dach bequem. Das Unheil wurde uns durch einen in der Nähe wohnenden Schuhmacher verkündet, der von dem Getöse aufgewacht war, mit entsetzten Augen gesehen hatte, daß der Bär los sei, und uns die Mitteilung mit noch größerem Entsetzen, ganz außer Atem vom schnellen Laufen, überbrachte. Natürlich machten wir uns eilends auf den Weg. Es war noch nichts passiert, der Bär lag gemächlich auf seinem Kasten. Meinem Vater kam nun der glückliche Einfall, ein halbes Schwarzbrot auf eine Futtergabel zu stecken und mit diesem Köder, dem der Bär schnuppernd folgte, das Tier wieder in seinen Käfig hineinzulocken.

Dieser Ausbruch fand also ein gutes Ende. Wenige Tage später aber kam ich selbst an dem nämlichen Platz zu meinem ersten Bärenabenteuer. Mir fiel die Aufgabe zu, einen russischen Bären, übrigens ein 1–1½jähriges Tier, zur Reise zu „verpacken". Zuerst mühte ich mich stundenlang ab, das Tier vermittelst eines Umsetzkastens in seinen Reisekäfig zu locken, doch Meister Petz verspürte nicht die geringste Neigung zu einem Wohnungswechsel. Die Zeit drängte. Wollte ich das Tier noch rechtzeitig zur Bahn schaffen, so mußte gehandelt werden. Ich sperrte den Hof ab, öffnete das Gitter des Käfigs und warf dem Bären kleine Stücke Zucker vor. Das half. Mein Bär kam aus seinem Kasten heraus und fraß im Weiterschreiten ein Stück Zucker nach dem andern auf. Als er sich eben wieder nach einem Stück bückte, packte ich ihn mit der einen Hand im Genick, griff mit der anderen in den tiefen Pelz des Rückens und wollte den Bären auf diese Weise mit Gewalt in den Käfig drängen. Ich hatte aber die Rechnung ohne den Wirt gemacht, und es kam zu einem regelrechten Duell. Der Bär war weit stärker, als ich geglaubt hatte; er sträubte sich in der ersten Überraschung, drehte sich dann aber um und brachte es fertig, mich mit seinen Vordertatzen zu packen. Im nächsten Augenblick war der schönste Ringkampf im Gange. Mit seinen scharfen Krallen riß mir der Bär die Kleider buchstäblich in Fetzen vom Leibe herunter, wütend biß und kratzte das Tier um sich, im Nu waren nicht mehr meine Kleider, sondern meine eigene kostbare Haut mit im Spiel. Ich empfing die ersten ernstlichen Wunden. Der Wärter, den ich zur Unterstützung rief, warf nur einen Blick auf die kämpfende Gruppe und suchte mutig das Weite, anstatt mir zur Hilfe zu eilen. Ich ließ indes nicht locker. Mit Einsetzung aller meiner Kräfte warf ich mich auf das wütende Tier und zeigte ihm endlich den

Kamelfähre in Swakopmund.

Meister. Es gelang mir, es in seinen Käfig hineinzuzwängen und noch rechtzeitig zur Bahn zu bringen. Der ungeschliffene braune Flegel hatte mich fast ausgezogen, mir einen starken Biß in die rechte Hand und eine ganze Anzahl weiterer Biß- und Kratzwunden an anderen Körperteilen beigebracht, doch erwiesen sich die Wunden glücklicherweise als ungefährlich. Für die Folge aber habe ich auf diese Weise nicht wieder Bären aus einem Käfig in den andern zu „locken" versucht.

Niemand kann ermessen, und es läßt sich auch gar nicht schildern, mit wie vielen kleinen und großen Schwierigkeiten das beginnende Tiergeschäft auf Jahre hinaus zu kämpfen hatte. Alles, was wir heute in bezug auf den Tiertransport und die Tierbehandlung wissen, mußte damals erst in der Praxis ausprobiert und mit Fehlschlägen und Opfern bezahlt werden. Auch Erfahrungen erhält man nicht umsonst; gerade diese muß man im Leben vielleicht am teuersten bezahlen. Der Mangel an Erfahrung hatte nun leider nicht nur solche kleine Abenteuer und Unfälle im Gefolge, sondern bildete auch für das Geschäft in seiner Gesamtheit einen schwer zu überwindenen Hemmschuh. So gewichtig war dieser, daß mein Vater im Jahre 1858, ein Jahr vor meiner Konfirmation, allen Ernstes auf den Gedanken kam, die Tierhandlung wieder an den Nagel zu hängen und sich auf das Fischgeschäft, das ja inzwischen seinen Fortgang genommen hatte, allein zu beschränken, obgleich das Tiergeschäft bereits größere Dimensionen angenommen hatte. Schon im vorhergehenden Jahre wurden einzelne, für die damalige Zeit wirklich bedeutende Tiergeschäfte unternommen. So reiste mein Vater auf die schriftliche Anzeige eines befreundeten Wiener Vogelhändlers, daß ein Afrikaforscher mit vielen Tieren aus dem ägyptischen Sudan eingetroffen sei, schleunigst nach Wien. Er fand fünf Löwen, zwei Leoparden, drei Jagdleoparden, einige Hyänen, Antilopen und Gazellen sowie eine Anzahl von Affen vor, die er zu einem verhältnismäßig billigen Preise kaufte, weil keine Konkurrenz vorhanden war. Nach einem sechstägigen, mit vielen Schwierigkeiten verbundenen Eisenbahntransport kamen die Tiere in Hamburg an und wechselten sehr bald den Besitzer. Die Raubtiere fanden ihre Liebhaber in verschiedenen Menageriebesitzern; die Antilopen, Gazellen und Affen dagegen sowie auch ein paar Jagdleoparden fanden Unterkunft im Zoologischen Garten zu Amsterdam.

Trotz derartiger Geschäfte mußte mein Vater bei einem allgemeinen Überschlag feststellen, daß er das Geld, das die Fischhandlung einbrachte, im Tiergeschäft größtenteils wieder zusetzte, denn infolge des Mangels an Erfahrung in der Behandlung der Tiere gingen viele zugrunde. Die Zukunft des ganzen Tiergeschäfts stand also auf der Wippe. Aus diesen Gedanken heraus fragte mich denn eines Tages mein Vater, ob ich das Tiergeschäft oder die Fischhandlung zu meinem späteren Beruf wählen wolle. Dafür setzte er mir in väterlicher Weise seine Erfahrungen auseinander und gab mir den Rat, mich dem Fischgeschäft zuzuwenden. Ich bin aber sicher, er tat dies mit schwerem Herzen und nur deshalb, um mir Enttäuschungen zu ersparen. Wie er selbst, war ich aber schon viel zu sehr mit dem Tiergeschäft verwachsen und liebte den Umgang mit unseren Tieren, der mir zur Gewohnheit geworden war, schon viel zu sehr, um auch nur dem leisesten Gedanken an eine Aufgabe des Tiergeschäfts Raum geben zu können. Ich entschied mich also kurzerhand für die Fortführung des Tiergeschäfts und fand, da ich der Liebling meines Vaters war, seine Zustimmung, allerdings unter der Bedingung, daß er bei einem eventuellen späteren Verluste nicht mehr als 2 000 Mark kurant zuzuzahlen brauche. Ich müsse also jetzt selbst zusehen, meinte er, wie ich weiterkäme und den Tierhandel in die Höhe bringe. An Vertrauen zu mir, obgleich ich noch ein Knabe war, fehlte es meinem Vater nicht, und mir nicht an Feuereifer, selbständig zu arbeiten. Damit hatte ich übrigens schon begonnen, und zwar mit Glück. Im Jahre 1857 machte ich ein etwas absonderliches, aber nicht schlechtes Geschäft. Die Absonderlichkeit mag man meiner 13jährigen Jugendhaftigkeit zugute halten. Im Hamburger Hafen kaufte ich von dem Schiffsjungen eines kleinen Schoners, der von Zentralamerika zurückgekommen war, 280 große – Käfer, die in drei Zigarettenkästen verpackt waren. Den Jungen machte ich mit zweieinhalb Hamburger Schillingen für das Stück, das sind zwanzig Pfennig nach unserem Geld, überglücklich. Als ich aber meinem Vater diesen Einkauf zeigte, war er durchaus nicht sehr erbaut davon und sagte: „Nun, was du an diesen Kakerlaken verdienst, das kannst du für dich behalten.“ In diesem Fall hatte sich mein Vater aber doch getäuscht. Zunächst zeigte ich die Sammlung dem Bäckermeister Dörries, der ein großer Kenner von Käfern und Schmetterlingen war, und dieser meinte, ich müsse mindestens 1–2 Mark für jeden Käfer erzielen können, wenn ich die Sammlung dem Naturalienhändler Breitrück verkaufte. Dieser Breitrück besaß damals das größte Muschel- und Naturaliengeschäft in Deutschland. Kurz, ich verkaufte meine drei Kisten voll Käfer wirklich an Breitrück und erhielt nicht weniger als 100 Taler. Breitrück fuhr übrigens bei diesem Geschäft nicht schlecht, denn er gab die Sammlung für einen weit höheren Preis an den Londoner Tierhändler Jamrach weiter.

Mit dem eigentlichen Tierhandel wußte ich ja übrigens schon als 14jähriger Junge gründlich Bescheid, da ich meinen Vater auf den meisten Reisen begleitet hatte. Nachdem ich also im März 1859, 15jährig, die Schule verlassen hatte, ward es Ernst. Ich widmete mich ganz dem Tierhandel, während mein Vater nur noch dem Fischgeschäft vorstand. Seine Neigung aber gehörte nach wie vor dem Tiergeschäft, und sein Rat blieb maßgebend. Niemals war ich froher, als wenn ich mir durch ein glücklich beendigtes Geschäft das Lob meines Vaters verdient hatte. Bis an sein Lebensende blieb er der gütigste Berater und rastlose Mitarbeiter. Und wie er den Grundstein zu dem Geschäft gelegt hat, so hat er auch den Grundstein zur Tätigkeit, zur Beharrlichkeit und zum Maßhalten gelegt und die Liebe zur Tierwelt in unsere Herzen gepflanzt, so daß alle Erfolge einer späteren Zeit dennoch auf ihn zurückgehen, der nun längst unter dem Rasen schlummert.

Die Jungfernstieg-Brücke in Hamburg, vom Alster-Bade gesehen.
(Mitte des 19. Jahrhunderts)

II. Entwicklung des Tierhandels

Eine schwere Zeit begann nun für mich, aber auch eine tiefster Befriedigung. Neigung und Beruf flossen zusammen, und mit Begeisterung ging ich an meine neue Aufgabe. Tiere mußten gekauft und verkauft werden, die Unterbringung und Behandlung der Tiere bildete eine stete Sorge, dazu kam die wirtschaftliche Seite des Unternehmens, die viel Kopfzerbrechen machte. In der Buchführung und in schriftlichen Arbeiten unterstützte mich meine Schwester Caroline, während die Schwestern Luise und Christiane die Pflege der Vögel übernommen hatten. Mein Bruder Wilhelm spielte den Kutscher und hatte das lebende Material ins Haus und aus dem Hause zu schaffen. Für mich selbst gab es eine Überfülle an Arbeit, denn es war unser Prinzip und ist es auch geblieben, daß die Arbeit den Menschen adelt. In der Wartung der größeren Tiere stand mir nur ein alter Wärter zur Seite. Die meiste Arbeit machten uns damals die Seehunde, die in großen Kübeln untergebracht waren. Jeden Morgen mußte frühzeitig in diese Kübel frisches Wasser hineingepumpt werden, und zu diesem Zwekke hatte ich zwei bis drei Stunden unentwegt an der Pumpe zu stehen. War die Pumperei endlich fertig, so kam ich mit meinem Fischkorb angeschleppt, um die Seehunde einzeln zu füttern.

Frisch angelangten Tieren, die noch scheu und wild waren, warf man das Futter einfach zu, sie wurden jedoch nach wenigen Tagen so zahm, daß sie das Futter aus der Hand nahmen. Nur die älteren Exemplare machten eine Ausnahme und waren nur mit Mühe an das Futter heranzubringen. Alte Seehunde sind schwer an eine neue Umgebung zu gewöhnen, die Tiere grämen sich und hungern zuweilen wochenlang, ehe sie sich entschließen, Nahrung zu sich zu nehmen. Wie mein Vater, so hatte auch ich zu den Seehunden eine besondere Zuneigung und besitze sie auch jetzt noch. Die Tiere kannten mich alle genau. Wenn ich morgens auf dem Hofplatz er wurden nämlich mit dem Namen Paul gerufen), reckten schien und sie mit dem Ruf: „Paul, Paul" begrüßte (alle alle ihre langen Hälse über das Bassin hinaus. Es waren immer die gewöhnlichen Nordsee-Seehunde (Phoca vitulina), die uns unsere Fischer brachten. Einmal befand sich auch eine Kegelrobbe darunter, die sehr gewandt war und häufig aus ihrer Badewanne entwischte. Dieses Tier war es auch, das einst in der Nacht ausbrach und in der Stadt spazieren rutschte. Zu Hause war es so zahm geworden, daß es mir im Hofe wie ein Hund folgte; es lernte auch bald aufrecht sitzen, sich im Bassin auf Kommando herumdrehen und manche andere Stückchen, wofür es jedesmal mit einem Extrafisch belohnt wurde.

Mein erstes größeres Geschäft machte ich, als ich eben das 16. Lebensjahr überschritten hatte, und es ist interessant, zu sehen, wie der Zufall, der überall im Leben eine Hauptrolle spielt, mir dabei zu Hilfe kam. Damals gelangte der Menageriebesitzer August Scholz mit einem jungen, fünf Fuß hohen Elefanten nach Hamburg, den er für eine Nacht bei uns unterbrachte, um ihn am nächsten Tage mit anderen bei uns gekauften Tieren weiterzuexpedieren. Zunächst führten Scholz und ich den Elefanten durch die Straßen zum Bahnhof. Der Transport wurde aber durch ein kleines Zwischenspiel unterbrochen. Auf der Lombardsbrücke wurde der Dickhäuter scheu und lief uns davon. Das gab natürlich einen netten Volksauflauf. Nach einer mehr als halbstündigen Jagd durch die Anlagen wurde der Elefant endlich wieder eingefangen, an den Beinen gefesselt und hinter den Wagen gebunden, worauf er vernünftig genug war, sich zum Bahnhof führen zu lassen. Am Bahnhof bat mich Scholz, ihn auf seine Kosten bis Berlin zu begleiten. Das tat ich nun nicht mehr als gern, gab unserm Kutscher den Auftrag, mir rasch eine Schlafdecke zur Bahn zu bringen und dem Vater mitzuteilen. daß ich als Assistent Scholzens mit nach Berlin gefahren sei. Am nächsten Mittag war der Transport, wobei die Tiere mit einer Extralokomotive mitten durch die Stadt nach einem andern Bahnhof befördert wurden, erledigt. Nichts war natürlicher, als daß ich nun den freien Nachmittag dazu benutzte, den Zoologischen Garten zu besuchen.

Bad der Seehunde.

Dieser Garten war mir nicht mehr fremd, und auch den Inspektor kannte ich bereits. Als ich diesen aufsuchte und ihm verschiedene von unsern Tieren anbot, teilte er mir zu meinem größten Vergnügen mit, daß ich wahrscheinlich gerade zur rechten Zeit gekommen wäre, da im Raubtierhaus verschiedene Lücken entstanden seien, die ausgefüllt werden soll-Professor Peters, kurzerhand für annähernd 1 700 Taler Tiere. Ich konnte kaum schnell genug nach Hamburg zurückkommen, um meinem Vater, ganz glücklich über meinen Erfolg, Bericht zu erstatten.

Im Jahre 1863 kaufte mein Vater das Haus am Spielbudenplatz Nr. 19, das dicht neben dem Museum lag, wo wir bisher unser Geschäft gehabt hatten. Das Vorderhaus hatte unten zwei Läden, wovon der eine an einen Schuhmacher vermietet war und der andere unsern Vögeln als Unterkunft diente. Hinter dem Hause lag ein kleiner Hofplatz und hinter diesem ein großer, achtzig Fuß langer und dreißig Fuß breiter Bau, den wir für unsere Zwecke einrichteten. Zur Rechten wurde eine Anzahl Käfige für Raubtiere aufgestellt. Die linke Seite wurde in Stallungen für sonstige Tiere abgeteilt. Über dem Hofplatz befand sich der Ausbau eines kleinen photographischen Ateliers. Auf dem freien Raum des Hofes wurden Kästen für größere Tiere untergebracht.

Die letzten Jahre hatten mir neue Verbindungen mit England, Frankreich, Holland und Belgien gebracht, und die Menagerie am Schaubudenplatz wies dauernd einen beträchtlichen Tierbestand auf. Im Winter 1864 machte ich meine erste Reise nach England, der inzwischen unzählige andere gefolgt sind, denn später kam ich jährlich etwa zwölf- bis vierzehnmal nach London, um von den dortigen Händlern Tiere einzukaufen. Meine Abhängigkeit von dem Londoner Markte hat erst später, nach der Gründung des Deutschen Reiches und dem Aufschwung der deutschen überseeischen Beziehungen, aufgehört. Aus jener Zeit sind viele interessante Erlebnisse in meinem Gedächtnis geblieben.

Ganz abenteuerlich gestaltete sich der Transport eines Ameisenbären, den ich im März 1864 in London kaufte. Ich hatte überhaupt noch kein derartiges Tier gesehen, und als mich die Nachricht eines englischen Freundes in Hamburg erreichte, daß aus Argentinien ein ausgewachsener Ameisenbär in Southampton eingetroffen sei, reiste ich sofort nach England ab. Der Eigentümer des Tieres wohnte auf ei-

Reklamewagen der Firma Carl Hagenbeck.

nem Landsitz vier Meilen von Southampton entfernt, wohin wir uns mit einem Wagen begaben. Der Bär lief frei im Garten herum, wo der Schnee zwei Zoll hoch lag, eine Beobachtung, die, mit andern ähnlichen zusammen, mich zu immer ausgedehnteren Versuchen in der Akklimatisation ermutigte. Sein Nachtlager hatte das Tier im Hühnerstall; hier hatte man einige Bündel Heu geschichtet, in das es sich verkroch. Nachdem ich das Tier gekauft hatte, meinte der frühere Besitzer, ich könne es ganz ruhig mit in die Droschke nehmen, nur müsse man die Fenster verschließen, damit es nicht hinausschlüpfe. Da ich von der Gefährlichkeit eines solchen Tieres noch keine Ahnung hatte, ließ ich mich zu dem Streich überreden, den Ameisenbär mit in die Droschke zu nehmen. Mein Freund setzte sich auf den Bock.

Da saß ich also nun mit meinem vierfüßigen Nachbar, der bald in beängstigender Weise unruhig wurde und mich plötzlich mit seinen beiden scharfen Vorderkrallen zu packen versuchte. Zunächst hatte er es auf meine Beine abgesehen, in die er sich so fest einkrallte, daß ich Mühe hatte, ihn wieder loszubringen. Während der ganzen Fahrt balgten wir uns hin und her; fortwährend mußte ich mich neuer Angriffe erwehren, und das war keine leichte Arbeit, denn das Tier maß von der Nasenspitze bis zum Schwanzende 7½ Fuß und besaß Riesenkräfte. Ich war vollständig zu Ende mit meiner Energie, als wir endlich in Southampton ankamen und ich meinen Freund zu Hilfe rufen konnte. Nach London wurde das Tier dann in einer Packkiste transportiert. Die Nahrung, die der Ameisenbär bisher täglich erhalten hatte, bestand aus acht rohen Eiern und einem Pfund gehackten Fleisch, als Getränk erhielt er warme Milch. Auf der Überfahrt von London nach Hamburg hatten wir sehr stürmisches Wetter, und ich mußte mich seekrank ins Bett legen. Obgleich ich mich kaum bewegen konnte, rührte ich das Futter für den Ameisenbären an und beauftragte den mir bekannten Schiffszimmermann, meine Tiere zu verpflegen. Es kam dabei zu einem ergötzlichen Zwischenfall. Kaum hatte der Schiffszimmermann meine Kabine verlassen, als er auch schon zurückkehrte und schrekkensbleich erzählte, dem Ameisenbär sei, als er ihn füttern wollte, eine lange, dünne Schlange aus dem Halse gekrochen. Trotz meiner Schwäche mußte ich also unter Deck, um das Wunder zu sehen. Die

Schlange war natürlich nichts anderes als die lange Zunge des Ameisenbären, mit der er den Eierbrei aufleckte, den der Zimmermann in seiner Angst hatte fallen lassen. In Hamburg angekommen, verkaufte ich das seltene Tier an den Zoologischen Garten, aber unter ganz eigentümlichen Bedingungen. Einen Teil des Ankaufspreises erhielt ich gleich in bar, weitere festgesetzte Summen aber erst nach jedem Monat, den das Tier am Leben bleiben würde. Man getraute sich nämlich nicht, ein so teures und schwer zu behandelndes Tier kurzerhand zu kaufen. Inzwischen hatte ich aber den Bären an ein besonderes bekömmliches Futter gewöhnt, das aus Maismehl und gekochter Milch bestand und ihm morgens und abends gegeben wurde, während er mittags vier rohe Eier und ein halbes Pfund Fleisch erhielt. Bei dieser Nahrung gedieh das Tier vortrefflich und wurde jahrelang als große Seltenheit im Hamburger Zoologischen Garten bewundert.

Eine außerordentlich wichtige Verbindung wurde in demselben Jahre, 1864, angeknüpft. Es war eines Abends spät, als wir aus Wien von einem Freunde ein Telegramm des Inhalts erhielten, daß der Afrikareisende Lorenzo Cassanova mit einem Transport von Tieren, die er in Afrika gesammelt, angekommen und über Wien nach Dresden gereist sei.

Schon zwei Jahre früher hatte dieser Cassanova einen großen Tiertransport aus dem ägyptischen Sudan nach Europa gebracht, bestehend aus sechs Giraffen, den ersten afrikanischen Elefanten und vielen anderen seltenen Tieren. Der Reisende hatte damals große Mühe, seine Tiere an den Mann zu bringen. Auch wir wagten uns an einen so teueren Transport noch nicht heran, so daß die Sammlung schließlich an den bekannten Menageriebesitzer und Tierbändiger Gottlieb Kreutzberg überging. Heute lag die Sache anders. Am Morgen nach Empfang des Telegramms reiste ich nach Dresden und traf Cassanova im Zoologischen Garten, wo er seine Tiere untergebracht hatte. Diesmal handelte es sich um einen nur kleinen Transport, bestehend aus zwei jungen Löwen, drei gestreiften Hyänen, einer Kollektion sehr schöner, großer Affen, sowie einigen Vögeln. Sehr schnell waren wir miteinander einig. Das Hauptresultat dieser Zusammenkunft war aber keineswegs der Ankauf dieser Tiergruppe, sondern der Abschluß eines Kontraktes, nach welchem Cassanova uns in der Zukunft größere Tiere, wie Elefanten, Giraffen,

Eisbären im Transportwagen.

Rhinozerosse usw. zu liefern hatte. Da der Reisende meine Unterschrift nicht für gültig anerkennen wollte, reiste er mit mir nach Hamburg, wo mein Vater den Kontrakt unterschrieb. Alle Tiere, die Cassanova von einer neuen Afrikareise glücklich heimbrächte, sollten zu einem im Kontrakte bestimmten Preise uns gehören, mit alleiniger Ausnahme eines Elefanten, der für den Zoologischen Garten in Berlin bestimmt war.

Cassanova eröffnete also die Reihe der Weltreisenden, die für uns in Busch, Wald und Steppe auf wilde und seltene Tiere fahnden. Im nächsten Jahre, und zwar im Juli 1865, brachte Cassanova seine ersten Transporte aus Nubien nach Wien. In der Hauptsache waren es drei schöne afrikanische Elefanten, verschiedene junge Löwen, eine Anzahl Hyänen und Leoparden, junge Antilopen, Gazellen und Strauße. Die Tiere wurden verladen und gelangten zunächst glücklich bis Berlin, wo die Trennung von dem für den dortigen Garten bestimmten Elefanten erfolgen mußte. Dabei gab es wieder einmal eine kleine Gratisvorstellung. Mit vieler Mühe brachten wir das Tier aus dem Wagen heraus und lockten es mit Zucker und Brot einige hundert Meter weit. Da fingen plötzlich die beiden zurückgebliebenen Elefanten an, dem scheidenden Gefährten irgendetwas in der Elefantensprache nachzurufen, vielleicht war es ein Lebewohl. Kurz, in demselben Augenblick machte unser Elefant kehrt und rannte zu seinen Kameraden zurück, uns wie Federbälle hinter sich herziehend. Es blieb uns nichts anderes übrig, als auch die beiden anderen Elefanten aus dem Wagen herauszunehmen und sie den Deserteur bis zum Zoologischen Garten begleiten zu lassen. Erst nachdem der Elefant in seiner neuen Behausung untergebracht worden war, konnte ich mit meinen beiden Elefanten nach dem Bahnhof zurückmarschieren und langte dann ohne weiteren Zwischenfall mit ihnen in Hamburg an.

Die Geschichte dieser Zeit ist auch zugleich eine Entwicklungsgeschichte des Tiertransportes in Europa, denn auf diesem Gebiete mußte alles erst durch Experimente erlernt werden. Der größte afrikanische Tiertransport, den ich je erhielt, traf im Jahre 1870 ein. Am Pfingstmontag dieses Jahres trafen gleichzeitig von dem schon bekannten Cassanova und von einem anderen Reisenden, namens Migoletti, Nachrichten ein, daß beide mit großen Tiertransporten aus dem Innern Afrikas unterwegs seien. Cassanova drängte, ich möge sofort nach Suez abreisen. Hier läge er schwer krank und fürchte, die Seinigen in Wien nicht mehr wiederzusehen. Migoletti berichtete, daß er Cassanova begegnet sei und wahrscheinlich mit demselben Dampfer in Suez ankommen würde, der die Tiere Cassanovas an Bord habe. Hier galt kein Säumen. Mit einem ägyptischen Kreditbrief wohlversehen, reiste ich schon am nächsten Tage in Begleitung meines jüngsten Bruders über Triest nach Suez, wo wir nach einer Fahrt von neun Tagen glücklich ankamen. Noch ehe wir Cassanova oder Migoletti gesehen hatten, gerieten wir gleichsam unter die für uns bestimmen Tiere. Bei der Einfahrt in den Bahnhof von Suez sahen wir in einem anderen Zuge Giraffen und Elefanten, die uns wie zum Gruße ihre Köpfe entgegenstreckten. Den armen Cassanova trafen wir schwer leidend im Suezhotel an. Er war ganz ohne Hoffnung; er bat mich, ihm für seine Tiere anzurechnen, was recht sei, und den Betrag an seine Frau in Wien gelangen zu lassen, da er fühle, daß es mit ihm zu Ende gehe. Die Ahnung des nahenden Todes trog den Ärmsten nicht, nur eine kurze Frist war ihm noch gegeben, er hat die Seinen nicht wiedergesehen. Für diesmal aber mußten wir den Leidenden auf seinem Schmerzenslager zurücklassen. Die Notwendigkeit zwang uns, alle Energie der Karawane zuzuwenden, die ohne das wache Auge des Herrn in große Verwahrlosung geraten war.

Nie werde ich das eigenartige Bild vergessen, welches sich mir bot, als wir den Hof des Hotels betraten. Hätte ein Maler dieses Bild zu Gesicht bekommen, so würde er es vielleicht unter dem Titel „Gefesselte Wildnis“ verewigt haben. Elefanten und Giraffen, Antilopen und Büffel waren an Palmbäumen angebunden. Im Hintergrunde liefen frei sechzehn große Strauße umher, und in sechzig Kästen bewegten sich Löwen, Leoparden, Jagdpanther, dreißig gefleckte Hyänen, Schakale, Luchse, Zibetkatzen, Affen, Marabustörche, Nashörner, Vögel und eine ganze Anzahl von Raubvögeln.

Die meisten Leute Cassanovas waren krank und hatten sich wenig um die Tiere bekümmert, so daß ich, um den armen Tieren vor allen Dingen ihr Recht zu schaffen, zuvörderst eine Anzahl Araber zu Hilfeleistungen annehmen mußte. Wir hatten indes kaum begonnen, den Tieren ihr Futter zu verabreichen und das Lager zu bereiten, als plötzlich ein

Haufen von nichts weniger als vertrauenerweckenden Griechen in den Hof eindrang und tumultuarisch Geld von mir verlangte. Der Anführer legitimierte sich als einer der Begleiter Cassanovas und behauptete, dieser schulde ihm Geld. Seine Forderung unterstützte er mit dem Bemerken, er würde, falls man ihn nicht befriedigte, „die ganze Geschichte in Brand stecken". Ohne mich durch die Drohungen einschüchtern zu lassen, war es mir doch sogleich klar, daß die empörten Wogen nur durch „Backschisch" (Trinkgeld) zu glätten seien. Für das, was Cassanova ihm schuldig sei, übernahm ich die Garantie und gab dem Mann gleichzeitig ein Trinkgeld von 50 Francs, worauf er sich auf der Stelle in ein Lamm verwandelte, das meiner Aufforderung, mir bei der Fütterung der Tiere behilflich zu sein, mit Freuden nachkam. Dasselbe Trinkgeld hatte ich auch den übrigen Leuten Cassanovas gegeben. Für die anderen Kerle, die der Grieche mitgebracht hatte, ließ ich 5 Francs springen, und das Gesindel konnte sich kaum schnell genug entfernen, um die Beute in Getränke umzusetzen. Mir wurde es indes klar, daß es das beste sei, so schnell als möglich von Suez fortzukommen, und dazu mußte der Weg abermals mit Bakschisch geebnet werden.

Die nötigen Wagen für unsere Tiere am Bahnhof zu erhalten, das ging nicht etwa so ohne weiteres. Der betreffende Beamte, ein Araber, behauptete hartnäckig, die Zusammenstellung so vieler Wagen dauere mindestens 6 bis 8 Tage, eine schnellere Herbeischaffung wäre gewissermaßen Zauber, und ein Zauberer sei er nicht. Merkwürdig, nachdem ich diesem Manne ebenfalls 50 Francs versprochen hatte, verwandelte er sich tatsächlich in einen Zauberer und versicherte mit der größten Verbindlichkeit, daß die sämtlichen Wagen am nächsten Abend bereitstehen sollten.

Im Hof der Tiere, wo wir abends noch einmal vorsprachen, gab es indes eine neue unangenehme Überraschung. Unter den Leuten Cassanovas ging das Gerücht um, die Griechenbande, die mich schon am Morgen heimgesucht hatte, plane für die Nacht einen regelrechten Überfall auf das Lager. Zuerst war ich geneigt, das Gerücht von der lächerlichen Seite zu nehmen, entschloß mich aber doch, das Lager durch sechs Polizisten bewachen zu lassen. Tatsächlich schlichen sich in der Nacht, um 1 Uhr etwa, zwanzig Strolche heran, geführt von demselben

Kerl, der erst wenige Stunden vorher 50 Francs von mir in Empfang genommen hatte. Als die Bande indes bemerkte, daß wir uns im Verteidigungszustand befanden, zog sie sich in aller Stille wieder zurück. Wie ich später hörte, galt der versuchte Überfall einigen Kästen voll Teppichen und anderen wertvollen Sachen, die sich zwischen dem Gepäck Cassanovas befanden. Der Häuptling der Bande hatte die Frechheit, am nächsten Morgen zu mir ins Hotel zu kommen, um 100 Francs in Empfang zu nehmen, die ihm Cassanova schuldete. Da die Sache stimmte, zahlte ich dem Banditen natürlich ohne weiteres das Geld aus, um von ihm loszukommen.

Der Transport der großen Karawane glich in mancher Beziehung jenen Expeditionen, die in unerforschte Länder ziehen. Das System Nansens und Pearys, die aus ihren arktischen Expeditionen diejenigen Schlittenhunde, welche zum Ziehen untauglich wurden, als Futter für die übrigen Tiere verwandten, ist nicht unähnlich demjenigen, das auch ich auf diesem und manchem anderen Transport anwendete, wenn es sich dabei auch nicht um Hunde handelte. Die größte Sorge bei einem Tiertransport ist immer die Ernährung. Diesmal hatten wir neben vielem Preßheu, Brot und mannigfachem vegetabilischen Futter für die Elefanten und übrigen Tiere auch noch 100 Milchziegen mitgenommen, um unsere jungen Giraffen und sonstigen Babys mit Milch versorgen zu können. Ziegen, die keine Milch mehr zu geben vermochten, wurden unterwegs nach und nach geschlachtet und dienten als Futter für die jungen Raubtiere.

Der zaubernde Beamte hatte sein Wort gehalten (damit auch wir Wort halten sollten), und zur gewünschten Zeit standen die Eisenbahnwagen bereit. Am nächsten Morgen sollte ein gemischter Zug zunächst bis Alexandrien gehen. Eine der schwierigsten Arbeiten lag noch vor uns, nämlich die Überführung zum Bahnhof. Es wäre ja ein ganz besonderes Glück gewesen, diesen Transport ohne Zwischenfälle auszuführen, und dies Glück wurde uns denn auch nicht zuteil. Elefanten, Giraffen und Raubtiere waren bereits untergebracht, und ich atmete schon auf. Man soll aber den Tag nicht vor dem Abend loben. Nur sechzehn große, ausgewachsene Strauße waren noch übrig, die in der Weise zum Bahnhof geführt werden sollten, daß immer ein Vogel von zwei Personen an den

Flügeln gepackt und zum Mitgehen gezwungen werden sollte. Zu dem ersten Strauß gesellten sich mein Bruder und ich, die übrigen Vögel sollten von Cassanovas Leuten einstweilen zurückgehalten werden. Die Leute folgten auch dieser Anordnung, nicht aber die Strauße. Kaum hatten wir uns einige Schritte vom Hofe entfernt, als die übrigen fünfzehn Strauße wie ein Wirbelwind durch den Hof jagten, die sämtlichen Wärter über den Haufen warfen und in der Richtung nach der Wüste entflohen. Als ich dies sah, tat ich etwas, was ich nicht hätte tun sollen – man muß ja aber fortwährend im Leben Lehrgeld zahlen. Ich glaubte, unseren Strauß allein festhalten zu können, und rief meinem Bruder deshalb schnell zu, er möge den von ihm gehaltenen Flügel loslassen und den Leuten zu Hilfe eilen. Kaum aber hatte der Strauß einen Flügel freibekommen, als er mir mit seinen langen Beinen einen solchen Tritt vor die Brust versetzte, daß ich hintenüber stürzte. Schneller als ein Pferd folgte der Flüchtling seinen Kameraden, während ich noch am Boden lag, nach Atem rang und dem Entflohenen verdutzt nachsah.

Seltsamerweise ging das Wiedereinfangen der Straußenherde auf eine beinahe lächerlich einfache Weise vor sich. Einer von Cassanovas kranken Leuten, namens Seppel, fand instinktiv das richtige Mittel, indem er auf eine Eigentümlichkeit spekulierte, welcher Tiere und Menschen in gleicher Weise gehorchen, nämlich die Gewohnheit. Die Sache hatte aber doch etwas Verblüffendes. Als ich mich eben erhob, sah ich, wie Seppel die ganze Ziegenherde aus dem Hofe heraustrieb. Auf meinen Anruf: „Seppel, was machen Sie denn da?" antwortete er nur lakonisch: „Ich will die Strauße wieder zurückholen." Auf seine Anordnung hatten sich zwei Araber auf Dromedare gesetzt, und diese sowie die Ziegenherde folgten nun den Straußen schnell nach. Als der Zug den Flüchtlingen nahe kam, reckten diese ihre Hälse, schlugen wie vor Freuden mit den Flügeln und tanzten in weitem Bogen um die Ziegenherde und die Dromedare herum. Ein ganz grotesker Anblick. Und als ob nun alles wieder in Ordnung sei, setzte sich die ganze Karawane in Marsch nach dem Bahnhof. Die Strauße gingen so ruhig zwischen den Ziegen und Dromedaren, als ob sie von einer unsichtbaren Macht festgehalten würden. Ohne viel Sträuben ließen die Vögel sich ergreifen und in den für sie bestimmten Wagen führen. Des Rätsels Lösung ist sehr einfach. Auf der ganzen zweiundvierzigtägigen Reise von Kassala bis Suakin hatte man die Strauße ungefesselt zwischen der Ziegenherde und den Dromedaren transportiert. Seppel, der mit dabei gewesen war, wußte das, und hatte ganz richtig kalkuliert, daß die Strauße in die gewohnte Marschordnung sich ohne Widerstreben wieder fügen würden.

An die Reise von Suez nach Alexandrien werde ich mein Leben lang denken. Selten sind meine Nerven auf eine so harte Probe gestellt worden. Der Tag war heiß, einer der heißesten, deren ich mich entsinne. Die Reise begann damit, daß nach einigen Stunden Fahrt der vorderste Wagen des Güterzuges in Brand geriet. Zum Glück war ein Kanal in der Nähe, so daß man des Feuers Herr wurde. Beim Anziehen der Lokomotive gab es derartige Stöße, daß unsere beiden „Gulahs", irdene Wasserflaschen, die wir im Wagen aufgehängt hatten, in Scherben gingen. Zur Hitze kam also ein brennender Durst. Die einzige heitere Erinnerung von dieser Reise bildete die Begegnung mit einer Beduinentruppe, die an den Zug herankam, um unsere Giraffen und Strauße zu betrachten. Durch einen jungen Nubier, den ich bei mir hatte und der sowohl des Arabischen wie des Französischen mächtig war, versuchte ich, von den Beduinen einige ihrer langen Feuersteinschloßgewehre zu kaufen. Sie gaben aber keins heraus, da sie ihnen für die Jagd unentbehrlich waren. Diese kleine Erinnerung, das Bild der wilden, braunen Söhne der Wüste, geht aber unter in dem Schwall der Unannehmlichkeiten, die noch folgten. Mitten auf der Reise versuchte man, uns in einer Station einfach liegen zu lassen. Da der Zugführer behauptete, seine Lokomotive könnte den langen Zug nicht weiter ziehen, wurden die Wagen einfach abgekoppelt, und der Zug fuhr ohne uns nach Alexandrien davon. In schwärzester Gemütsverfassung umging ich meine Wagen. Wie leicht konnte dies zu einer Katastrophe führen und mir einen kaum wieder gutzumachenden Schlag zufügen. Die Tiere waren in ihren Wagen so eng zusammengepfercht, daß wir sie nicht einmal füttern konnten, da wir die einzelnen Tiere, ohne die Wagen zu entleeren, gar nicht erreichen konnten. Hier galt es, sich aufzuraffen. Ich erinnerte mich daran, daß Cassanova mir ein Zertifikat des kaiserlichen Hofes in Wien übergeben hatte, das ihm vom Inspektor der k. k. Menagerie zu Schönbrunn bei Gelegenheit eines Auftrags mit der Weisung zugestellt worden war, es bei etwaigem Bedarf zwecks schnellerer Beförderung der Tiere vorzuzeigen. An dem Schriftstück befand sich ein großes vergoldetes Siegel, und auf dieses setzte ich meine Hoffnung. Als ich es dem Stationschef, einem französisch sprechenden Araber, vorzeigte, machte es auch sofort den gewünschten Eindruck. Der Beamte telegraphierte nach Kairo um die Erlaubnis, unserem Wagen eine Extralokomotive vorspannen zu dürfen, und kaum war eine Stunde vergangen, da hatte unser Zug sich in einen Extrazug verwandelt.

Alles hätte jetzt glatt gehen können. Aber das Unheil näherte sich abermals in Gestalt eines betrunkenen Lokomotivführers, der mit seinem Zuge in einem solchen Tempo davonraste, daß sämtliche Tiere durcheinandergeworfen wurden. Das Schlimmste aber war, daß der Zug sich in unausgesetzter Feuersgefahr befand. Auf der Maschine wurde derartig darauf losgeheizt, daß die Esse einen wahren Vulkan von Feuerfunken und glühenden Kohlenstücken ausspie, die wie ein Regen zwischen unseren Giraffen in das Stroh des Wagens fielen. Wir waren fortwährend damit beschäftigt, das entstehende Feuer auszutreten und die Tiere zu beruhigen. Schließlich blieb mir nichts weiter übrig, als das gesamte Stroh durch die Seitenklappen ins Freie zu werfen. Endlich war aber auch diese furchtbare Nacht vorbei, und wir erreichten um 6 Uhr früh Alexandrien. In welcher Verfassung, das kann man sich denken.

Vielleicht interessiert es den Leser, die Geschichte dieses Transportes, der in mancher Beziehung typisch ist, bis zu Ende zu hören. In Alexandrien ging es zunächst wieder an ein Ausladen und Unterbringen der Tiere, um am nächsten Morgen wieder mit dem Verschiffen zu beginnen. Nebenher lief immer die Sorge um die Ernährung und das Wohlbefinden der Tiere. Auf dem Hofe des Fuhrwerksbesitzers Migoletti, eines Bruders des Afrikareisenden, fanden wir Unterkunft. Hier stieß auch die Karawane Migolettis zu uns, die ich nunmehr ebenfalls in meinen Besitz brachte. Der Tag, dem keine Nachtruhe vorhergegangen war, wurde ausgefüllt mit der Besorgung von Lebensmitteln für die in meiner Obhut befindlichen Geschöpfe und mit Vorbereitungen für die Verschiffung, die am nächsten Morgen stattfinden sollte.

Schon in aller Herrgottsfrühe mußten wir uns aufmachen, um unsere Güter nach dem für Triest bestimmten Dampfer „Urano“ zu verschiffen. Die schwierigste und gefährlichste Arbeit blieb natürlich wieder die Übernahme der Tiere. Giraffen, Elefanten, Büffel, Antilopen, Strauße und Ziegen mußten, in Gurte geschlagen, mit einem Dampfkran übernommen werden. Man wird es mir ohne weiteres glauben, daß es ein ängstliches Gefühl in mir auslöste, wenn ich die großen, wertvollen Tiere in der Luft zwischen Himmel und Wasser schweben sah. Viel schwieriger als das Einschlagen in die Schlingen war das Auslösen. Die Giraffen zum Beispiel mußten dabei auf die Seite gelegt werden, anders ließen sich die Stricke nicht lösen, und so schnell es auch geschah, es blieb doch nicht aus, daß man von diesen langbeinigen Geschöpfen mit gefährlichen Tritten regaliert wurde. Mein Bruder Dietrich bekam einen solchen Schlag gegen die Brust, daß er ohnmächtig zusammenbrach. Zum Glück erholte er sich bald, und es zeigte sich, daß nichts gebrochen war. Glücklich kamen wir in Triest an, wo wir von meinem Vater und meinem Schwager Umlauff erwartet wurden, die bereits die nötigen Eisenbahnwagen im voraus bestellt hatten. Ganz ungeheuer war das Aufsehen, welches unser Transport in der Triester Bevölkerung erregte; es war der größte Tiertransport, welcher bis dahin nach Europa gebracht worden war. Er bestand unter anderem aus folgenden Tieren: einem Rhinozeros, fünf Elefanten, zwei Warzenschweinen, vier Erdferkeln, vierzehn Giraffen, zwölf Antilopen und Gazellen, vier wilden nubischen Büffeln, sechzig größeren und kleineren Raubtieren, darunter dreißig gefleckten und gestreiften Hyänen, sieben jungen Löwen, acht Leoparden und Geparden, sowie einigen Wildkatzen und so weiter. Außerdem kamen noch sechsundzwanzig afrikanische Strauße hinzu, worunter sich sechzehn ausgewachsene Vögel befanden. Der Matador unter diesen Tieren war ein weibliches Exemplar von einer so außerordentlichen Größe, wie ich seitdem keins wieder gesehen habe. Einen Kohlkopf, den ich in einer Erhöhung von elf Fuß angebracht hatte, konnte dieser Vogel bequem herunternehmen. Der Transport wurde vervollständigt durch zwanzig große Kästen mit Affen und Vögeln, sowie zweiundsiebzig nubische Milchziegen, eine wandelnde Molkerei, die uns Milch für unsere jungen Tiere lieferte. Als die Tiere aufgeladen wurden, standen Tausende von Menschen an den Ufern, um das seltene Schauspiel mit anzusehen, und jedesmal,

Frau Carl Hagenbeck.

wenn ein Elefant oder eine Giraffe hoch oben in den Schlingen zappelte, erhob sich ein Gebrause von Stimmen. Dieser Volksauflauf war aber noch nichts gegen das Gedränge der Zuschauer, als wir mit unseren Tieren im langen Zuge vom Schiff nach dem Bahnhof marschierten. Das Publikum in den Straßen stand so dicht zusammengedrängt, daß wir uns selbst mit Hilfe unserer Platzmacher, einer Polizeimannschaft von sechs Personen, kaum vorwärts bewegen konnten. Es ist mir heute noch ein Rätsel, daß keine Unglücksfälle vorgekommen sind.

Auf der Fahrt nach Wien, Dresden, Berlin und Hamburg bröckelte die große Karawane auseinander. In der kaiserlichen Menagerie zu Wien blieben ein paar Giraffen, ein Elefant und viele kleinere Tiere. In Dresden fanden ebenfalls zwei Giraffen nebst einer Anzahl anderer Tiere ihre neue Heimat. Den größten Teil der Tiere aber übernahm Herr Dr. Bodinus, dem ich mich bereits telegraphisch angemeldet hatte, in Berlin für den dortigen Garten.

Seitdem ich im Anfang des Jahres 1866 das Tiergeschäft für eigene Rechnung übernommen hatte, war alle Ruhe dahin. Bald weilte ich an den Ufern des Rheins und bald an den Gestaden des Roten Meeres, und kam ich endlich nach Hause zurück, dann riefen mich inzwischen angelangte Telegramme schon wieder in die Ferne. Diese Reisen wurden auch nicht seltener, nachdem ich am 11. März 1871 meinen eigenen Hausstand gegründet hatte. Doch alle Mußestunden gehörten der Familie. Von den zehn Kindern, die meine Frau mir geschenkt, sind fünf, drei Mädchen und zwei Knaben, am Leben. Die beiden letzteren, Heinrich und Lorenz, jetzt auch meine Sozien im Geschäft, sind gleichfalls schon glückliche Ehemänner geworden – ebenso wie die drei Töchter inzwischen Hausfrauen. Als sehr lebendiger Beweis dafür umgibt mich eine Schar von dreizehn Enkelkindern.

Die Verkehrsmöglichkeiten haben sich in den letzten Jahren derartig entwickelt, daß man sich von den Schwierigkeiten des Transportes von Menschen und Tieren in jener Zeit, die doch noch so nahe hinter uns liegt, kaum ein richtiges Bild machen kann. Eine große Tiersammlung mußte, um ihren Bestimmungsort in Italien zu erreichen, erst eine schwierige Gebirgstour über den St. Gotthard zurücklegen.

Die Tiere waren in sechs große Wagen geladen, und jeder wurde von zwanzig Maultieren gezogen. Nicht weniger als 120 Maultiere waren also nötig, um diesen Transport zu bewerkstelligen.

Kurz nach dem Ausbruch des Krieges 1866 befand ich mich in Begleitung meines Vaters auf der Reise nach Wien, wo einer unserer Reisenden mit sieben Elefanten und einer großen Anzahl anderer Tiere angekommen war. Zu jener Zeit konnte man infolge der Kriegswirren noch nicht über Dresden nach Wien kommen, vielmehr mußte man einen Umweg über Frankfurt und Linz machen, so daß wir erst nach einer vierzigstündigen Fahrt in der Kaiserstadt ankamen. Der Transport dieser Tiersammlung ging, wie gewöhnlich, nicht ohne seine kleinen Abenteuer vor sich. In der Gegend von Nürnberg bemerkte ich, daß meine Elefanten an Kolik litten. Ich ließ sogleich meine Wagen in Nürnberg abhängen, um erst mit der nächsten Gelegenheit weiterzufahren. Eins der Tiere hatte sich bereits vor Schwäche hingelegt. Erst mit Hilfe eines Wärters, den ich von Wien mitgenommen hatte, gelang es mir, das Tier wieder hochzubringen. Das war keineswegs eine leichte Sache, denn obgleich die Tiere nur etwa 1,50 Meter hoch waren, so besaßen sie doch schon ein Gewicht von mindestens 1 000–1 200 Pfund.

Carl Hagenbeck
1871.

Es gibt nun ein sehr einfaches Mittel, Elefanten von der Kolik zu befreien: da der Mangel an Bewegung die Krankheit häufig verursacht, so muß sie durch Bewegung beseitigt werden. Ich führte also meine sieben Elefanten auf dem Bahnhof spazieren, und nach zwei Stunden hatte die Promenade, die für mich selbst kein Vergnügen war, ihre Wirkung so weit getan, daß ich die Tiere wieder in den Wagen zurückbringen konnte. Das dicke Ende folgte indes noch nach. Alsbald kam der Stationsvorsteher angerannt und machte einen heillosen Spektakel, und nicht mit Unrecht, denn ich muß gestehen, daß der Bahnhof nach

Lorenz Hagenbeck.

Heinrich Hagenbeck.

Die Söhne und Teilhaber Carl Hagenbecks.

dieser zweistündigen Promenade nicht gerade einen sauberen Eindruck machte. Mir blieb nichts anderes übrig, als zu erklären, der Stationsvorsteher möge den Platz nur durch seine Leute säubern lassen, ich würde alles bezahlen, und damit beruhigten sich denn auch die Gemüter. Es kam aber ein noch dickeres Ende nach. Ehe der Zug weiterging, was noch einige Stunden dauerte, begab ich mich in die Stadt und kaufte dort einige Flaschen guten Rom und einige Pfund Zucker.

Davon braute ich einen kräftigen Grog, den ich meinen Elefanten als bewährte Nachkur gegen die Kolik zu saufen gab. Dieses Mittel tat den Tieren sehr gut, alle gerieten in eine heitere Stimmung. Einer der Elefanten aber schien des Guten etwas zuviel bekommen zu haben, denn er begann allen möglichen Unsinn zu machen, boxte seine Gefährten und traktierte sie mit Fußtritten. Für diesen Süffel braute ich noch einen Extragrog, so daß er nunmehr total betrunken wurde. Es dauerte auch gar nicht lange, da legte er sich hin und brauchte sechs volle Stunden, bis er seinen Rausch ausgeschlafen hatte.

In dem folgenden Jahre (1867) erhielt ich sogar zwei größere afrikanische Transporte. Der Sudan war ja überhaupt jahrelang für Europa die größte Tierquelle. Der erste dieser Transporte bestand aus fünf Giraffen und einem Elefanten, welchen ein deutscher Kaufmann, namens Bernhard Kohn, aus Ägypten mitgebracht hatte. Mit der Übernahme des Transportes erwuchs mir eine neue Schwierigkeit. Giraffen waren in unserm Geschäftslexikon ja neu. Bezüglich der Behandlung und des Transports dieser Tiere mußten erst Erfahrungen gesammelt werden; das zeigte sich schon bei der Überführung der Giraffen zum Bahnhof. Jedes einzelne Tier mußte geführt werden. Ich hatte zu diesem Zwekke zehn Leute angenommen. Je zwei führten eine Giraffe, ich selbst nahm den Elefanten. Kaum war jedoch die Stalltür geöffnet – Herr Kohn hatte nämlich den ganzen Transport in einem Pferdestall untergebracht –, als alle Giraffen mitsamt ihren Führern in wildem Galopp durchbrannten. Glücklicherweise waren die Straßen infolge der frühen Morgenstunde leer, sonst wäre es wenigstens ohne einen riesigen Volksauflauf nicht abgegangen. Kohn, welcher mich begleitete, übernahm auf meine Bitte den Elefanten, und ich selbst eilte, so schnell mich meine Beine tragen wollten, den Leuten mit ihren Giraffen zu

Hagenbeck mit seinen dreizehn Enkelkindern.

Hilfe. Die größte hatte bereits ihre Führer zu Boden gerissen und eilte nun in rasender Gangart davon. Die übrigen Tiere konnte ich noch zum Stehen bringen, und damit hatte ich auch die entlaufene Giraffe wieder in der Gewalt, denn als sie endlich stillstand, sich umsah und bemerkte, daß ihre Gefährten ihr nicht folgten, kehrte sie ebenso schnell zurück, als sie fortgelaufen war. Sofort ergriff ich das Tier und führte es selbst, und nun kamen wir ohne weiteren Unfall zum Bahnhof.

Die zweite große Tierkarawane desselben Jahres zeichnete sich durch eine Häufung von Unfällen aus. Ein altes Wort sagt, daß ein Unheil nie allein kommt. Das mußte ich auch hier erfahren. Als der Dampfer mit unseren Tieren auf der Reede von Triest erschien, wohin ich mit meinem Vater geeilt war, nahmen wir mit Schrecken wahr, daß die Quarantäneflagge gehißt war. In Ägypten herrschte die Cholera, aus diesem Grunde mußte das Schiff sich einer achttägigen Ouarantäne unterziehen, und während dieser Zeit durfte natürlich niemand weder an noch von Bord gehen. Zu allem Unglück erkrankte mein Vater an Dysenterie, und vier Tage nach der Erkrankung stellte sich eine beunruhigende Schwäche ein. Ich geriet in die größte Bestürzung, als der Kranke mich zu sich rufen ließ und gewissermaßen von mir Abschied nahm. Mit dem Taschenbuche vor sich, gab er mir Verfügungen, die sich auf Geschäfte in Hamburg bezogen, erteilte mir guten Rat in vielen Dingen, die der Zukunft angehörten, und sprach es schließlich selbst aus, daß er kaum glaube, die Heimat wiederzusehen. Mit schwerem Herzen ging ich an diesem Morgen aus dem Hause, um den vielen Geschöpfen, die da draußen auf mich warteten, ihr Recht zuteil werden zu lassen. Mein Vater war auf Anraten des Arztes der Luftveränderung wegen nach Wien vorausgereist. Nicht ohne die bekannten kleinen Zwischenfälle wurden die Tiere endlich verladen. Daß unterwegs eine Antilope aus dem Wagen sprang und mit gebrochenem Genick auf dem Bahndamm liegenblieb, daß einer der Strauße ein Bein brach und getötet werden mußte, oder daß einer der kleineren Elefanten durch den Stoß eines Kollegen zugrunde ging, fiel nicht ins Gewicht gegenüber der großen Freude und Überraschung, meinen Vater in Wien völlig genesen anzutreffen. Dieser Transport hatte noch eine Art von Epilog, der sich bei der Umladung der Tiere in Wien ereignete. Der Sicherheit halber führte man von den dreizehn Elefanten zuerst die sieben kleineren auf die Straße. Als man aber bereits eine gute Strecke zurückgelegt hatte, um nach dem Bahnhof zu gelangen, erhoben die sieben Dickhäuter ein großes Geschrei, worauf die sechs großen, zurückgebliebenen Elefanten sich in ihrem Stalle wie wild gebärdeten, Stricke, Taue und Haken zerrissen und zur Tür hinausströmten. Der Aufruhr, der sofort auf der Straße entstand, ist unbeschreiblich. Die Passanten stoben rechts und links auseinander und suchten in den Häusern Rettung. Die Elefanten kümmerten sich aber nicht im geringsten um die auseinanderstiebenden zweibeinigen Zwerge, sie wünschten nur zu ihresgleichen zu gelangen, und als sie diese erreicht hatten, schritten sie so ruhig hinter dem Zuge her wie ebenso viele Schafe.

Eintritt zum Tierpark.
Neuer Pferdemarkt.

Bis in die ersten siebziger Jahre reicht die Zeit des ausschließlichen Tierhandels, dem sich in der Folge weitere Unternehmungen anschlossen. Den Schlußstein dieser Epoche bildete die Übersiedlung in ein neues Heim. Bei der wachsenden Ausdehnung des Geschäfts waren die Räume am Spielbudenplatz längst viel zu eng geworden. Nach langem Suchen glückte es mir im Frühling 1874, am Neuen Pferdemarkt in Hamburg ein geeignetes Grundstück mit Wohnhaus und dahinterliegendem, 76 000 Quadratfuß großem Garten aufzufinden. Dieses Grundstück erwarb ich, und die nötigen Einrichtungen, wie Stallungen usw., wurden mit einem solchen Eifer gebaut, daß wir bereits um die Mitte des Aprils unsern Einzug in das neue Heim bewerkstelligen konnten.

III. Völkerschaustellungen

Im Bankettsaal des „Jardin d'Acclimatation" zu Paris fand sich an einem schönen Herbsttage des Jahres 1886 eine glänzende Gesellschaft von Vertretern der Wissenschaft, der Künste und der Presse zusammen. Es galt, einen Abschied zu feiern. Unter der Hagenbeckschen Flagge hatte die Schaustellung einer Singhalesentruppe stattgefunden, die sich nun nach zweieinhalbmonatigem Aufenthalte wieder auflöste. Diese Schaustellung war die Sensation von Paris gewesen; sie hatte dem Garten nicht nur bedeutende Einnahmen, sondern einem unabsehbaren Publikum Unterhaltung, Anregung und Belehrung gebracht.

Es war mir vergönnt, die Völkerausstellungen als erster in die zivilisierte Welt einzuführen. Gern gestehe ich dabei, daß der Gedanke nicht etwa fertig ins Leben hineingesprungen ist, sondern daß er sich, von Zufällen beeinflußt, regelrecht entwickelt hat.

Der erste Anstoß war die Tatsache, daß das Tiergeschäft um die Mitte der siebziger Jahre langsam zu gehen anfing und ich also daran zu denken gezwungen war, mein Unternehmen nach irgendeiner anderen Seite hin auszudehnen. In der Folge fand der alte Spruch: „Kleine Ursachen, große Wirkungen" wieder einmal seine Bestätigung. Es war im Jahre 1874, als ich meinem alten Freunde, dem Tiermaler Heinrich Leutemann – ich weiß nicht mehr, aus welchem Grunde – in einem Briefe mitteilte, daß ich eine Rentierherde von dreißig Exemplaren zu importieren hätte, um verschiedene Zoologische Gärten mit diesen Tieren zu versorgen. Der Künstler schrieb mir daraus, es müsse doch großes Interesse erregen, wenn ich die Rentiere von einer Lappländerfamilie begleiten lassen würde, die dann natürlich auch ihre Zelte, ihre Waffen, Schlitten und ihren gesamten Hausrat mitbringen müßte.

Was dem Künstler in seinem Briefe vorschwebte, war sicherlich nur das malerische nordische Bild, das er sich nur in abgeschlossener Vollkommenheit mit Menschen und Tieren und womöglich einem winterlichen Hintergrund vorzustellen vermochte. In diesem Vorschlag aber war schon der glückliche Gedanke der Völkerausstellungen, die sich in den nächsten Jahren wie eine bunte Kette aneinanderreihten, verborgen. Lappländer und Nubier, Eskimos und Somali, Kalmücken und Indier, Singhalesen und Hottentotten, die Bewohner der verschiedensten Zonen reichten einander in den kommenden Jahren gleichsam die Hände in ihren Zügen durch die europäischen Hauptstädte.

Der Zug begann mit den Lappländern.

Glücklicherweise traf es sich so, daß der Agent, der die Rentiere zusammenbrachte, auch gleichzeitig eine Familie von Lappen zur Fahrt nach Hamburg veranlaßte. Gegen Mitte September des Jahres 1874 traf die kleine Expedition von Menschen und Tieren, geführt von dem deutsch sprechenden Agenten, einem norwegischen Photographen, in Hamburg ein. Mein Freund Leutemann und ich fuhren dem Dampfer entgegen, erkletterten ihn während der Fahrt und begaben uns sofort ins Zwischendeck, wo die Gäste untergebracht waren. Schon der erste Anblick war entscheidend für meine Überzeugung, daß das Unternehmen gelingen werde. Die Karawane bestand aus sechs Personen und machte einen höchst frappierenden Eindruck. Auf Deck stolzierten die drei männlichen Mitglieder der Truppe, kleine, gelbbraune, in Felle gekleidete Leute, neben ihren Rentieren einher. Im Zwischendeck bot sich uns aber ein köstlicher Anblick! Eine Mutter mit ihrem Säugling, den sie zärtlich ans Herz drückte, und ein vierjähriges niedliches Mädchen. Das Ausbooten ging glücklich vonstatten, auch der Transport, dem natürlich einige der dem Leser schon bekannten Zwischenfälle nicht fehlten. Dieses Mal wurden sie aber zu einer glücklichen Vorbedeutung, weil sie dem Unternehmen eine unfreiwillige Propaganda von großer Werbungskraft lieferten. Die Rentiere waren auf der Straße ungebärdig und wollten sich nicht führen lassen; in der Nähe des Dammtors entsprangen zwei dieser Tiere, jagten, Gitter und Mauern leicht überspringend, über die Kirchhofe und gelangten endlich in den Zoologischen Garten, wo sie ganz gut aufgehoben

Lappländer.

waren, bis wir sie wieder abholten. Dieser Zwischenfall und der Anblick der Lappländer hatte indes Tausende von Menschen angelockt und war also zu einer recht guten Reklame geworden.

Die Lappen oder, wie sie sich selbst nennen, Same, die bekanntlich die nordischen Teile von Rußland, Finnland und Schweden bewohnen, das sogenannte Lappland, werden ihrer Beschäftigung nach in drei getrennte Völkerschaften geteilt, und zwar in die Berglappen, Waldlappen und Fischerlappen. Die unsrigen gehörten zu den Berglappen, die als Rentiernomaden im Lande umherziehen. Diese Leute sind fast ganz auf das Rentier angewiesen.

Es war sehr interessant, die kleinen Leute, die nur eine Größe von 1,30–1,60 Meter erreichen, bei der Arbeit zu sehen. Wie daheim, brachen sie ihre Zelte ab und errichteten sie wieder, wozu keine große Arbeit nötig war. Diese Zelte waren aus Stangen gebaut und im Sommer

Rentiere.

mit Leinwand, im Winter mit gegerbten Häuten überzogen. Oben in der Mitte bleibt ein Loch zum Durchzug des Rauches frei.

Schön konnte man unsere Gäste gerade nicht nennen. Ihre Hautfarbe ist ein schmutziges Gelb, der runde Schädel ist mit straffem, schwarzem Haar bewachsen, die Augen stehen ein wenig schief, die Nase ist klein und platt. Dagegen ist das Knochengerüst sehr fein und zart, und kleinere Hände und Füße als bei den Lappländern kann man nur noch an den Eskimo-Schönen bewundern. Unsere Lappländer verfertigen ihre Kleidungsstücke und Geräte selbst. Die gegerbten Häute des

Rentiers nähen sie mit Sehnen sehr fein zusammen, Schneeschuhe und auch Bestandteile ihrer Schlitten werden aus Holz geschnitzt und die Verbindungen mit Lederriemen hergestellt. Frauen und Männer gehen ziemlich gleich gekleidet, beide Geschlechter tragen einen langen Pelzrock, eine spitzige Pelzmütze und an den Füßen genähte Lederschuhe. Ein Vergnügen war es, zuzusehen, wie die Rentiere mit Hilfe der Wurfschlinge eingefangen wurden, wie gewandt man die Schlitten bewegte und wie sachgemäß der Aufbau und das Abreißen der Zelte vor sich ging. Großes Interesse erweckte jedesmal das Melken der Rentiere, und Aufsehen erregte geradezu die kleine Lappländerfrau, wenn sie ihrem Säugling die Brust reichte.

Dieser erste Versuch einer anthropologisch-zoologischen Ausstellung hatte mich vieles gelehrt. In Gedanken hielt ich Umschau nach weiteren vorzuführenden Völkerschaften, und der Zufall brachte es mit sich, daß ich vom eisigen Norden direkt in den sonnigen Süden hinübersprang. Einem meiner damaligen Agenten, welcher in Nubien Tiere für mich sammelte, gab ich den Auftrag, für den nächstenTransport eine Anzahl von recht interessanten Eingeborenen für mich anzuwerben und sie samt ihren Tieren, Zelten, Haus- und Jagdgeräten nach Deutschland zu überführen. Dieses Mal galt es also ein Bild aus dem ägyptischen Sudan vorzuführen. Im Juni 1876 traf der Menschen- und Tiertransport in Triest ein. Die schönen Leute gehörten verschiedenen Stämmen an, sie kamen aus unserm damaligen Tierparadies, dem Sudan, der einige Jahre später durch den Mahdistenaufstand geschlossen werden sollte. In der Truppe befand sich auch eine Frau, Hadjidje, die erste Nubierin, welche nach Europa gelangte. Im Schmucke ihrer eigenen wilden Persönlichkeiten, mit ihren Tieren, Zelten, Haus- und Jagdgeräten boten die Gäste ein hochinteressantes anthropologisch-zoologisches Bild aus dem Sudan. Jedesmal begann die Ausstellung in Hamburg und bereiste von hier aus verschiedene Städte, überall das gleiche Aufsehen erregend. Hier und da wurde freilich, wie ich gestehen will, etwas vorgearbeitet. In Breslau zum Beispiel kam ich auf die Idee, meine Nubier, alle im pompösen Schmuck ihrer Waffen, Federn und Felle, in den vornehmsten Equipagen, die man in Breslau haben konnte, durch die Stadt spazierenfahren zu lassen. Im ersten Wagen saßen Dr. Schlegel, der Direktor des

Nubier-Gruppe.

„Zoo“, ich selbst und die schöne Hadjidje. Neben jedem Kutscher thronte in finsterer Majestät ein sudanesischer Krieger mit ragender Lanze. Zehn Wagen fuhren hintereinander. Unterwegs kehrte man im ersten Café der Stadt ein, das sich sofort bis in die entferntesten Winkel mit neugierigen Besuchern füllte. Der großartige Erfolg, den die Afrika-Ausstellung ergeben hatte, legte es mir nahe, auch den Winter

Nubier.

mit einer passenden Schaustellung auszufüllen. Das konnte nur vom Norden aus geschehen, und ein glücklicher Gedanke gab es mir ein, die aus unseren Nordpolexpeditionen bekannten und noch nie in Mitteleuropa gesehenen Eskimos vorzuführen. Im Frühling des Jahres 1877 hatte ich bereits einen jungen Norweger engagiert, den ich nun nach Grönland entsandte, um dort eine Eskimofamilie zu einer Kunstreise durch die europäischen Hauptstädte einzuladen. Die Königliche Dänische Regierung hatte nicht nur hierzu ihre Erlaubnis gegeben, sondern beförderte meinen Reisenden außerdem mit einem Regierungsschiff nach Grönland. Die Fahrt ging an die Westküste, nach Jacobshavn. Die Aufgabe gelang über alle Erwartung. Jacobsen engagierte zunächst eine Familie, bestehend aus Ukubak, seiner Frau und zwei kleinen Mädeln, sowie zwei ledigen Männern; nebenher brachte er eine hochinteressante ethnographische Sammlung heim – die Eskimohunde zum Schlittenziehen, der Hausrat, die Zelte und Waffen durften ja selbstverständlich nicht fehlen, außerdem aber enthielt die Sammlung zwei Kajaks, jene bekannten Jagdboote der Eskimos, ein großes Weiberboot „Umiak", eine Menge von interessanten Kleidungsstücken, viele interessante Geräte, wie Schneemesser, Seehundsfangapparate und primitive Waffen. Nicht nur mit der Überführung dieser neuen Karawane hatten wir Glück gehabt, sondern auch in der Auswahl der Typen.

Ukubak, ein Mann von etwa dreißig Jahren, entpuppte sich als ein überaus geschickter Kajakfahrer und im ganzen als ein hochstehendes, charakteristisches Exemplar seines Volkes. Die grönländischen Eskimos, durch Nansen in seiner Monographie aufs beste beschrieben, stehen der Zivilisation schon näher als die nördlicher wohnenden, wildlebenden Eskimos, denen auch der Kajak noch unbekannt ist. Die letzten Nachrichten, die wir von diesen Völkerschaften erhalten haben, entstammen ja bekanntlich der Feder des kühnen Norwegers Roald Amundsen, der drei Jahre lang unter den Eskimos gelebt hat. Allzuviel unterscheiden sich die Eskimos, die in Grönland unter dänischem Schutz wohnen, nicht von ihren Stammesgenossen. Obgleich sie das Christentum angenommen haben, sind ihre Sitten und Gebräuche der alten heidnischen Überlieferung ziemlich treu geblieben. Vor allem haben sie das Jagdhandwerk zu üben, wenn sie sich auf der Höhe erhalten wollen. Das Wild in Grönland ist bekanntlich der Seehund und die anderen verschiedenen Robbenarten. Ukubak gehörte zu den guten Fängern, das konnte man schon daran erkennen, daß er in seinem Kajak und auf dem Wasser durchaus zu Hause war. Der Kajak ist ein schmales Fellboot, in das der Jäger seine Beine hineinstecken muß. Die Öffnung wird rund um den Körper verschlossen, und zwar so, daß die Kleider des Jägers ringsherum an der Bootöffnung

Patagonier.

befestigt werden. Nicht selten passiert es, daß diese Boote, vom Sturm überrascht, im heftigen Wellengang umschlagen, so daß der Jäger mit dem Oberkörper nach unten ins Wasser hängt. Es gehört eine außerordentliche Geschicklichkeit dazu, um mit Hilfe des Doppelruders, das der Jäger in der Hand hält, wieder an die Oberfläche zu gelangen. Schon mancher Eskimo hat auf diese Weise, wenn keine Hilfe rechtzeitig in der Nähe war, seinen Tod in den Wellen gefunden. Für Ukubak war diese Kraftleistung eine Kleinigkeit, er übte das Umschlagen des Kajaks und das Wiederemportauchen als ein Kunststück, das ihm stets glückte, und das er nie müde wurde zu wiederholen.

Ukubak mit Familie

Ukubak war ein mittelgroßer Mann mit einnehmenden Gesichtszügen; seine in zierliche Fellkleider gehüllte Frau konnte als eine Schönheit gelten. Sie war eher groß als klein, von schlanker Figur, trug das Haar zu einem Schopf zusammengebunden mitten auf dem Kopf und hatte zwei entzückende Babys bei sich. Die Eskimoschönen tragen keine Kleider wie die unsrigen, sondern Fellhosen und zierlich genähte Schuhe, sogenannte Kamicker. Diese anziehende Familie, in Begleitung zweier weiterer Eskimojünglinge, zog also bei uns ein und machte es sich auf demselben Raume bequem, den einst die Lappländer eingenommen hatten – die aber durchaus keine Verwandten der Eskimos sind. Ganz nach Eskimoart wurde den Leuten eine Wohnung hergerichtet, nämlich halb unter der Erde.

Aus den Elefantenimporten des Jahres 1880 entwickelte sich auf Umwegen eine neue Völkerausstellung. Unter meinen amerikanischen Kunden entstand ein Wettbewerb um die Erlangung indischer Elefanten, und ich war genötigt, Plätze aufzusuchen, wo man diese Tiere preiswert erwerben konnte. Zu diesem Zwecke entsandte ich meinen Mitarbeiter, den bekannten Weltreisenden Herrn Joseph Menges, der bisher im Sudan für mich tätig gewesen war, nach Ceylon, zunächst als Pionier, um zu erforschen, was dort an Elefanten zu haben sei. Menges nahm eine gründliche Revision von Ceylon vor, bereiste es bis an die entferntesten Winkel und knüpfte Geschäftsverbindungen an. Seinen Spuren folgten dann zwei andere Reisende, um sich mit dem Ankauf und dem Transport von Elefanten zu beschäftigen.

Ukubaks Frau.

Inzwischen machte Menges einen kleinen Abstecher nach Somaliland, um diese Gegend auf ihre Ergiebigkeit für uns zu untersuchen. Von den Erlebnissen dieses Weltreisenden wird noch an anderer Stelle die Rede sein. Im Sommer 1881 kehrte Menges mit einem Tiertransport zurück, wurde aber unterwegs vom Unglück überrascht. Menges hatte sich mit 45 Straußen, einem Dutzend der schönen Beisa-Antilopen, verschiedenen Gazellen und anderen Tieren auf einem kleinen Dampfer eingeschifft, um nach Aden überzusetzen, geriet aber auf dieser kurzen Strecke in einen orkanartigen Sturm, wobei die meisten Strauße und Antilopen über Bord gewaschen wurden oder mit gebrochenen Gliedmaßen an Deck liegen blieben. Von dem ganzen Transport gelangten nur sechs Strauße und drei Antilopen lebend nach Hamburg. Von solchen Zufällen darf man sich in unserm Geschäft nicht entmutigen lassen. Der Kampf muß stets nach verschiedenen Fronten geführt werden. Unwegsamkeit, Klima und Naturereignisse spielen stets eine große Rolle.

Menges kehrte sofort nach Somaliland zurück, nahm aber diesmal zerlegbare Käfige und einen großen Posten Holz zum Bau von Kästen mit sich, um den Tieren auf der Reise mehr Schutz gewähren zu können. Der zweite Transport glückte besser. Eine Straußenfarm in Algerien hatte mir einen Auftrag auf vierzig Strauße erteilt, und Menges hatte das Glück, nicht nur diese Vögel, sondern noch viele andere Tiere zusammenzubringen und unbeschädigt nach Europa zu überführen. Von Marseille aus wurden die Strauße nach ihrem Bestimmungsort verladen, die übrigen Tiere nach Hamburg, und alles ging glücklich vonstatten, so daß der Verlust des ersten Transports durch diesen zweiten reichlich gedeckt wurde. In dieser Sammlung befand sich eine neue Art Wildesel aus dem Somaliland, mit schönem, blaugrau gezeichnetem Fell und mit schwarzen, bis zum Oberkörper reichenden Streifen an den Beinen. Die Zoologen wollten indes merkwürdigerweise von der Neuheit dieser Spezies nicht viel wissen.

King Dido mit zwei Frauen

Meinen Somaliesel verkaufte ich schließlich an den Zoologischen Garten in London. Inzwischen war nun auch der Elefantenimport aus Ceylon zur Entwicklung gelangt und gestaltete sich recht günstig. Im Jahre 1883 führte ich nicht weniger als siebenundsechzig dieser Tiere von der Insel aus. Wie etwas Selbstverständliches griff nun das neue Gebiet auch in die Völkerausstellungen ein, die ununterbrochen ihren Fortgang nahmen Das Jahr 1883 vereinigte wieder einmal äußerste Gegensätze, Indier und Kalmücken.

Die Elefantentransporte legten mir den Gedanken nahe, einmal eine Anzahl „Kornaks", wie bekanntlich die Elefantentreiber genannt werden, aus Ceylon mit nach Europa kommen zu lassen, um zu zeigen, wie die Elefanten auf Ceylon und überhaupt in Indien zur Arbeit be-

Somalis.

nutzt werden. Die Vorführung erregte, wie ich vorausgesehen hatte, das allergrößte Interesse. Die eingeführten Lastelefanten, die ebenso willig und gefügig sind wie Pferde, verrichteten unter ihren Reitern eine ganze Reihe schwieriger Arbeiten, zu denen man allerdings in jedem einzelnen Falle viele Pferde nötig gehabt hätte.

Somalifrauen.

Durch den guten Erfolg dieser kleinen Truppe ermutigt, traf ich sofort Anstalten, für das nächste Jahr eine große, umfassende Ceylon-Ausstellung ins Werk zu setzen. Diesmal sollte es sich nicht nur um Elefanten und ihre Kornaks handeln, sondern um eine Völkerausstellung im großen Stile, mit dem nötigen ethnographischen und zoologischen Drum und Dran. Mit dieser Ausstellung wollte ich dann die Hauptstädte Europas bereisen. Um alles richtig in die Wege zu leiten, entsandte ich zwei bewährte Reisende nach Ceylon, die, nach meinen Plänen und Instruktionen, im Frühjahr 1884 mit der ganzen Karawane in Europa eintreffen sollten.

Inzwischen reiste ich mit einer großen Kalmückenausstellung umher, die ich aus dem Wolgagebiet Rußlands eingeführt hatte. Die Kalmücken sind ein interessantes Volk mit reicher geschichtlicher Vergangenheit. Sie selbst nennen sich Mongol-Oirat, der Name Kalmücken kommt von der tatarischen Benennung Khalemak. Der größte Teil dieser ausgedehnten Völkerschaften steht noch unter chinesischer Oberhoheit, und ihre Stammsitze befinden sich in der Gegend von Kukunor; seit Jahrhunderten aber leben große Scharen im russischen Reich und sind hier über weite Gebiete verstreut. Es ist ein Nomadenvolk, das in besonderen, leicht aufgerichteten Zelten wohnt, Kibitken genannt, und der Viehzucht obliegt. Unsere Kalmücken stammten also von den Ufern der Wolga und hatten neben ihren Zelten und Gerätschaften auch ihr sämtliches Viehzeug mitgebracht, vor allem Pferde, eine große Herde von Kamelen und als eine der seltensten Sehenswürdigkeiten eine immense Herde riesiger Fettschwanzschafe. Die Tiere bekommen zuweilen einen durch die Fettbildung so schwer gewordenen Steiß, daß man ihn dauernd auf einem kleinen zweiräderigen Karren unterbringt, in den das Tier eingespannt wird. Neben diesen seltsamen Schafen erregten die kirgisischen Stuten viel Interesse, die täglich gemolken wurden. Aus der Pferdemilch bereiten die Kalmücken ihr Lieblingsgetränk, den inzwischen als Heilmittel gegen Brustkrankheiten weltbekannt gewordenen Kumys. Der Kumys ist ein gegorenes Getränk, hat einen säuerlichen Geschmack und schäumt, wenn er das nötige Alter erreicht hat, beim Eingieße, wird aber meist unmittelbar nach der Gärung getrunken. Mit dem Viehzeug hatte es aber noch lange nicht sein Bewenden. Auch zwei buddhistische Priester hatte ich mitkommen lassen, die in ihrem Ornat keinen üblen Eindruck machten.

In unserer Ausstellung konnte man das Leben und Treiben der mongolischen Gäste bis in die kleinsten Details beobachten. Sie schlugen ihre Zelte ab und bauten sie wieder auf. Diese bienenkorbartigen Kibitken sind Holzgestelle, die mit großen Filzdecken bekleidet sind; nur oben bleibt ein Luftloch, durch welches das Licht hereinfällt und der Rauch des Herdes abzieht. Denn just unter der Dachöffnung werden über einem Gestell an großen eisernen Haken die Kochtöpfe aufgehängt; selbst im eisigen Winter verbreitet sich in diesen transportablen Hütten behagliche Wärme. Die Gestelle sind durch Einschaltung von Gelenken so eingerichtet, daß man sie zusammenlegen kann. Der Abzug einer Horde wurde aufs genaueste dargestellt: man brach die Kibitken ab, befestigte ihre einzelnen Teile auf Pferden und Kamelen und begab sich auf die Wanderschaft. Das heißt, man zog ein paarmal im Kreise herum und war wieder an Ort und Stelle. Die Zelte wurden aufgebaut und das Lagerleben begann. Die Stuten wurden gemolken und das Mahl hergerichtet. Es wurde gebetet, gefochten, gesungen und getanzt.

Die große Ceylonkarawane, die von langer Hand sorgfältig vorbereitet war, wurde im April des Jahres 1884 glücklich in Europa ge-

Indische Bajaderen.

landet. Mit diesem Transport befand sich wohl die interessanteste Ausstellung in meinen Händen, die ich bis dahin gehabt hatte. Sie bestand aus 67 Menschen, 25 Elefanten, von ganz jungen Exempla-

Indische Gaukler.

ren bis zu den größten Arbeitselefanten, und einer ganzen Anzahl von Rindern verschiedener Art. Die ethnographische Ausstellung umfaßte allein Hunderte verschiedener Nummern, auch die vegetabilische Welt war durch zahlreiche Proben vertreten. Eine Beschreibung der dunkelhäutigen Indier, durch den halbrunden, im schwarzen Haar getragenen Kamm von so charakteristischem Aussehen, braucht man heute im Zeitalter der Photographie nicht mehr zu geben.

Über meiner Singhalesentruppe lag es wie ein Hauch aus dem alten Wunderland Indien; nicht nur seine bunte malerische Außenseite hatten wir eingefangen, sondern auch einen Schimmer seiner Mystik. Das bunte fesselnde Bild des Lagers, die majestätischen Elefanten, teils mit goldstrotzenden Schabracken behangen, teils im Arbeitsgeschirr gigantische Lasten schleppend, die indischen Magier und Gaukler,

Indischer Gaukler mit Tanzbär.

die Teufelstänzer mit ihren grotesken Masken, die schönen, schlanken, rehäugigen Bajaderen mit ihren Tänzen und schließlich der große religiöse Perra-Harra-Festzug – alles das übte einen geradezu bestrickenden Zauber aus, dem die Zuschauer überall erlagen.

Die Völkerausstellungen bilden in meiner Erinnerung eine in sich abgeschlossene Geschichte, die reich an Gestalten und Anekdoten ist. Wie mancher dunkle Kopf taucht lachend in meiner Erinnerung auf, wie manches verblüffte schwarze oder braune Gesicht, das mit erstaunten Augen die unfaßbaren Wunder der Kulturwelt betrachtet. Wo seid ihr alle geblieben, ihr Afrikaner, Indier, ihr roten Söhne der Wildnis, ihr Eskimos und Lappländer, die ihr euch meiner Führung in das Land jener merkwürdigen Weißen anvertrautet, die euch in Scharen anstaunten, als wäret ihr Wundertiere? Alle seid ihr längst heimgekehrt in die Länder eurer Vorfahren, und die Reise in das Land des weißen Mannes, der euch mit reichen Schätzen heimsandte, ist zum großen und unvergeßlichen Abenteuer eures Lebens geworden. Vielen von euch, wenn ihr noch lebt, flattern nun schon graue Haare ums Haupt. Wo bist du, mein guter El Amin, du, dessen herrliche Gestalt einst die Herzen der weißen Frauen entzündete, obgleich deine Haut so braun war wie die schönste Schokolade? Und du, mein lieber Takruri, stolzierst du in deinen Wäldern noch mit dem alten Säbel herum, um den du mich einst batest, und in dessen Besitz du dich wichtiger dünktest als alle Herrscher der Welt zusam-

Kalmücken auf der Steppenwanderung.

mengenommen? Ob auch du, mein alter Ukubak, immer noch deine berühmten Taucherkünste mit dem Kajak ausführst, denen einst selbst unser alter Kaiser seinen Beifall spendete? In langer Reihe ziehen die Gestalten vorüber, freundliche und gleichgültige, angenehme und fatale, aber alle besitzen ihren Platz in der Erinnerung.

Hagenbecksche Kalmückenkarawane
(Gottesdienst).

Daß eine dankbare Erinnerung auch in euren Reihen lebendig ist, und daß die Völkerschaustellungen außer zu ihren Lehrzwecken auch noch zu ganz merkwürdigen und abenteuerlichen Schicksalsfügungen berufen waren, zeigt das folgende, buchstäblich wahre Geschichtchen.

Den jungen Offizier eines deutschen Kriegsschiffes, welches in Punta Arenas in der Maghellanstraße vor Anker gegangen war, kam eines Morgens die Lust an, einen Ausflug in die Pampa zu unternehmen, um mit Fauna und Flora dieses öden Gebietes nähere Bekanntschaft zu machen. An die Begegnung mit Menschen dachte er nicht. Auf dem Rücken eines in Punta Arenas gemieteten Pferdes zog der Offizier wohlgemut in die Steppe. Nachdem er stundenlang umhergestreift war und an den Heimweg zu denken begann, bemerkte er erst, daß er seinen Kompaß verloren hatte. Auf der Pampa, die dem Fremden keinerlei Richtmarken bietet, geriet er bald gänzlich in die Irre. Als die Nacht hereinbrach, befand der Deutsche sich mitten auf der Pampa, ohne eine Ahnung, wie weit er sich vom Schiffe entfernt habe. Schon erwog er den Gedanken, sein Nachtlager unter irgendeinem Strauche aufzuschlagen, so wenig verlockend diese Aussicht auch war. Der Puma hat auf der Pampa sein

Ceylon-Häuptling.

Quartier, und mancher Alleinreisende ist von ihm angefallen worden. Zudem sind unter diesem Himmelsstrich nicht nur die Nächte, sondern auch die Tage kalt. Während er noch mit solchen Gedanken beschäftigt war, schlug plötzlich aus der Ferne der dumpfe Laut von Pferdegetrappel an sein Ohr. Im nächsten Augenblick tauchte aus der Dämmerung eine Horde wilder Indianer auf und sprengte mit Rufen der Überraschung und des Staunens auf den Verirrten ein. Genug hatte er über diese unzivilisierten Horden gelesen, um zu wissen, daß die Begegnung

„Teufels-Tänzer“ aus Ceylon.

leicht den Tod im Gefolge haben könne. Das Pferd, die Büchse, die er trug, und die blanken Knöpfe an seiner Schiffsuniform genügten, um die Begehrlichkeit der Indianer zu reizen. Was bedeutet ein Totschlag mitten in der Pampa? Danach kräht kein Hahn. Dezimieren die Indianer sich doch selbst untereinander auf die unbarmherzigste Weise. Schon glaubte der Deutsche, sein letztes Stündlein sei gekommen; er packte

Kalücken: Nationaltanz.

die Büchse und beschloß, sein Leben so teuer als möglich zu verkaufen, als sich etwas ganz Seltsames und schier Unglaubliches ereignete. Auf einen Schrei des heranspringenden Häuptlings hielt die ganze Horde an, der Häuptling ritt allein auf den Fremden zu, starrte ihn an und rief mit freudig bewegter Stimme: „Du Capitano Vapore Hagenbeck?“ Dem Deutschen tönte dies Wort wie eine Erlösung, war er doch ein geborener Altonaer, und blitzschnell kam ihm der Gedanke, daß der Indianer wohl zu einer der Völkerausstellungen gehört haben mochte, die er so häufig in meinem Tierpark am Neuen Pferdemarkt gesehen hatte. Schnell faßte er sich und rief hocherfreut: „Ja Hagenbeck Amburgo Capitano!“ Gegenseitiges Staunen. Der Häuptling hält unter vielfachen Gestikulatio-

Singhalese mit Ochsen-Furhwerk.

Kalmückenpriester.

nen seiner Truppe einen großen Vortrag. Allgemeiner Jubel. Alle sitzen ab, ein Feuer wird angezündet und der Fremde mit großer Höflichkeit eingeladen, sich in dem Kreis der Rothäute niederzulassen. Das ließ er sich nicht zweimal sagen. Die Nachtkühle hatte ihm schon empfindlich zugesetzt. Aber es gab noch andere Genüsse. Die Horde kam von einem Jagdausflug und führte viele Strauße und junge Guanakos mit sich. Ein Strauß wurde gerupft und gebraten und zum Schmaus aufgetischt, wobei man den Offizier mit den besten Bissen bewirtete. Nachdem die Gesellschaft sich also gestärkt hatte, machte der Offizier dem Häuptling begreiflich, daß er nach Punta Arenas und zu seinem „Vapore“ zurück möchte. Der Häuptling und sechs seiner Leute sattelten nun ihre Pferde und nahmen den Offizier in die Mitte. In kurzem Galopp ging es direkt zur Küste, wo die Gesellschaft nach einem Ritt von einigen Stunden wohlbehalten ankam. Hier verabschiedete man sich unter lebhaftem Händeschütteln von dem Offizier, und das Abenteuer hatte ein Ende.

Das hast du gut gemacht, mein alter Pitjotsche, und ich nehme deine Höflichkeit gegen meinen verirrten Landsmann mit so viel Dank an, als habest du sie mir persönlich erwiesen. Du hast die kurze Zeit,

Feuerländer-Familie.

die du unter meiner Obhut zubrachtest, nicht vergessen, und in deinem Herzen wohnt Dankbarkeit. Zwar bist du nur ein brauner, in rohe Felle gekleideter Indianer, und doch erhebt es mich, daß du mir drüben, auf deiner wilden Pampa, als ein Freund lebst.

Das Geheimnis, welches dieser kleinen Episode zugrunde lag, hat auch der Leser schon erraten. Der patagonische Häuptling befand sich einst wirklich in einer meiner Ausstellungen. Kapitän Schwers hatte ihn nebst Frau und einem zwölfjährigen Sohn auf einem Kosmos-Dampfer nach Hamburg gebracht. Ich habe diese kleine Familie aber nur wenige Wochen in meinem Tierpark gehabt, wo sie ihre Spiele mit Lasso und Bolas dem Publikum vorführten. In Dresden, wohin ich die Indianer auf einige Wochen gesandt hatte, bekam Pitjotsche Heimweh und flehte mich an, ihn nach seiner Pampa zurückzusenden. Ich habe seiner Bitte denn auch willfahren und ihn mit dem nächsten Kosmos-Dampfer nach Punta Arenas zurückexpediert. An Bord beschäftigten sich die Offiziere sehr viel mit dem klugen und gutmütigen Häuptling, und zu allen faßte er Vertrauen. Und nun kommt der Clou. Die Uniform der Kosmos-Offiziere war ähnlich derjenigen der Offiziere von der Reichsmarine. Als nun der Häuptling den jungen Mann in der Pampa fand, hielt er ihn für einen Kapitän der Kosmos-Dampfer, die er sich wiederum nur in Verbindung mit mir vorstellen konnte. Dieses artige Abenteuer würde in jedem Indianerbuch Effekt machen und hat noch den Vorzug, wahr zu sein.

Feuerländer.

Bailey, Wehrmann und Hagenbeck an den Niagarafällen.
(1883)

IV. Ich werde Zirkusdirektor und Dompteur

Auf etwas merkwürdige und doch ganz folgerichtige Weise kam ich dazu, vorübergehend auch in die große Armee des fahrenden Volkes einzutreten – ich ward Zirkusdirektor.

Als die großen Ceylonausstellungen zu Ende waren, saß ich mit einer ganzen Elefantenherde da, ohne zu wissen, was mit ihr anzufangen sei. Jeden Tag wollten die Tiere ihr gemessen Teil Nahrung – und nicht zu knapp –, es war nicht mehr als billig, daß sie es sich selbst erarbeiteten. Dies war umso mehr nötig, da im Tierhandel flaue Zeiten herrschten. Ich mußte also auf etwas Neues sinnen, das fressende Kapital irgendwie nutzbringend anzulegen. Schließlich kam ich auf die Idee, einen Zeltzirkus auf amerikanische Art zusammenzustellen und auf die Reise zu schicken. Entschluß und Ausführung gingen Hand in Hand, und ich stürzte mich sofort auf das neue Unternehmen, aber mehr der Not gehorchend als dem eigenen Triebe, denn ein tieferes Interesse hatte ich, wie ich gestehen muß, an dieser Sache nicht. Es blieb mir eben nichts weiter übrig, als in den sauren Apfel zu beißen, um wenigstens die Unterhaltungskosten für meine Tiere herauszuschlagen. Die Mühe, das Ungemach und die Schwierigkeiten, die mit der Zusammenstellung dieses Unternehmens verbunden waren, will ich mir nicht wieder ins Gedächtnis rufen. Endlich war aber eine gute Gesellschaft von Artisten beisammen, meine schöne Elefantenherde und verschiedene Gruppen dressierter Tiere konnten sich überall sehen lassen, und als die Geschichte im Jahre 1887 auf dem Heiligengeistfeld in Hamburg eröffnet werden sollte, konnte ich wohl darauf rechnen, einen Erfolg zu erzielen.

Es kommt vor, daß Unternehmungen, auf die viel Mühe verwendet worden ist, mit einem Krach enden. Mit meinem Zirkus war es umgekehrt. Er begann mit einem Krach. Kaum war alles aufgebaut und fertiggestellt, als ein fürchterlicher Orkan losbrach, der innerhalb einer Stunde den ganzen Zeltbau in Grund und Boden zerstörte. Nur um Haaresbreite entging ich selbst der Katastrophe. Als der Sturm hereinbrach, befand ich mich oben im Zelt, um das Dach herunterzunehmen. Plötzlich riß der Orkan den ganzen Bau zusammen, und einer der großen Zeltmaste sauste, nur drei Fuß von mir entfernt, mit Wucht zu Boden.

Hagenbeck kommt!
Zeichnung von Hans Oberländer in den „fliegenden Blättern" (1893).

Nach dem Sturm war der Platz, auf dem mein Zirkus gestanden hatte, nur noch eine Trümmerstätte. Total verzagt, mit Tränen in den Augen, standen meine Artisten umher; alle waren der Meinung, dies sei das Ende des Unternehmens. Obgleich ich selbst das Gefühl hatte, als seien mir plötzlich alle Felle weggeschwommen, so war ich mir doch wohl bewußt, daß hier nur größte Schnelligkeit und Energie helfen könnten. Mit Donnerstimme forderte ich die Leute auf, Hand ans Werk zu legen und jetzt zu zeigen, daß sie allen Hindernissen gewachsen seien. Mit gutem Beispiel ging ich selbst voran. Mit solchem Feuereifer wurde das Werk in Angriff genommen, daß die Aufräumungsarbeiten binnen zwei Stunden beendigt waren. Bei einem Erholungstrunk feuerte ich meine Leute nochmals an, mich nach Kräften zu unterstützen, um den Schaden wieder wettzumachen, aber es dauerte noch einige Tage, bis alle zerstörten Teile ersetzt, das ganze wieder aufgebaut und zur Eröffnung fertig war.

Carl Hagenbeck 1884.

Die Geschichte konnte losgehen und klappte auch ganz famos, obgleich meine Zirkusausstattung, wie man sich denken kann, sehr primitiv war. Dagegen konnten meine Artisten, wie schon erwähnt, sich sehr gut sehen lassen. Auch ein paar dressierte Tiergruppen, sowie eine kleine Ceylongruppe von zwanzig Personen waren vorhanden. Der Erfolg blieb denn auch nicht aus, ja, er blieb uns auch treu, nachdem wir auf die Reise gegangen waren und häufig mit schlechtem Wetter zu kämpfen hatten. Auf Hamburg folgte Schleswig-Holstein, dann Hannover usw. Ich hatte noch den Vorteil, während der drei Jahre des Zirkuslebens mein Tiermaterial nach und nach gut abzusetzen. Am Ende des letzten Jahres verkaufte ich die wertvolleren Tiere an den Zirkus von Barnum und Bailey, welcher sich gerade in London befand, der Rest ging an meinen bisherigen Direktor, Herrn Drexler, über.

Das Ziel, welches ich mir mit diesem Zirkusunternehmen gesteckt hatte, war erreicht: ich hatte mich während der Jahre 1887, 1888 und 1889 gut durchgeschlagen und die Tiere nebenbei verkauft. Die Erfahrungen und neuen Kenntnisse, die ich als Zirkusdirektor sammelte, bekam ich noch in den Kauf. Nur – das mag man mir glauben – ging es ohne fortwährende Aufregung und Verärgerung nicht ab. Zwar hatte ich meinen Schwager Heinrich Mehrmann, den später bekannt gewordenen Dompteur, als Manager des Unternehmens eingesetzt, auch löste der umsichtige und fleißige Mann seine Aufgabe außerordentlich glücklich, zuweilen aber war er nicht imstande, ausgebrochene Streitigkeiten und Unannehmlichkeiten allein zu schlichten, so daß ich oft erscheinen mußte, um Ordnung in die Geschichte zu bringen.

Hagenbecks erster Zirkus

Unter dem Artistenvölkchen, das die Welt durchzieht, sind ganz gewiß sehr viele ehrliche und achtbare Leute, das Leben auf der Landstraße hat aber auch einen Haufen von Gesindel im Gefolge. Mit diesen Leuten ist schwer auszukommen, Treu und Glauben wohnt nicht in ihrer Brust. Ich erinnere mich da eines „August“, der ein ganz guter Arbeiter, aber ein furchtbarer Nörgler und Hetzer war. Häufig stachelte er die sämtlichen Mitglieder gegeneinander auf und zwang mich, schleunigst auf der Bildfläche zu erscheinen, nur um sein böses Werk zu zerstören. Bei der Auflösung des Unternehmens kam der Kerl zu mir und flehte mich mit Tränen in den Augen an, ihm doch den Pony zu schenken, auf dem sein Sohn zu voltigieren gewohnt war. Im Besitze dieses Tieres würde er bald wieder Engagement bekommen. Der Mensch quälte und bettelte so lange und wußte alles so beweglich darzustellen, daß ich ihm den Pony schenkte. Nun schien er ganz außer sich vor Freude und bedankte sich tausendmal, weil ich – wie er sagte – ihm den Weg in die Zukunft geebnet hätte. Mit einem Bon bewaffnet, gegen dessen Vorzeigung ihm das Tier ausgeliefert werden sollte, entfernte er sich … Der gute Mann reiste stehenden Fußes nach Bremen, wo der Zirkus sich zur Zeit noch aufhielt, nahm den Pony in Empfang und verkaufte ihn sofort an einen Grünhöker …

In die Zeit meines Zirkuslebens fällt ein Ereignis von weittragender Bedeutung. Ich begann einen Plan auszuführen, der mir schon seit vielen Jahren vorgeschwebt hatte. Im Stillen hatte ich schon lange den Gedanken erwogen, ob es nicht möglich sei, mit der alten, grausamen Tierdressur zu brechen und an ihre Stelle eine humane einzuführen. Die Tiere sind Wesen wie wir selbst, und ihre Intelligenz ist nicht der Art, sondern nur dem Grade und der Stärke nach von der unsrigen verschieden. Sie reagieren auf Bosheit mit Bosheit und auf Freundschaft mit Freundschaft. Längst hatte ich gefunden, daß durch Liebe, Güte und Beharrlichkeit, gepaart mit Strenge, auch von einem Tiere mehr zu erreichen ist als durch rohe Gewalt. Auch war mir durch den jahrelangen intimsten Umgang mit den Tieren bekannt, daß auch bei ihnen die Begabungen, die Charaktere und das Temperament verschieden sind. Nichts also verkehrter, als alle über einen Kamm zu scheren. Wie Menschen, wollen auch sie individuell behandelt werden, denn nur so kann man ihr Zutrauen erwerben und ihre Fähigkeiten wecken.

Wer zu dieser Überzeugung gelangt war, den mußte es schmerzen, seine Lieblinge mit Peitsche, Knüppel und Eisenstange mißhandelt zu sehen, denn im wesentlichen beschränkte sich die Tierdressur auf diese Hilfsmittel, wie ich später auszuführen in einem eigenen Kapitel noch Gelegenheit haben werde. Während ich mit meinem Zirkus reiste, erachtete ich die Zeit für gekommen, um im Ernste an die Einführung der „zahmen“ Tierdressur zu gehen. Durch scharfe Auswahl der Intelligentesten sollte geeignetes Material geschaffen werden, die dann aufgenommenen Exemplare aber sollten durch Rücksichtnahme auf die Eigenart jedes Tieres zu Freunden, nicht zu Feinden gemacht werden. Zufällig lernte ich den Tierdresseur Deyerling in England kennen, und da er gerade stellenlos war, engagierte ich ihn unter der Bedingung, daß er die Schulung der Tiere nur nach meiner Angabe ausführen dürfe. Deyerling ging willig auf meinen Vorschlag ein. Ich konnte ihm meine Absicht schon im allgemeinen mit einem Hinweis auf die Dressur von Katzen und Hunden klarmachen, bei

Heinrich Wehrmann mit Raubtiergruppe.

denen ja auch keine Gewaltmittel angewendet wurden. Was hier geschah, mußte ja auch bei großen Raubtieren möglich sein.

Die erste Probe wurde an keinem Geringeren gemacht als an Seiner Majestät dem Löwen. In den Jahren 1887–1889 schaffte ich zu diesem Zwecke nicht weniger als einundzwanzig Löwen an, und aus dieser großen Zahl erwiesen sich nur vier als brauchbar. Das ist gewiß ein schlagender Beweis von der ungeheuren individuellen Verschiedenheit gleichartiger Tiere, aber ein Beweis, der zu gleicher Zeit, wie man zugeben wird, ungeheuer kostspielig ist. Auf die Charaktere dieser ersten vier auf die neue Art dressierten Löwen will ich ebenfalls an dieser Stelle nicht weiter eingehen und nur sagen, daß der Erfolg außerordentlich war. Die Löwen, nur mit der Peitsche aufgemuntert, gescholten, wenn sie nachlässig, gelobt und mit Fleischstückchen belohnt, wenn sie gut arbeiteten, bequemten sich zu allen möglichen Tricks: sie nahmen verschiedene Stellungen auf Pyramiden, Stühlen und Böcken ein und begaben sich wieder auf ihren Platz. Zum Schluß fuhr der Dresseur sogar in einem zweiräderigen, mit drei Löwen bespannten Karren, in der Form einem altrömischen Rennwagen ähnlich, viermal in voller Karriere durch den 40 Fuß im Durchmesser spannenden Käfig –eine Sensationsnummer.

Die Lehre, die in diesem Erfolg lag, blieb nicht ungenutzt. Schon sann ich auf die Zusammenstellung weiterer zahmer Tiergruppen, und diesmal galt es einem bedeutenden Zweck. Die große Weltausstellung, welche 1893 in Chicago stattfinden sollte, war in Sicht. Mein Plan ging nun dahin, in Chicago einen Zoologischen Zirkus zu errichten und sofort die Dressur geeigneter Tiergruppen in Angriff zu nehmen. Die erste Forderung, wichtiger noch als die Auswahl der Tiere, sind tüchtige Leute, welche zugleich Tierfreunde und mutige Menschen sein müssen.

Ich warf meine Augen auf Heinrich Mehrmann, meinen Schwager, den ich schon einmal als Leiter meines Zirkus erwähnt habe; er schien mir die erforderlichen Qualitäten zum Tierdresseur zu besitzen. Nachdem ich Mehrmann meinen Vorschlag auseinandergesetzt hatte, machte er zuerst ein sehr verblüfftes Gesicht: „Willst du mich uzen?“ – „Ich habe dir meine aufrichtige Meinung gesagt,“ antwortete ich, „vorausgesetzt, daß du Lust zur Sache und Mut hast. Und da du ein großer Tierliebhaber bist, so denke ich, die Sache wird sich sehr gut machen lassen." Mehrmann besann sich nicht lange. „Wenn du Vertrauen zu diesem Unternehmen hast," sagte er, „dann können wir's ja probieren."

Binnen kurzem war alles für den Versuch hergerichtet. Ich hatte eine Anzahl verschiedener junger Tiere zusammengebracht und in meinem Garten provisorisch einen größeren Käfig hergerichtet. Dieser sah Mehrmann zum erstenmal in der Rolle eines Dompteurs. Während der ersten drei Wochen half ich meinem Schwager, um ihm die nötigen Direktiven bezüglich der Behandlung der Tiere zu geben; allerdings meinte er schon nach zehn Tagen, wenn ich ihm einen guten Wärter an die Hand gäbe, würde er schon allein fertig werden. Die Gruppe, die ich zusammengestellt hatte, war keine kleine und besaß wegen der Verschiedenartigkeit der Tiere sogar einen sensationellen Zug. Sie bestand aus zwölf Löwen, zwei Tigern, einigen Jagdleoparden, zwei Kragenbären und einem Eisbär. Alle diese unruhigen Elemente mußten wir erst miteinander aussöhnen, wir mußten sie lehren, sich miteinander zu vertragen – eine schwierige Aufgabe, die wir aber derartig praktisch durchführten, daß die Tiere schon nach vierzehn Tagen friedlich nebeneinander spielten und anfingen, sich zu befreunden. Ein amüsantes und interessantes Bild gewährte es, die Tiere während ihrer Spielstunden in dem großen Käfig herumtoben zu sehen. Mitten in dem Getümmel hielt sich dann der neue Dresseur mit seinem Wärter auf, um hier und da die Grobiane, die aus Scherz Ernst machen wollten, mit einer langen dünnen Peitsche zur Räson zu bringen. Im übrigen wurde die Peitsche nie gebraucht, sondern alles Wünschenswerte ausschließlich durch Güte und Belohnung erreicht. Die katzenartigen Raubtiere erhielten kleine Stücke Fleisch, welche sie bald aus der Hand zu nehmen lernten, für die Bären gab es als Aufmunterung, wenn sie ihre Sache gut gemacht hatten, Zucker.

Schneller als erwartet werden konnte, schon im Winter 1890, war die Gruppe so weit dressiert, daß ich daran denken konnte, Engagements einzugehen. Im Frühling 1891 hielten wir unseren Einzug in den Crystal-Palace in London und begannen, in einem großen, vierzig Fuß im Durchmesser haltenden eisernen Käfig unsere Vorstellungen zu geben, die sich recht erfolgreich anließen.

Als der Sommer zu Ende ging, ereilte mich und die mit so vielen

Zahm dressierter Löwe.

Hoffnungen dressierte Tiergruppe ein großes Unglück. Mein Schwager schrieb mir eines Tages, einige seiner Tiere seien erkrankt, er wisse aber nicht recht, was ihnen eigentlich fehle. Da der September bereits vorgeschritten war und die Gruppe im Oktober wieder in Hamburg eintreffen sollte, reiste ich nicht erst nach London, sondern wartete, allerdings mit einiger Unruhe, die Ankunft der Tiere ab. Mein Schreck, als ich die Tiere endlich zu Gesicht bekam, war fürchterlich. Alle Tiere waren an Rotz erkrankt, auch der sofort hinzugezogene Tierarzt, mein Freund Köllisch, vermochte leider keine andere Diagnose zu stellen. Das Unglück war da, und wenig half es mir, festzustellen, daß ein gewissenloser Lieferant in London den Schaden durch schlechtes Fleisch angerichtet hatte. Jede Hilfe erwies sich als vergeblich. Meine armen Tiere starben

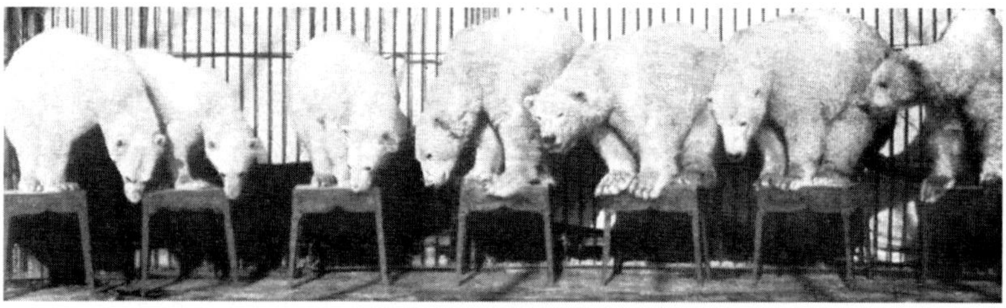

Dressierte Eisbären.

unter den schrecklichsten Qualen hin. Schließlich vermochte ich den Anblick ihrer Leiden nicht länger zu ertragen und erwies den unrettbar Verlorenen die Wohltat eines schnellen Todes durch Gift.

Dieser herbe Verlust bezeichnete den Anbruch einer schweren Zeit. Wie sollte ich eine ähnliche glänzende Gruppe für Chicago zusammenbringen? Zwar war ich noch im Besitz einer kleinen Reservegruppe von zwei jungen Königstigern, einigen Bären und einem halben Dutzend Löwen, wie aber diese Gruppe so schnell vervollständigen, daß sie noch für die Weltausstellung in Betracht kommen konnte? Sofort sandte ich Telegramme nach Indien, um junge Tiger zu erhalten; im Frühling 1892 kamen denn auch wirklich vier junge Tiger an, aber sie brachten kein Glück. Einer hatte den grauen Star, der andere war während der Reise von den Matrosen so viel gereizt worden, daß mit ihm nichts aufzustellen war, die übrigen beiden waren zwar fehlerlos, aber noch ganz junge Tiere im Alter von höchstens sechs bis sieben Monaten.

Der Tod schien in meinem Tiergarten sein Standquartier aufschlagen zu wollen. Höchstens zwei Monate blieben die Tiere gesund, da bekamen sie plötzlich Erbrechen und Durchfall, schließlich Krämpfe und gingen nach einer Krankheit von wenigen Tagen ein. Eine Gruppe von vier jungen Löwen, die ich in England gekauft und im Frühling 1892 nach Hamburg übergeführt hatte, endete in derselben Weise. Drei junge Königstiger aus dem Zoologischen Garten in Frankfurt a. M., lebhafte, muntere Tierchen, in deren Pflege nichts versehen wurde, überdauerten nur einen Monat, dann gingen sie an derselben geheimnisvollen Krankheit zugrunde. Ich stand vor einem Rätsel, so etwas war mir noch nie vorgekommen, im Gegenteil, im Aufziehen von jungen Tieren hatte ich stets ein ganz besonderes Geschick und Glück. Wie sehr wir auch hin und her sannen und experimentierten, es war keine Erklärung dafür zu finden, woher diese Krankheit stammen möge. Das Sterben nahm einen großen Umfang an. Sämtliche junge Löwen, Tiger und auch Panther, die ich aufs neue heranschaffte, gingen ein. Hauptsächlich verlor ich solche Tiere, die das erste Lebensjahr noch nicht überschritten hatten; ältere Tiere wurden zwar auch krank, doch kamen sie mit dem Leben davon.

Viel später erst wurde der wahre Grund dieses großen Sterbens entdeckt. Er ist so bemerkenswert, daß ich das Nötige gleich sagen will. Während des ganzen Frühjahrs und Sommers starben meine Tiere hin und – im August brach in Hamburg die Cholera aus. Mehr brauche ich kaum zu bemerken. Die Sense, die im Hochsommer in der Menschenwelt Tausende und aber Tausende wie reife Ähren hinmähte, hatte schon mehrere Monate früher meine jungen Tiere gestreift. Alle waren an choleraartigen Erscheinungen gestorben. Vielleicht hätte viel Unheil verhütet werden können, hätte uns nur ein leiser Argwohn auf die richtige Fährte gebracht. Was unsere Tiere hinraffte, waren sicherlich bereits die Verboten der Cholera; und wie wahr es ist, daß die Keime dieser schrecklichen Seuche durch das Wasser verbreitet werden, zeigte sich an der Tatsache, daß das Sterben unter meinen Tieren sofort aufhörte, als der Tierarzt Köllisch auf den Gedanken kam, ihnen nur noch gekochtes Wasser zum Saufen zu verabreichen. Die Cholera, die erst gegen Ende August in Hamburg festgestellt wurde, hatte also schon vom März ab unter den tropischen Tieren in meinem Garten gewütet, hatte die alten siech gemacht und die jungen, deren zarter Organismus weniger Widerstand bot, getötet.

Eine schlimme Zeit. Die grossen Verluste drückten mich sehr nieder. Nach und nach hatte ich durch alle diese Todesfälle 70 000 Mark verloren und war am Ende meines flüssigen Kapitals angelangt. Ich klagte meine Not eines Tages einem mir wohlwollenden Bankier, der sich sogleich erbot, mit Kapitalien einzuspringen, und da ich ohne solche Hilfe das Chicagoer Unternehmen nicht hätte durchsetzen können, machte ich von dem angebotenen Kredit Gebrauch. Die Zeit war aber inzwischen schon viel zu weit vorgeschritten, um noch die nötigen Dressurgruppen ausbilden zu können, und so kaufte ich denn von meinem Bruder Wilhelm drei schöne Gruppen, die gerade fertiggestellt worden waren. Auch die kleine Reservegruppe, welche mir selbst übriggeblieben war, hatte inzwischen unter Mehrmanns Händen den nötigen Schliff erhalten –und so schiffte ich mich denn am 16. August 1892 mit dem Dampfer „Augusta Victoria“ nach Amerika ein, um einige mir empfohlene Herren als Teilhaber für das amerikanische Geschäft zu gewinnen.

Unmittelbar nach meiner Ankunft in New-York hörte ich zu meinem größten Schrecken, daß in Hamburg die Cholera ausgebrochen sei. Die amerikanischen Zeitungen entwarfen schon die entsetzlichsten Bilder von dem massenhaften Sterben und den trostlosen Zuständen in Hamburg. Zuerst kam mir der Gedanke, mit dem nächsten Dampfer zu meiner Familie zurückzukehren, bei ruhiger Überlegung verwarf ich aber den Gedanken, da ich ja doch nicht helfen konnte. Am nächsten Tage reiste ich nach Chicago, kehrte innerhalb zweier Tage schleunigst nach New-York zurück und verließ Amerika bereits am 7. September mit der „Lahn“, einem Dampfer des Norddeutschen Lloyd in Bremen. Ich dachte an meine Familie, an Freunde, Verwandte und Bekannte in der Cholerastadt, und alles in mir drängte vorwärts, der Heimat entgegen. Wen würde ich wiedersehen, und wen würde ich schmerzlich vermissen? Der Tod hatte ja in allen Kreisen reiche Ernte gehalten.

Als ich nach einer raschen, bei prachtvollem Wetter verlaufenen

Hagenbeck's Zirkus auf der Weltausstellung in St. Louis.

Überfahrt am 16. September in Hamburg am Hannoverschen Bahnhof eintraf, wurde ich von meiner Frau in Empfang genommen und vernahm zu meiner großen Freude und Beruhigung, daß in der Familie alles wohl und munter sei.

Welch ein Anblick aber, als ich durch die Stadt fuhr. Die Straßen menschenleer und tot. Viele Fenster verhängt und die Läden geschlossen, an manchen Türen die dunklen Zeichen der Trauer. So hatte ich meine Vaterstadt nie gesehen. Der Eindruck war erschütternd, und ich schäme mich nicht, es zu gestehen, daß mir während der ganzen Fahrt die Tränen aus den Augen rannen.

Unter den großen Weltausstellungen nimmt diejenige von Chicago in vielen Beziehungen den ersten Platz ein. In der großen, brausenden Metropole des Westens herrschte ein richtiges Ausstellungsfieber. Das amerikanische Spekulantentum ist wohl nie so üppig in Blüte geschossen als hier. Rund um den großen Hyde-Park, wo sonst der feuerrote Sumach im Sonnenbrand träumte, nun aber die vielgestaltige Ausstellung emporwuchs, regten sich tausend Hände, und die Hotels aus Fachwerk, die da emporgehastet wurden, nahmen der Zahl nach riesige Dimensionen an. In und außerhalb der Ausstellung herrschte eine unbezähmbare Bauwut. Geld schien gar keine Rolle zu spielen. Vielleicht noch nie vorher war es den Architekten und Künstlern in solchem Maße in die Hand gegeben, ihre Träume zu verwirklichen. Von den blauen Fluten des Michigansees aus gesehen, glich das Ganze einer wunderbaren Feerie. Nicht weniger als 500 große Gebäude bedeckten den unermeßlichen Platz. Drüben, in der sogenannten Midway Plaisance, der Vergnügungsstraße dieser Weltausstellung, reckten sich schon die Eisenteile des Ferrisrades in die Luft, das Deutsche Dorf und das Irländische Kastell, die Internationale Schönheitsschau und das Türkische Café waren schon im Bau; die sensationellste Sehenswürdigkeit war aber von Anfang an und ward es später in größtem Maßstabe: Hagenbecks Zoologische Arena. Die gewaltige Ausstellung litt aber an ihrer eigenen Größe, ehe sie in allen Teilen fertig war. Zahlreich waren die Gebäude, groß, beinahe fieberhaft die Bautätigkeit, aber ganz ungeheuerlich auch die Unfertigkeit. Es liegt in der Natur der Sache, daß eine Weltausstellung nicht mit einem Schlage, nicht zu einem bestimmten

Termin fertig sein kann, das hat sich noch überall bestätigt; was ich aber zu sehen bekam, als ich nicht viel über einen Monat vor Eröffnung der Ausstellung in Chicago eintraf, das verursachte mir einen gewaltigen Schreck. Das für meine Arena bestimmte Gebäude war kaum zur Hälfte fertig, man hatte noch nicht mit der Dachkonstruktion begonnen. Mit aller Macht drang ich darauf, daß die Arbeit durch Anstellung weiterer Leute beschleunigt wurde, damit die Tiere, die schon am 24. März von England abgegangen waren, ein Obdach finden konnten. Mitte April, als die Tiere in Chicago eintrafen, war denn auch wenigstens alles so weit fertiggestellt, daß man sie unter Dach zu bringen vermochte. Leider war das Frühjahr 1893 in jener Gegend außerordentlich kalt, im Innern der halbfertigen Gebäude herrschte eine wahrhaft frostige Temperatur, unter der hauptsächlich meine aus 150 Exemplaren bestehende Affensammlung sowie auch die Papageiensammlung litt, die allein etwa 80 verschiedene Arten enthielt. Ehe die Ausstellung noch eröffnet war, hatte ich durch den Eingang von Tieren schon annähernd 2 000 Dollar verloren, und ich durfte es als ein Glück betrachten, daß wenigstens meine Dressurtiere gesund geblieben waren.

Wenig ahnte ich, daß die Eröffnung der Weltausstellung für mich noch ein eigenartiges Probestückchen in petto hatte. Als uns noch eine Woche von der Eröffnung trennte, waren wir mit der inneren Einrichtung der Arena so weit fertig, daß wir in dem großen eisernen Manegekäfig Probevorstellungen geben konnten. Alles verlief dabei so glatt, daß wir es uns nicht besser wünschen konnten. Als wir jedoch nur noch vier Tage von der Eröffnung entfernt waren, begann der Dresseur der großen Hauptgruppe, auf welcher alle unsere Hoffnungen ruhten, mein Schwager Mehrmann, über Schwäche, Müdigkeit und furchtbare Kopfschmerzen zu klagen. Mir ahnte gleich nichts Gutes, als aber der Arzt am nächsten Morgen einen Anfall von Typhus konstatierte und Mehrmann sofort ins Lazarett sandte, fiel mir das Herz doch ein wenig in die Schuhe. In zwei Tagen sollte eine große Probe- und Reklamevorstellung für die Ausstellungskommission und für die Chicagoer Presse stattfinden – und der Hauptdresseur krank im Lazarett! Hier war nichts zu machen, ich mußte selbst in den Käfig. Als die Probevorstellung herannahte, besann ich mich nicht lange und führte die Gruppe meines Schwagers vor, wobei

Elefantenmütter mit Babys in Stellingen.

nur der mit den Tieren bekannte Wärter assistierte. Ich hatte den Eindruck, daß alles gut gehen mußte, und sah der großen Eröffnungsvorstellung mit Ruhe entgegen. Und es ging über Erwarten gut.

Schwarz gekleidet, nur mit einem spanischen Rohr versehen, betrat ich den großen Zentralkäfig und hielt zunächst eine Ansprache, in welcher ich die Sachlage erklärte und darauf aufmerksam machte, daß ich schon seit fünf Monaten mit den Tieren nicht mehr in Berührung gekommen sei. Zwar wolle ich mein Möglichstes tun, daß alles gut gehe; sollte jedoch die Vorstellung nicht ganz den gehegten Erwartungen entsprechen, so möge man das in Anbetracht der Umstände verzeihen. Nun öffnete ich die Tür, und die Tiere strömten in den Käfig. Die Löwen, Tiger, Bären nahmen ihre gewohnten Plätze ein, der Wärter trug die nötigen Requisiten heran, und die Vorstellung nahm ihren Anfang. Man kann sich denken, daß ich völlig in meiner Aufgabe aufging und alle Energie und Umsicht in die Ausführung der Dressurproben legte. Zu meiner größten Freude wickelte sich eine Nummer immer noch schöner als die andere ab, unter endlosem Applaus nahm die Vorstellung ihren Fortgang und ward schließlich zu einem großen Erfolg. Nachdem die Vorstellung zu Ende geführt war, brach der Beifallssturm erst recht los, unter nicht endenwollendem Jubel wurde ich dreimal in die Manege zurückgerufen. Mit der Aufnahme meines Unternehmens konnte ich also zufrieden sein.

Die große Tiergruppe führte ich nur kurze Zeit vor, alsbald übernahm der Hauptwärter, den ich inzwischen angelernt hatte, die Tiere, und in der fünften Woche war ihr eigentlicher Meister, Heinrich Mehrmann, glücklicherweise wieder so weit, seine Gruppe vorführen zu können. Mein Chicagoer Aufenthalt war mit so viel Strapazen und Aufregungen verknüpft, daß ich bald ziemlich heruntergekommen war. Es ward Zeit, sich wenigstens auf einige Wochen bei Muttern auszuruhen. Zu diesem Zweck reiste ich nach Hamburg, wo ich den Monat Juni verlebte, und kehrte dann noch einmal nach Chicago zurück.

Nach Schluß der Ausstellung ließ ich mich verleiten, den Zoologischen Zirkus unter meinem Namen eine Tournee durch die Vereinigten Staaten machen zu lassen. Im Sommer 1895 kamen alle meine Tiere von ihrer großen Reise zurück, aber nicht, um lange zu bleiben. Mit

Junge Tiger.

den dressierten, bereits in Amerika vorgeführten Tiergruppen ließ ich meinen Schwager Mehrmann eine Rundfahrt unternehmen, die ihn u. a. nach Basel, Straßburg, Kopenhagen und Nizza führte. Hier überwinterte die Expedition und nahm im nächsten Jahre ihren Weg wieder durch deutsche Gaue, bis sie auf der Berliner Gewerbeausstellung 1896 in meinem Tierpark unter anderen Dressurgruppen ihren Platz fand. Auch in Berlin hatten die Dressuren einen großen Erfolg, dessen sich mancher Leser entsinnen wird.

Manche ähnliche Expedition kleineren und größeren Maßstabes ist in die Welt hinausgegangen, unter unzähligen fremden Flaggen arbeiteten und arbeiten die einstigen Insassen und Zöglinge des Hagenbeckschen Tierparks. Als eine der größten Dressurunternehmungen aus der jüngsten Zeit sei noch die Beschickung der Weltausstellung St. Louis 1904 erwähnt.

V. Erschaffung des Tierparadieses

Unaufhaltsam rollen die Jahre dahin, und Gutes wie Böses bergen sie in ihrem Schoße. Trotz manchen Rückschlages bedeuten sie für mich Entwicklung. Meine Tierhandlung hatte immer größeren Umfang angenommen und zog ihre Kreise schon über den ganzen Erdball. Sie war wie ein großer Baum mit vielen Ästen und Verzweigungen. Aus dem ursprünglichen Stamm waren die Völkerausstellungen, die Dressuren, mannigfache Züchtungsversuche hervorgewachsen, und manches werdende Projekt rang noch nach Gestaltung und Blüte.

Der Raum, in dem ich mein Geschäft eingepflanzt hatte, genügte nicht mehr und bot keine Möglichkeit für die notwendige Ausdehnung. Ich mußte mich nach einem viel größeren Gelände umsehen, welches der Ausdehnung keine Schranken setzte. Allein schon, um einen neuen Zweig meines Unternehmens zur vollen Entfaltung bringen zu können, war die Schaffung eines umfassenden Geländes unumgängliche Notwendigkeit. Die Einführung jagdbaren Wildes aus fernen Länderstrichen, die Einfuhr und Ausfuhr von Haus- und Nutztieren hatte begonnen, und Hand in Hand damit ging die Akklimatisierung, Züchtung und Kreuzung einheimischer mit fremden Tierrassen. Große Lieferungen für neugegründete Zoologische Gärten in Marokko, Japan, China, Argentinien usw. erforderten ebenfalls ungeheure Räume für den Tierbestand. Der Umzug ward zur Notwendigkeit.

Wo aber war in Hamburg ein Gebiet zu finden, das nach Größe und Lage für meine Zwecke in Betracht kommen konnte? Zwar besaß ich in der hamburgischen Vorstadt Horn ein Grundstück von 142 000 Quadratfuß, aber alles angrenzende Land gehörte dem Hamburger Staat und schloß für mich also die Möglichkeit aus, mich zu vergrößern. Schon lange

Zebras.

vorher, im Jahre 1888, als ich dieses Grundstück erwarb, hatte ich durch meinen Makler bei den zuständigen Behörden anfragen lassen, ob ich ein größeres Gelände vom Staate erwerben könne, doch ward mir darauf die entschiedene Antwort, daß nichts verkäuflich sei. Jahrelang war ich bemüht, auf hamburgischem Gebiete ein Grundstück von geeigneter Größe zu erwerben, entweder aber war die Lage ungünstig oder der geforderte Preis zu hoch, so daß aus dem Ankauf nichts ward.

Da die Suche also in Hamburg aussichtslos war, setzte ich sie auf preußischem Gebiete fort, obgleich ich es schmerzlich empfand, daß in meiner Vaterstadt kein Raum für mich sein sollte.

An einem schönen Sonntagmorgen besuchte ich meinen lieben alten, jetzt leider verstorbenen Freund Wegner in Stellingen und besprach auch mit ihm das Thema, das mir unablässig im Sinn lag. Mir ging es in jenen Minuten wie dem Manne, der seine Brille sucht, während er sie auf der Nase hat. Mitten im Gespräch nahm mich Wegner plötzlich beim Arm und sagte: „Komm mal eben mit, ich will dir ein schönes Stück Land mit einer kleinen Villa zeigen, das momentan billig zu haben ist.“ Wir traten vor die Tür. Wegner führte mich, seinem Hause gegenüber, an einer Hecke entlang, hinter der in einem arg verwilderten Garten eine kleine Villa lag. Das Gelände, das einen Umfang von 200 000 Quadratfuß hatte, sollte für 35 000 Mark zu haben sein. Die Sache stimmte. Zwei Tage später war das Grundstück mein Eigentum. Am dritten Tage erfuhr ich von meinem alten Freund, daß zwei an meinen neuen Besitz grenzende Grundstücke auch noch preiswert zu haben seien, und 24 Stunden später waren auch diese beiden Parzellen mein Eigentum.

Wonach ich jahrelang gesucht, war mir nun durch einen Zufall innerhalb weniger Tage in den Schoß gefallen. Nun hatte ich endlich ein prächtiges, hochgelegenes Gelände, welches sich vorzüglich zur Anlage eines Wildparkes eignete. In meinem Kopfe gruppierte sich sofort der ganze Ausbau des Geländes und fand in einer Zeichnung mit Angaben der Einteilung seine erste praktische Gestalt. Auch packte ich

Richtfeier auf dem ersten künstlichen Gebirge in Stellingen.

die Erschließung und Nutzbarmachung gleich mit beiden Händen an, so daß bereits fünf Monate später zwölf große Gehege und fünf schöne Tierhäuser fertiggestellt waren.

Das Werk wuchs indes in der Arbeit, es wuchsen die Gedanken und Pläne, und viel geistige und praktische Arbeit sollte sich noch häufen, bis Stellingen zu dem gemacht war, was es jetzt ist. Gelände und Bau-

Felsenskelett.

lichkeiten eigneten sich ganz vorzüglich für meine Zwecke, nur war die Anlage zu weit von meinem Hauptgeschäft in der Stadt entfernt. Auch die Verbindung zwischen Hamburg und Stellingen war schlecht. Da kam ich auf den Gedanken, daß es vielleicht möglich sei, die von meinem Grundstück nach der Hamburger Grenze zu gelegenen großen Gelände preiswürdig zu erwerben und vielleicht an eine Gesellschaft weiterzuverkaufen, um mir auf diese Weise die ganze Gegend aufzuschließen und eine direkte Verbindung zwischen dem preußischen Stellingen und dem hamburgischen Eimsbüttel herzustellen. So leicht, als ich es mir vorgestellt hatte, ging die Sache jedoch nicht. Nicht alle Leute sahen mit meinen Augen.

Es waren schon fünf volle Monate ins Land gegangen, als mir endlich wieder mein bester Freund, der Zufall, zur Hilfe kam. Eines Tages erhielt ich den Besuch eines mir wohlgesinnten Hamburger Herrn, der in England lebt und in Begleitung seines Bruders in meinem Etablissement auf dem Neuen Pferdemarkt eine Anzahl ungarischer Hirsche besichtigt und angekauft hatte. Nichts war natürlicher als daß ich den Gästen von meinem neueingerichteten Wildpark in Stellingen erzählte und sie einlud, sich die Anlage anzusehen. Draußen in Stellingen während der Besichtigung einiger frisch importierter Hirsche und Rehe erwähnte ich gesprächsweise meinen Plan. Ein Wort gab das andere, und ich führte schließlich aus, daß ich die ganzen Ländereien, die zwischen meinem Besitz und Hamburg lägen, zu einem sehr billigen Preise an der Hand hätte. Jetzt sei ich auf der Suche nach einigen Herren, die sich entschließen könnten, das Unternehmen mit mir gemeinsam in die Hand zu nehmen, um meinen Lieblingsplan, einen Zoologischen Garten nach meinen eigenen Ideen auszubauen, verwirklichen zu können. Damit würden zugleich die ganzen Ländereien am schnellsten aufgeschlossen.

Nachdem ich mit meinem kleinen Vortrag zu Ende war, sah der eine der Gäste mich nachdenklich an und sprach die einfachen Worte: „Das scheint mir eine gesunde Sache zu sein. Für mein Teil habe ich 100 000 Mark dafür übrig." Auf eine Anfrage von seiten seines Bruders erklärte auch der andere Herr, das Unternehmen mit der gleichen Summe betrauen zu wollen, auch sprach er gleich seine Ansicht dahin aus, daß es nicht schwer halten könne, eine kleine Gesellschaft für das Unternehmen zusammenzubringen. Nach weiteren acht Wochen war die ganze Angelegenheit perfekt geworden; ich selbst hatte mich verpflichtet, mein ganzes Unternehmen nach Stellingen zu verlegen und in die Spekulation selbst mit mindestens 150 000 Mark einzutreten.

Nun begannen sich meine eigenen umfassenden Pläne zur Anlegung eines ganz neuartigen Zoologischen Gartens zu verwirklichen. Um mich an dieser Stelle kurz zu fassen, will ich nur sagen, daß der leitende Gedanke der war, die Tiere in größtmöglicher Freiheit vorzuführen und damit gleichzeitig zu zeigen, was die Akklimatisation zu tun vermag. Ich wollte den Tierliebhabern an einem großen, praktischen und dauernden Beispiel zeigen, daß es gar nicht nötig ist, kostspielige Gebäude mit großen Heizanlagen einzurichten, um die Tiere am Leben und gesund zu erhalten, sondern daß der Aufenthalt in freier Luft und die Gewöhnung an das Klima eine weit bessere Gewähr für die Erhaltung der Tiere bietet. Die Hauptanziehungskraft des geplanten Tierparks sollte in der neuartigen Unterbringung der Tiere zu suchen sein. Ein modernes Tierparadies sollte sich da aufbauen, wo jetzt noch nichts zu sehen war

Wasservögel in Stellingen.

als Kartoffeläcker. Von einem gegebenen Punkte des Gartens sollte man die Tiere aller Zonen, in großen Abstufungen, und jede Art in einer ihrer Heimat angemessenen Umgebung, gleichsam frei sich bewegen sehen. Die Gemsen, Wildschafe und Steinböcke auf künstlichen Gebirgen, die Tiere der Steppen auf weiten freien Triften, die Raubtiere in unvergitterten Schluchten, nur durch einen Graben von den Besuchern getrennt. In der Mitte mußte sich ein Zentralgebäude mit großer Arena für Dressurzwecke erheben, und daneben weite Räume für das, was man den Transitverkehr nennen könnte. Für einen Tierbestand, dessen Umfang sich für die nächsten Jahre kaum abschätzen ließ, mußte Unterkunft geschaffen werden. Während ich zehn Jahre vorher kaum 20 Stück jagdbares Wild in einem Jahre verkaufte, war die Zahl jetzt auf viele Hunderte angewachsen. Verkaufte ich in früherer Zeit jährlich 6–8 Kamele, so nannte man das einen großen Umsatz; jetzt war ich schon dazu gekommen, in 100 Stück einen kleinen Umsatz zu sehen. Wenige Jahre später bewältigte ich einen Auftrag auf 2 000 Dromedare, die allerdings nicht erst den Weg über Stellingen zu nehmen brauchten. Der Verkehr mit Zebras war von 3–4 Stück auf 50 Stück im Jahre 1905 angewachsen. In anderen Tierarten dieselbe Erscheinung. Elefanten hatte ich allerdings schon in meinem alten Etablissement am Neuen Pferdemarkt in großer Zahl beherbergt, die höchste belief sich auf 20 Stück zu gleicher Zeit. Diesen Rekord brach Stellingen aber schon 1904, denn in diesem Jahre waren einmal 43 dieser Dickhäuter bei mir zu Gast.

Im Hochgebirge.

Eine ungeheure Arbeit lag vor uns. Es galt, eine Wildnis in einen Park umzuschaffen, in einen Lustpark mit Wasserläufen und Gebirgsformationen, mit praktischen Tierhäusern und reinen Luxusgebäuden. Zunächst war es meine Aufgabe, die hart an meine Grundstücke grenzenden Ländereien nach und nach so billig als nur möglich zu erwerben. Mit etwas Geduld und kaufmännischem Geschick hatte ich es denn auch in den nächsten drei Jahren dahin gebracht, 14 Hektar Grund mein eigen nennen zu können. Mein Grundstück in der Stadt wurde

Pfui, das Wasser ist naß, ich mag nicht baden!

nach vielen Schwierigkeiten und allerlei Hindernissen teils an den Staat Hamburg, teils an die Hamburger Vereinsbank verkauft. Nun waren wir in Stellingen festgewurzelt.

Endlich, im Oktober des Jahres 1902, waren die Pläne so weit gediehen, daß mit der Arbeit begonnen werden konnte. Bis zum Eröffnungstage mußten mindestens 40 000 Kubikmeter Erde bewegt werden, nur um eine landschaftliche Veränderung zu bewerkstelligen. Als die Arbeit begann, fiel der Blick auf einen weiten Acker, auf dem weiter nichts als sechs Bäume standen. Ein kleiner Stab von Künstlern, Ingenieuren, Architekten, Landschaftsgärtnern und Arbeitern ging ans Werk, und der Plan glich alsbald einer Szene aus Aladins Wundergeschichten. Ich sah das Werk wachsen und werden, sah einen Plan nach dem andern reifen und Gestalt annehmen. Sichtbar traten nach und nach die Ideen in die Erscheinung, die ich lange in meinem Innern gehegt hatte. Im Stellinger Tierpark konnte man zuerst das nie gesehene Schauspiel beobachten, wie afrikanische Strauße zur Winterszeit ein Schneebad nahmen oder sich bei strenger Kälte lustig umhertummelten. Steinböcke, Gemsen und Antilopen brauchten das Leben der Gefangenschaft nicht mehr in den Niederungen zu vertrauern, sondern durften auf felsigem Grat lustig zur Höhe streben. Der König

Seelöwen und Pinguine in Stellingen.

Aus dem Nordland-Panorama in Stellingen.

der Tiere bewegte sich frei, in stolzer Majestät, in seiner weiten Grotte. Endlich, am 7. Mai 1907, nahte der Tag der feierlichen Eröffnung des Tierparks als Krönung vieler arbeitsreicher Jahre.

Giraffen.

Und nun sitze ich hier und lasse meinen Blick über die weiten Gründe schweifen, auf denen es hin und her wogt von wißbegierigen Besuchern; weit drüben spannt sich eine zierlich geschwungene Brücke über die Landstraße zu jungfräulichem Grund, der sich dem Tierpark angegliedert hat. Und auch über diesen greifen die Gedanken schon hinaus mit neuen Gedanken und neuen Plänen.

Zweiter Abschnitt

I. Vom Einfangen wilder Tiere

Kein Handelshaus ist gezwungen, in einem so umfangreichen Maße praktische Geographie zu treiben wie eine Tierhandlung. Das Gebiet,

auf welchem die Tierhandlung ihre Objekte aufsuchen muß, ist die ganze Erde. In den afrikanischen Urwald, in die Dschungel Indiens und Ceylons, in die weiten Steppen Sibiriens und der Mongolei müssen Kundschafter entsandt werden; ihnen folgen die Weltreisenden und Jäger mit ihrem Stabe eingeborener Hilfskräfte. Anders als der Jäger, den nur die Lust am Sport treibt, muß der Vertreter der Tierhandlung zu Werke gehen – es gilt, das Wild lebend zu erjagen und den Tierbestand zu schonen, nicht ihn zu zerstören. Die Zentrale daheim gibt dem Jäger eine ungebundene Marschroute mit, an ihm ist es, auf unbetretenen Pfaden neue dankbare Jagdgebiete aufzusuchen. Der schwierigste Teil der praktischen Geographie, die getrieben werden muß, besteht in der Ermittlung von Verkehrswegen, auf denen die Beute lebend und gesund zivilisierten Gegenden zugeführt werden kann. Tief aus dem Innern unkultivierter Länder bewegt sich manche Tierkarawane wochen-, ja monatelang durch Steppe und Wildnis, und jeder Fußbreit eroberten Weges muß mit Verlusten bezahlt werden.

Bücher und Karten sind bei der Ermittelung unserer Arbeitsplätze nur in ganz beschränktem Maße zu verwenden, denn naturgemäß liegen die Fangplätze wilder Tiere weitab von allem Verkehr der kultivierten Welt. Unzivilisierte Völkerschaften, nicht weniger wild als die Tiere, die gefangen werden sollen, bilden häufig ein Hindernis. Unwirtliche Gegenden setzen mancher Expedition eine Grenze. Jeder Reisende, der aus fernen

Am Eingangstor zum Stellinger Park.

Zwei Orangs beim Spaziergang.

Ländern mit seiner Tierkarawane heimkehrt, wird zu einem lebenden Lexikon, das neue Aufschlüsse bringt. Abends beim Lampenschein, im Kreise der Freunde, die ihn hinausgesandt hatten, erzählt der heimgekehrte Weltreisende von seinen Erlebnissen und Abenteuern, von Kriegszügen und Sagen der Eingeborenen, von seltenen Tieren, die da und dort zu finden sein sollen, aber noch nicht gefunden sind, und manche kleine, zuerst unwesentlich scheinende Mitteilung gibt die Anregung zur Ausrüstung einer neuen Expedition in unerforschte Gebiete.

Als das eigentliche Tierparadies, als eine der reichsten und unversieglichsten Tierquellen ist der ägyptische Sudan zu bezeichnen. Das in Frage kommende Gebiet ist räumlich sehr ausgedehnt. Aus der reichen Tierwelt, welche dieses Gebiet belebt, seien nur erwähnt, von Säugetieren: der afrikanische Elefant, das schwarze Nashorn, das Nilpferd, die Giraffe, der Löwe, Leoparden und Geparden, die gefleckte und die gestreifte Hyäne, Hyänenhund, Erdwolf, Honigdachs und der Sattelschakal, der Wildesel, der Kaffernbüffel, zahlreiche Antilopenarten, wie Pferde-, Kuh-, Kudu-, Beisa-Antilope, Wasserbock, Buschbock, Sömmering, Dorcas und arabische Gazelle, Klippspringer und Zwergantilope; ferner das Warzenschwein, das Erdferkel, das Stachelschwein, der Hunds- und Mantelpavian, der Dschelada und Guerez-Affe. Reich ist die Vogelwelt vertreten mit dem schnellfüßigen Strauß, dem Marabu, dem Sekretär, dem Gaukleradler und verschiedenen Geiern, dem Nashornvogel, Perl-, Frankolin- und Wüstenhühnern. Krokodile, Schlangen usw. vervollständigen den Bestand an Tieren, die zur Jagd geeignet sind.

Bei der Arbeit.

Daß dieser Reichtum an schönen jagdbaren Tieren, darunter die Riesen der Tierwelt, von jeher die Aufmerksamkeit der Europäer auf sich gezogen hat, ist begreiflich, und so gehören diese Gebiete sozusagen zum klassischen Boden des Tierfanges.

Viele Jahre war dieses Tierparadies geschlossen, und der Engel mit dem flammenden Schwert, der die Pforte dieses Paradieses bewachte, war Abdullahi Kalifat el Mahdi, der falsche Nachfolger des ebenso falschen Propheten. Das Tierparadies erhielt seine Schonzeit. Das Betreten Mahdias bedeutete für den Europäer wie für Ägypter fast gewissen Tod, sicher lange Gefangenschaft. Dennoch würde man fehlgehen, in jenen Gegenden eine unduldsame Bevölkerung zu vermuten. Nur die Machthaber übten einen blutigen Zwang aus. Und diese an Wild so überreichen Gebiete sind nicht etwa von Jägervölkern bewohnt, vielmehr sind die Eingeborenen durchweg entweder seßhafte Ackerbauer, die in den wenigen Städten des Landes nebenbei noch Handel und etwas Industrie betreiben, oder Nomaden, die mit ihren Herden von Weideplatz zu Weideplatz ziehen und ihre aus Strohmatten und Stäben gebauten, einfachen Zelte und den wenigen Hausrat auf dem Rücken der Kamele mit sich führen. Eine gewisse Übereinstimmung in der Lebensweise herrscht unter den Völkern des Sudan, trotzdem sie in verschiedene streng getrennte Stämme zerfallen. Man unterscheidet unter den mächtigern die Djalin, Schukurieh, Dabaina, Hamram, Beni-Amer, Marea, Habab, Halenga, Hadendoa, die durch ihre Kamelzucht berühmten Ababdeh Bischarin und die Takruri. Diese letzteren sind aus Darfur eingewanderte mohammedanische Neger. Alle diese nubischen Stämme, die ausnahmslos Anhänger des Propheten sind, zeigen auch in der äußeren Erscheinung eine auffallende Übereinstimmung, nur die Djalin und die Takruri bilden eine Ausnahme. Im Sudan lebt ein schöner Menschenschlag, die Glieder sind von seltenem Ebenmaß, und stolz und aufrecht ist die Haltung des Körpers, aber die Leute sind nicht nur schön, sondern auch intelligent und gewöhnlich auch gutmütig. Ihr heißes Blut verleiht ihnen allerdings ein aufbrausendes Temperament. Mutig und kriegerisch sind alle, doch kommen blutige Fehden unter den einzelnen Stämmen jetzt nur selten vor, da die ägyptische Regierung Ordnung hält. In der Verteidigung ihrer Herden gegen wilde Bestien und auf der Jagd finden die Nubier Gelegenheit genug, Mut und Temperament zu bewähren.

Die Lebensweise unserer Nubier ist sehr einfach und regelmäßig. Während der Regenzeit werden einige dieser nomadischen Stämme an den Ufern des Setit, Atbara und des Basarlam seßhaft; friedlich weiden die Herden von Ziegen, Schafen, Buckelrindern und Kamelen, und in dem durchtränkten Boden wird Durrha oder Negerhirse und

Kameltransport von Sibirien.
Station in der Steppe.

Beladung des ersten Kameltransportes.
(Süd-Westafrika).

Baumwolle gesät, die man an Nachbarstämme verkauft. Besser noch als auf Reisen läßt sich jetzt das Leben dieser freien Kinder der Natur beobachten, und umso leichter, da eine ihrer vornehmsten Tugenden die Gastfreundschaft ist.

Wildgefangene Zebras im Kral. (Deutsch-Ostafrika.)

Ein Stück altbiblischen Lebens spielt sich ab. Die einfachen Hausgeräte, wie Wasser- und Milchgefäße, Wasserschläuche aus Tierhäuten, Sandalen usw. werden „im Hause" angefertigt. Die Frauen, denen überhaupt der größte Teil der Arbeit zufällt, flechten Strohmatten, sowohl grobe zum Hüttenbau als zierliche zum Belag der Betten. Auch feinere Arbeiten entstehen unter ihren Fingern, zarte Baumwollgewebe, die als Umschlagetücher Verwendung finden. In den wenigen Städten und Marktplätzen des Landes, wie Kassala, Kedarif, Doga, Galabat, findet man außerordentlich geschickte eingeborene Handwerker, die mit primitiven Werkzeugen Schilder aus Elefanten- und Büffelhaut, Lanzen, Schwerter, Messer, Sättel für Kamele und Pferde anfertigen. Unter diesen Schabracken findet man wahre Prachtstücke; daneben werden feine Gold- und Silberarbeiten, wie Kaffeebecher, Arm- und Beinringe, in Filigran hergestellt.

Zweimal täglich nimmt der Nubier seine „Luchme" zu sich, das Nationalgericht, das er entweder mit Milch oder mit „Mellach" genießt. Luchme ist eine Art von Polenta aus Durrhakorn. Die Sklavin, die in jeder „besseren" Familie zu finden ist, zerreibt das Korn auf der Murhaka oder dem Reibstein zu Mehl und läßt es in kochendem Wasser zu einem Brei gerinnen. Verkehrte Welt: die Fleischspeise, das Mellach, wird als Soße serviert; man bereitet dieses Gericht aus Fleisch, das an der Sonne getrocknet und zu Pulver zerrieben, dann mit Butter und einer gedörrten Pflanze, deren arabischer Name Weka ist, vermischt wird; das Ganze wird dann gekocht und mit Salz und rotem Pfeffer gewürzt. Diese Soße wird über die Luchme gegossen und das Ganze in einer großen hölzernen Schüssel auf dem Boden angerichtet. Familienmitglieder und Gäste kauern sich rings um die Schüssel, und alle greifen mit einem frommen „Bismillah", d. h. „in Gottes Namen", zu. Wie in uralten Zeiten, so taucht auch heute noch jeder mit seiner reingewaschenen Hand in die Schüssel, formt sich ein Klößchen, kehrt es in der Soße um und führt es zum Munde. Dies wiederholt sich so lange, bis die Schüssel leer oder alle gesättigt sind. Alsdann beginnt der für uns Abendländer so unglaublich lächerliche Ohrenschmaus. Die gute Sitte im Orient will es, daß jeder Gesättigte, um den Hausvater zu ehren, kräftig aufstößt, und jedem Aufstoßen folgt ein lautes, ehrenfestes „El Hamdulillah", d. h. „Gott sei Dank".

Bei außergewöhnlichen Gelegenheiten, wie Hochzeiten und anderen Familienfesten, wird ein Ochse geschlachtet und auf dem Flecke verzehrt. Der Talg wird an Ort und Stelle zum Einfetten der Frisur verwendet. Es ist ganz unglaublich, mit welcher Schnelligkeit das Tier geschlachtet, mit den krummen Messern abgehäutet, das Fleisch zerteilt, auf Kohlen geröstet und verzehrt wird; noch unglaublicher sind die Mengen, die von einzelnen Menschen genossen werden. Mit einem Büffel oder einer Giraffe wird auf der Jagd nicht viel Federlesens gemacht, der Schmaus wird auf der Stelle aufgetischt, und nur Haut und Knochen bleiben übrig. Ich entsinne mich einer Flußpferdjagd in Altbara, bei der die Menge der hungrigen Eingeborenen aus benachbarten Ortschaften, es mögen wohl einige hundert Mäuler gewesen sein, das geschossene, 4 000 bis 5 000 Pfund schwere Tier innerhalb zweier Stunden bewältigte. Die Scharen von Geiern, die sich auf dem Schauplatz der großen Schlächterei sammelten, erhielten nur noch die Knochen.

Trotz des friedlichen Charakters der Nubier muß es ganz natürlich erscheinen, daß sich ein großer Teil von ihnen zu kühnen Jägern heranbildet. Der eingeborene Jäger kennt die Lieblingsplätze seines Wildes, dessen Fährte er mit dem Spürsinn des Naturmenschen auffindet. Der Scheu des Wildes setzt er seine List entgegen. Ganze Familien und Dörfer widmen sich der zwar gefahrvollen, aber anreizenden und einträglichen Jagd, und auf diese Weise haben sich förmliche Jägerkasten gebildet.

Die vornehmste unter diesen Kasten bilden die Schwertjäger oder „Agaghir“ (Plural von Agahr, Schwertjäger), welche sich selbst, und nicht mit Unrecht, für die Aristokraten ihres Standes halten, denn die von ihnen betriebene und fast nur in Taka übliche Jagd mit dem Schwerte erfordert Kühnheit, Gewandtheit und Geschicklichleit. Die von den Schwertjägern angewandte Jagdmethode ist ganz eigentümlich und besteht im wesentlichen darin, daß die gut berittenen Jäger ihrem Wild durch einen Hieb mit dem scharfgeschliffenen Schwert die Knie- oder Achillessehne des Hinterbeines durchschlagen. Die Jagd wird gefährlich, wenn es sich um wehrhafte Tiere handelt, wie den Kaffernbüffel, das Nashorn, den Löwen oder gar den Elefanten. Obgleich sich stets zwei bis vier Schwertjäger zusammentun, werden die Jäger dann leicht zu Gejagten.

Zur Jagd auf Elefanten ziehen nur die geübtesten Jäger aus, und zwar in kleinen Trupps von vier bis sechs Leuten, die vorzüglich beritten und so eng miteinander befreundet sind, daß sich in der Gefahr einer unbedingt auf den anderen verlassen kann. Die Suche nach Elefanten beginnt damit, daß man die Wasserläufe und Tränkplätze, wohin das Wild des Nachts zur Tränke geht, genau untersucht. Finden sich die Spuren von Elefanten, dann wird die nicht zu verkennende Fährte sofort aufgenommen, und eine lange, oft sehr ermüdende Suche beginnt. Die Regel ist, daß Elefanten bis gegen Mittag äsend durch den Steppenwald ziehen und während der heißen Stunden des Mittags rasten. Fast aussichtslos wird die Jagd, wenn die Elefantenherde sich in die dichten, die Steppen des Sudan durchsetzenden Dornenwälder oder „Kitter“ zurückzieht. Für die Schwertjäger hört dann jede Möglichkeit einer erfolgreichen Jagd auf. Zuweilen folgen die mit Büchsen bewaffneten Jäger, die mit den Schwertjägern gemeinschaftliche Sache machen, den Elefanten in diese afrikanischen Dschungel. Oft aber ist der Dorn so dicht und verschlungen, daß die Jäger schon selbst eine Elefantenhaut besitzen müßten, um in das Labyrinth eindringen zu können.

Wird die Herde auf günstigem Terrain angetroffen, so geschieht der Eingriff derart, daß die Jäger die Herde anreiten und den mit den besten

Zähnen bewaffneten Bullen von seinen Gefährten zu trennen suchen. Der Elefant ist, durch eine vieltausendjährige Verfolgung gewitzigt, nicht nur vorsichtig, sondern auch furchtsam geworden und flieht, wenn sich nur ein Ausweg findet. Wird er jedoch gestellt, so verwandelt er sich in den entschlossensten Gegner, der sofort zum Angriff übergeht. Unter wütendem Trompeten, das die Pferde vor Angst ganz unbändig macht, stürzt er sich auf die Jäger, die nun ihrerseits fliehen. Mit Vorliebe greift der Elefant hellfarbige Pferde an, Schimmel, die ihm bei seinem nicht sonderlich guten Gesicht zuerst auffallen. Einer der Jäger reitet demgemäß einen Schimmel, und die Aufgabe dieses Reiters ist es, sich von dem Elefanten verfolgen zu lassen, er muß es jedoch so einrichten, daß er dicht vor dem wütenden Tier bleibt und seine ganze Aufmerksamkeit absorbiert, damit er nicht auf das achtet, was hinter ihm vorgeht. Die Kameraden des führenden Jägers jagen hinter dem verfolgenden und verfolgten Tiere her, bis der erste dem Elefanten auf zehn Schritte nahegekommen ist. Jetzt springt er hurtig vom Pferde, eilt, das Schwert in den Händen, in langen Sätzen hinter dem Elefanten her, bis er dicht an dem linken Hinterbein des Tieres angelangt ist. In dem Augenblick, da der Elefant das Bein auf den Boden setzt, saust die scharfe, mit zwei Händen geführte Klinge nieder und zerhaut die Achillessehne, so daß das Tier durch Aussetzen des Fußknochens einseitig gelähmt wird. Natürlich dreht der verwundete Bulle sich nach dem Angreifer um, der sich jedoch nach vollführtem Hiebe zur Flucht gewandt hat, und nun ist die Reihe an dem ersten Jäger, der von seinem Schimmel springt, sich dem bereits halb gelähmten Tiere vorsichtig nähert und mit wuchtigem Hieb auch die Sehne des rechten Hinterbeines durchhaut. Das mächtige Tier ist nun völlig hilflos und der Gnade seiner Angreifer überlassen. Wurden die Hiebe kräftig genug geführt, so sind auch die großen Schlagadern durchschnitten, und das Tier stirbt an Verblutung, oft freilich erst nach längerer Zeit, doch ohne besondere Schmerzen. Falls Gewehre zur Hand sind, gibt man dem besiegten Riesen den Gnadenschuß, und für die Jäger beginnen nun Stunden emsiger Arbeit. Die Stoßzähne werden ausgebrochen und die Haut in einzelnen Stücken abgezogen; sie ist sehr geschätzt für die Anfertigung von Schilden, Schwertscheiden und zum Binden der primitiven Pflüge. Das

Fleisch bleibt gewöhnlich eine Beute der Geier und Raubtiere; sind aber die Lager der Nomaden in der Nähe, dann zieht die gesamte Bevölkerung zum Kampfplatze, um das Fleisch zu bergen, das, in Streifen geschnitten und an der Sonne getrocknet, ähnlich dem südamerikanischen Charqui, einen geschätzten Vorrat für die Regenzeit bildet.

In ähnlicher Weise wie der Elefant werden auch das Rhinozeros und der Büffel gejagt. Die Giraffe, die Antilope und der Strauß werden so lange gehetzt, bis sie ermatten, bei der Schnelligkeit dieser Tiere eine schwere Aufgabe für Mann und Pferd. Selbst dem Löwen, dem Erzfeinde seiner Viehherden, geht der Jäger kühn mit dem Schwert zu Leibe.

Die Reihe der Jäger könnte noch viel weiter verfolgt werden, hinab bis zu den Beduinen, den geschickten Straußenjägern, die im Sudan Gastrollen geben, oder bis zu den großen europäischen Sportsleuten, die das Jagdgeschäft im Großen betreiben, doch soll hier in der Hauptsache ja nicht von der Jagd allein die Rede sein, noch weniger von Massenabschlächtereien, sondern vom Fang, der die Tiere lebend in die Hand des Jägers liefert.

Morgenerwachen am Atbara. Ein leichter Wind kräuselt die Grassteppe, im hellen Licht der höhersteigenden afrikanischen Sonne stehen die Bäume glanzübergossen. Im Uferdickicht lärmen unzählbare Schwärme von Vögeln, vom riesenhaften Marabu bis zum Schwälbchen, das über die Wasserfläche schießt. Ganz in der Ferne erhebt sich aus dem Wasserspiegel der ungeschlachte Kopf eines Sauriers – oder ist es eine Sandbank? Schon steigt die Hitze, und Myriaden summender Insekten erfüllen die Luft. Auch in unserer Station, die nicht weit vom Flußufer entfernt liegt, wird es lebendig. In der weiten Seriba, die von einem aus Baumstämmen geschichteten Verhau umgeben und deren einziger Ausgang durch ein Dornengeflecht verschlossen ist, erheben sich die aus Stroh gebauten Hütten der Europäer und ihrer schwarzen Diener, die Ställe für gefangene Tiere und einige Verschläge für Vorrat.

Längst sind die Feuer, die über Nacht an verschiedenen Stellen der Seriba unterhalten wurden, um Raubtiere abzuschrecken, ausgelöscht, und der Tag tritt in seine Rechte –der Arbeitstag. Gestern bei der Ankunft von Hagenbecks Jägern war alles eitel Lust und Freude. Alte Freunde wurden von den mit der Landessprache vertrauten Weißen begrüßt und in der landesüblichen Weise Geschenke gespendet und entgegengenommen. Reiche Gastgeschenke in Form von fetten Schafen, Hühnern, Eiern, Honig, Durrhamehl, großen Töpfen voll Merissa und Assaliee – das ist Durrhabier und Honigwein – strömten in das Lager der weißen Männer, die sich ihrerseits auch nicht lumpen ließen und ihren dunklen Freunden eine Menge hochgeschätzter europäischer Artikel zum Geschenk übersandten. Darauf großes Freuden- und Willkommenfest auf der Station. Zuerst ein Schmaus, währenddessen die eßbaren Gastgeschenke zum größten Teile von den Schenkern selbst verzehrt werden. Dann Kriegstänze der Männer, die unter Trommelbegleitung und Geschrei mit Lanze, Schwert und Schild Scheingefechte ausführen, Gruppentänze anmutiger Frauen und Mädchen unter Händeklatschen, eintönigem Trommelklang und Beifallsgeheul. Ein Wettrennen auf flinken Reitdromedaren und Jagdpferden bildet den Schluß. Aber bis in die tiefe Nacht hinein wird beim Schein der Lagerfeuer getanzt und gejauchzt.

Die Empfangsfeierlichkeiten sind vorbei. Heute tritt das „Geschäft" in seine Rechte. Sklavinnen bereiten unter freiem Himmel das Morgenmahl, und auch die Tiere werden nicht vergessen. Ein reges Leben entfaltet sich. Bekannte, Eingeborene, strömen ab und zu, manche aus bloßer Neugierde, andere, um ihre Dienste als Jäger anzubieten und um Jagdpferde zu bitten. Jagdzüge werden besprochen, die Jäger mit Direktiven versehen, ausgerüstet und entlassen. Die Jäger ergreift das Jagdfieber, sie säumen keinen Augenblick, eilig kehren sie noch einmal ins heimatliche Dorf zurück und legen die letzte Hand an ihre Ausrüstung. Die Sattelkissen werden frisch gepolstert und die gewichtigen Schwerter scharf geschliffen, während Sklavinnen die Proviantschläuche mit Durrhamehl füllen. Wenn die Jagdgesellschaft hinauszieht, folgen ihr einige mit Wasser und Proviant beladene Kamele sowie eine Herde Ziegen, die für die einzufangenden Tiere die Milch liefern sollen.

Der Fang der jüngeren Tiere durch die Schwertjäger geschieht hauptsächlich in der Weise, daß die Herden so lange gehetzt werden, bis die schwächeren Jungen vor Mattigkeit zurückbleiben und sich von der Herde abtrennen. Leicht könnten sie jetzt ergriffen und gefesselt werden. Bei Giraffen und Antilopen ist die Jagdart ohne Gefahr, meistens auch bei Büffeln, da diese ihre Kälber schmählich im Stiche lassen. Das begehrteste Wild, junge Elefanten und Rhinozerosse, ist auch am schwierigsten zu erjagen. Diese Dickhäuter verteidigen ihre Jungen hartnäckig, und häufig kann man ihrer nur dadurch habhaft werden, daß man die Alten tötet. Wenn die Mutter auf das Geschrei des Kleinen zurückkehrt und sich zu einem Kampf auf Leben und Tod rüstet, wird ihr Tod zu einer traurigen Notwendigkeit. Die gefangenen Tiere werden mit aller Sorgfalt gepflegt, trotzdem geht ein großer Teil infolge der ausgestandenen Aufregung und Angst zugrunde, ehe die Station wieder erreicht wird. Auf der Weiterreise geht wiederum eine Zahl der gefangenen Tiere ein, und in der Regel gelangt kaum die Hälfte nach Europa.

Sehr geschickte Fallensteller und Sänger sind die Takruris. Ihre Hauptmasse lebt in Abessinien und betreibt die Jagd zu Pferde und mit Feuerwaffen. Die im Sudan lebenden sind jedoch besonders Fallensteller, und ihr Gebiet ist die niedere Jagd. Sie verstehen es vortrefflich, in Kasten und in aus Steinen gebauten Fallen Leoparden, Hyänen und die großen Paviane zu fangen, Stachelschweine und Erdferkel auszugraben oder des Nachts zu überlisten und namentlich in sinnreich gearbeiteten Schlingen und Netzen Vögel aller Art, Sekretäre, Nashornvögel, Raubvögel bis herab zum Perl- und Frankolinhuhn, zu fangen. Infolge dieser Vielseitigkeit gehören sie zu unseren geschätztesten Mitarbeitern.

Eine ganz besondere Stellung unter den Fängern nehmen die Hawati oder Wasserjäger ein, deren Wild das Nilpferd und das Krokodil ist. Alle sind ohne Ausnahme vortreffliche und kühne Schwimmer, die den Ungeheuern des Wassers sogar in ihrem eigenen Elemente zu Leibe gehen. Die Waffe dieser Jäger besteht aus der Harpune, die auf einem langen Bambus befestigt und vermittels eines langen, festen Seiles mit einem Schwimmer aus leichtem Holze verbunden ist. Die Jäger harpunieren ihr Wild zumeist vom Lande aus, namentlich um die Mittagsstunde, wenn die Krokodile auf den Sandbänken schlafen und die Nilpferde in stupidem Dämmern auf dem Wasser schwimmen. Das harpunierte Tier wird vermittels des Schwimmers an das Ufer gezogen und durch Lanzenstiche getötet – wo die Feuerwaffe noch nicht vorhanden ist. Auch die jungen Flußpferde werden harpuniert und an das Land gezogen, doch bedienen sich die Jäger einer besonders gebauten Harpune, die nicht tief eindringt; man trägt Sorge, daß die Verwundung nur leicht ist und bald heilt.

Was von der Erlangung des großen Wildes gesagt wurde, gilt im allgemeinen auch für die gefährlicheren Raubtiere. Wohl kommt es vor, daß den Hirten auf ihren Streifereien ein junger Löwe oder ein kleiner Leopard, der sich verirrte, in die Hände fällt. Allein dies sind Zufälle. In der Regel müssen die Alten daran glauben und das bittere Blei aus der Büchse des Jägers kosten, wenn man die Jungen einfangen will.

Wenn man den volkstümlichen Anschauungen und den Witzblättern glauben dürfte, so genüge es, dem Löwen in der Wildnis einfach entgegenzugehen und ihm eine Tüte voll Pfeffer ins Gesicht zu werfen – worauf das Tier derartig nießen muß, daß man es in aller Ruhe fesseln kann. Will man Affen fangen, so genügt es, unter einem Baume ein Paar Stiefel anzuziehen und dieselben Stiefel, innen mit Leim beschmiert, dann einfach ins Gras zu stellen. Sofort steigt der Affe vom Baum und zieht die Stiefel an, bleibt am Leim kleben und braucht von dem Jäger jetzt nur nach Hause genommen zu werden.

So leicht und so komisch spielt sich der Affenfang nun freilich nicht ab, obgleich gerade er viel des Interessanten bietet. In den Uferlandschaften des Mareb oder Gasch ist der große braune Pavian, der Atbarapavian (Cinocephalus Doguera), Herr und Meister. Doch die eigentlichen Herren und Meister sind wir selbst, die den Pavian aus seiner Herde herauslocken und gefangennehmen, und nicht etwa, wie bei anderm Wild, die jungen Tierchen, sondern die Führer der Herde. Die schroffen, kahlen Granitfelsen, die in malerischen Partien durch das nubische Tiefland zerstreut sind, hallen wider vom Geschrei und Gegrunze dieser Paviane, die in Herden von hundert und mehr Individuen auf diesen Felsen leben. Der Nahrung halber steigen sie hinab in den die Ufer säumenden dichten Dompalmenwald oder statten auch den Durrhapflanzungen der Eingeborenen höchst unwillkommene Besuche ab.

Eine unserer Stationen befand sich am Gasch, am Fuße der Berge von Sahanei und in unmittelbarer Nähe einer Felspartie, die man als eine Affenstadt bezeichnen konnte. Unterhalb des Felsens glitzerte wie Silber das trockene Bett des Gasch, denn der Gasch ist ein Regenstrom, der nur während einiger Monate im Jahr, in der Regenzeit, Wasser führt, aber den übrigen Teil des Jahres lediglich eine gewaltige Fläche blendenden Sandes bildet. In der Nähe unseres Lagers verengte sich das Flußbett durch eine vorgeschobene Felsenleiste auf fünf Meter Breite, und hier fanden sich in kurzem Abstand mehrere Wassertümpel, die von den Affen als Tränkplätze benutzt wurden. Den ganzen Tag hörten wir das Streiten und Schnattern der Affen, wenn sie zur Tränke zogen, auch des Nachts wurden unsere Ohren von diesem Konzert verfolgt. Leise grunzt und quiekt es, Mütter lullen ihre Babys in Schlummer, und alte Herren brummen über die Störung. Plötzlich ein Kreischen, und die ganze Herde bricht in ein wahnsinniges Geschrei aus. Sicherlich hat der ärgste Feind der Paviane, der schleichende Leopard, einen Einbruch versucht. Bei Tage konnte man aus nächster Nähe riesige alte Männchen bewundern, wahre Prachtexemplare voll Kühnheit und Selbstbewußtsein, und der Wunsch ward rege, diese Herren etwas näher kennenzulernen.

Eines Tages erscheint auf der Bildfläche ein Straußenjäger vom Stamme der halbwilden Basas. Er kam mit seiner Familie aus dem etwa dreißig Kilometer von uns entfernten Gebirgszuge von Bitama und war in unserer Seriba sehr willkonnnen, da er den Vorschlag machte, zunächst für uns einen Posten der großen „Hobei“ (Paviane) zu fangen, bis sich ein edleres Wild für ihn fände. Alles, was der Jäger zu diesem Zweck gebrauchte, bestand in einigen Äxten, einer Anzahl von Stricken und Hilfe. Daß dem Gaste ein anständiges „Backschisch“ für den Fang eines jeden großen Männchens versprochen wurde, versteht sich von selbst.

Der Jäger ging sogleich ans Werk und verstopfte die sämtlichen Wasserlöcher des Gasch mit Dornbüschen – bis auf eins. Auf diese Weise waren die Paviane gezwungen, alle dieselbe Tränke zu benutzen, und zwar diejenige, an die auch unsere Tiere geführt wurden. Mit der größten Ungeniertheit nahmen die Affen unseren Vorschlag an, eine Folge unserer Geschäftspolitik, die es uns zur Pflicht gemacht hatte, die Tiere vorher nie zu stören oder zu beunruhigen. Sie hatten sich längst an unsere Anwesenheit gewöhnt. Nun hatten sie ihre Scheu so weit verloren, daß sie mit unseren Tieren zugleich an die Tränke gingen und, nur 50 Schritt von unseren Leuten entfernt, ihren Durst löschten. Um die Affen noch sicherer und vertraulicher zu machen, wurde in der Nähe des Wasserloches regelmäßig Durrha gestreut, welches die großen

Männchen mit Gier annahmen; sie ließen überhaupt keins der kleineren oder schwächeren Tiere an den kostbaren Fund heran.

Während dieser heuchlerischen Freundlichkeit von unserer Seite wurde die Falle hergerichtet, die unsere Gäste zu Gefangenen machen sollte. Man darf sich unter dieser Falle keinen komplizierten Apparat vorstellen. Die Falle besteht ganz einfach aus einer aus Baumzweigen geflochtenen Rotunde, die durchsichtig ist wie ein Käfig und in ihrem Äußeren dem kegelförmigen Dach einer Eingeborenenhütte gleicht. Zuerst wird aus zähen Ruten ein Kranz von etwa zwei Meter Durchmesser geflochten, das Fundament. In diesen Kranz werden starke Stangen in Abständen von dreißig Zentimetern gesteckt, die an der Spitze zusammenlaufen und fest verbunden werden. Der ganze Kegel wird mit dünnen Zweigen und Stricken, die man aus der Rinde des Boabab dreht, verbunden und bildet dann einen ganz soliden Käfig von ziemlichem Gewicht. Auch das Aufstellen der Falle ist mehr als primitiv. Man stellt sie eben hin, hebt aber die eine Seite empor und stützt sie durch einen starken, in den Sand getriebenen Knüppel. Zunächst geht es aber noch nicht an den eigentlichen Fang, sondern es wird noch weitergeheuchelt. Man verstreut die täglichen Durrhaportionen nicht mehr auf dem Sande, sondern legt sie in die Falle. Erst als die Tiere auch in die Rotunde gingen und sich hier seelenruhig ihr Futter holten, machten wir Ernst.

Im Dunkel der Nacht wird ein langer Strick an dem Knüppel befestigt, der die Falle offenhält; der Strick wird im Sande verborgen und führt nach einem versteckten Platz, der die Aussicht auf den Fangapparat gestattet. Und nun kommt die Tragödie. Heiß brennt die Mittagssonne hernieder, und ein Trupp durstiger Paviane eilt schnatternd zur gewohnten Tränke. Einige der stärksten Männchen, die sich das Monopol bereits erkämpft haben, eilen in die Rotunde und machen sich über den Schmaus her. Der Jäger sieht alles, wartet den günstigen Moment ab – ein Ruck an dem Strick, die Falle schlägt zu Boden, und drei große Affen sind gefangen. Die Szene, die nun folgt, ist urkomisch, fast dramatisch, und spottet jeder Schilderung. Einen Augenblick sitzen die Überrumpelten wie erstarrt, in ihren Augen glüht das Entsetzen, dann suchen sie auf allen Seiten nach einem Auswege und drehen sich dabei wie Kreisel. Die Herde draußen, nicht minder überrascht, ist im ersten Schrecken geflohen, nun kehrt sie zurück, sammelt sich in der Nähe und feuert die Gefangenen durch ohrenbetäubendes Grunzen und Schreien an, das Äußerste zu versuchen. Die Kühnsten springen dicht an die Falle heran und führen ein erregtes Zwiegespräch mit den Gefangenen. Wahrscheinlich beraten sie sich über die Möglichkeiten der Rettung. Die Jäger lassen es aber natürlich nicht einmal bis zu einem Versuch einer Selbstbefreiung kommen; sobald die Falle geschlossen ist, eilen sie aus ihrem Versteck herbei, um zu verhindern, daß die Gefangenen, die über große Körperkräfte verfügen, das Geflecht durchbrechen. Die Tiere versuchen dies sofort, nachdem sie zur Besinnung gekommen sind. Beim Anrücken der Jäger steigert sich die Angst der Gefangenen, die sich an den Holzstäben in die Höhe schwingen und buchstäblich mit dem Kopf durch die Wand zu gehen suchen.

Wie man sich denken kann, beginnt nun erst der schwierigste und gefährlichste Teil des Geschäfts: das Herausnehmen der Gefangenen aus der Falle. Die Jäger haben sich jeder mit einer langen, gegabelten Stange, der „Scheba", versehen. Diese Gabelstangen spielen die Rolle von Lassos. Man stößt sie durch das Flechtwerk und sucht mit der Gabel den Hals eines Tieres zu fassen. Ist dies geglückt und jeder Affe mit einer Scheba zu Boden gedrückt, dann wird der Käfig aufgehoben und die Gefangenen werden gefesselt. Dies geschieht in sehr gründlicher Weise. Mit starken, aus Dompalmenfasern geflochtenen Stricken wird das Maul gut verbunden, dann Hände und Füße gefesselt und der ganze Körper zur Sicherheit noch einmal fest in ein Tuch gewickelt, so daß der Gefangene schließlich aussieht wie eine zum Räuchern präparierte Wurst. Das Paket wird an eine Stange gehängt und von zwei Leuten im Triumph zur Station getragen.

Nach einer kurzen, freilich totalen Erschöpfung erholen sich die Tiere nach einigen Ruhetagen so völlig, daß ihre angeborene Frechheit wieder die Oberhand gewinnt. Wütend springen sie jeden an, der nur von ferne dem Käfig naht. Die großen Männchen müssen in Einzelhaft gehalten werden, denn sie sind herrisch und unverträglich, und gibt man ihnen Gesellschaft, so endet die Kameradschaft nach einem erbitterten Kampfe mit dem Tode des Schwächeren. Selbst Weibchen, die man ihnen zur Gesellschaft gibt, gehen ein, und zwar an Hunger, da der ungalante Gesellschafter das ganze Futter allein frißt.

Wenn der Fang der großen Paviane auch seine komischen Seiten hat, für die Fänger ist er keineswegs lustig und auch nicht ohne Gefahr. Ohne in die Enge getrieben zu sein, greift auch das stärkste Pavianmännchen zwar kaum einen Menschen an, der Umgang mit den frischgefangenen Tieren ist aber voller Gefahr. Ihre mächtigen Zähne messen sich mit denen des Leoparden, und ihre Körperkraft ist ganz gewaltig. Ernste Verwundungen der Fänger sind an der Tagesordnung. Gelingt es einem Affen, sich von seinen Fesseln zu befreien, dann geht es ohne Bisse nicht ab.

Der Schauplatz des Affenfanges verwandelt sich aber auch zuweilen in ein Schlachtfeld, besonders, wenn es sich um eine Expedition gegen die großen silbergrauen Hamadrias handelt. Diese Art ist sehr angriffslustig und, da sie in ungeheuren Schwärmen auftritt, auch sehr gefährlich. Einmal geschah es, daß sich eine Armee von 3 000 Hamadrias auf die wenigen Jäger stürzte, die sich mit Schießwaffen und Knüppeln verteidigten, aber trotz aller Bravour zurückgeschlagen wurden und der Übermacht weichen mußten. Die siegenden Affen behaupteten das Feld, öffneten die Falle und ließen die sämtlichen Gefangenen frei. Im Getümmel des Kampfes konnte man wahrhaft rührende Szenen beobachten. Ein kleiner Affe, der durch einen Knüppelschlag betäubt am Boden lag, wurde von einem großen Männchen gerettet und kühn mitten durch die Feinde hinweg in den Busch getragen. Eine Mutter, die bereits ein Junges auf dem Rücken trug, nahm noch ein zweites Baby auf, dessen Mutter erschossen worden war. Groß wie die Liebe, die im Affenvölkchen herrscht, ist aber auch die Strenge. Die Leitaffen als Erzieher der Herde schalten mit grausamer Rücksichtslosigkeit und mißhandeln ihre Untergebenen mit ungeheurer Wut.

Eine Niederlage der Jäger gehört indes zu den Seltenheiten. Wenn die Falle geschlossen ist, ist das Schicksal der Gefangenen besiegelt. Die alten großen Männchen werden totgeschossen, die übrigen mit Mühe und unter Schwierigkeiten herausgeholt. Es nützt ihnen nichts, daß sie sich an den Wänden festklammern, sie werden herausgeholt und müssen sich bequemen, in einen zweiten, zusammenlegbaren Käfig zu kriechen, den man vor die Falle stellt, nachdem man in diese ein Loch geschnitten hat. Die Eingeborenen suchen die Affen durch Hetzjagden in ihre Gewalt zu bekommen. Man verfolgt die Herden, nachdem sie in die Ebene hinabgekommen sind, um die in der Nähe der Dörfer befindlichen Durrhafelder zu berauben. Bei dieser Verfolgung werden die jüngeren Tiere und die Mütter, die ihre Babys auf dem Rücken tragen, leicht müde und bleiben hinter der Herde zurück, so daß sie den Jägern zur Beute fallen.

Zurück zur Seriba am Atbara. Der Tag des Abschieds für dieses Jahr rückt heran. Ställe und Hof sind gefüllt mit gefangenen Tieren. Wären nicht viele der Gefangenen in Kisten und Kasten eingeschlossen, so gliche der Ort einem kleinen Paradies. An Bäume angekettet sieht man junge Elefanten und Nilpferde, Giraffen und junge Büffel. Löwenkätzchen spielen im Grase, und über sie hinweg springt in zierlicher Bewegung eine rote Meerkatze. In primitiven Holzkäfigen grunzen Schweine, fauchen Leoparden, schnattern Affen und lassen Vögel ihre Stimmen ertönen. Gravitätisch stolzieren Strauße durch den Hof. Was nicht von den Strapazen des Gejagtseins ermüdet ist, gewöhnt sich bald an die Gefangenschaft, und nur unsere schwarzen Freunde sind bedrückt, weil die Hagenbeckleute für diesmal Abschied nehmen.

Endlich ist alles zur Reise bereit, und ein noch schwierigerer Teil als die Jagd beginnt, nämlich der Transport von der Station im Innern nach dem Einschiffungshafen am Roten Meere. Der Transport gefangener Tiere durch die Wildnis erfordert ungeheure Mühe und Umsicht, wenn die Reise gut verlaufen und mit der Ablieferung gesunder Tiere in Europa enden soll. Es ist ein förmlicher Feldzug, um den Troß von 150 Viechern und mehr als 100 beladenen Dromedaren, ganz abgesehen von den gefangenen Tieren, sicher durch die wasserarmen Steppen und öden Wüstengebiete zu geleiten.

Der Mond ist aufgegangen und gießt sein Licht auf das erstarrte Sandmeer der Wüste hinab. Auf den Kämmen der Dünen liegt ein silbernes Flimmern, zu ihren Füßen klaffen dunkle Schatten. Ringsumher Einsamkeit. Aus weiter Ferne klingt das heisere, unheimliche Lachen einer Hyäne. Gleich einer Schlange windet sich unsere Karawane über die weiten Sanddünen abwärts und aufwärts, mit wiegendem Schritt schreiten die Dromedare eins hinter dem andern her, dazwischen marschieren – ein phantastischer Anblick – Strauße, Giraffen, Elefanten und Büffel – und seltsame Schatten ziehen zur Seite mit der Karawane über den hellen, glitzernden Sand. In diesen Gegenden ist die Nacht des Menschen Freund. Die Umgebung des Roten Meeres ist von alters her wegen ihrer Hitze verrufen, im Sommer hält sich das Thermometer fast beständig auf 45 Grad Celsius im Schatten, auch nachts tritt kaum eine merkliche Kühlung ein, aber die Sonne steht wenigstens nicht am Himmel, die bei Tage mit unbarmherziger Glut auf das ausgedörrte Land und die kahlen, felsigen Berge niederbrennt. Die ärgsten Feinde, die sich dem Marsche entgegenstellen, sind deshalb auch die hohe Temperatur und der Wassermangel. Der ersten Gefahr sucht man durch Nachtmärsche zu begegnen, der zweiten durch die sorgfältigste Fürsorge.

Kurz vor Sonnenuntergang bricht die Karawane auf, und jeder begibt sich an den ihm zugewiesenen Platz. Die großen Tiere werden von Dienern geführt, eine Giraffe von drei Leuten, ein Elefant von zwei bis vier, eine Antilope von zwei und ein großer Strauß ebenfalls von zwei Mann. Kleinere Tiere, junge Löwen, Leoparden, Affen, Schweine, Vögel, befinden sich in einfachen, schon am Fangplatze selbst hergestellten Käfigen, deren zwei bis drei von je einem Dromedar getragen werden. In der Mitte des Zuges bewegt sich schwerfällig eine Gruppe von Dromedaren, von denen immer ein Paar zusammengekoppelt ist. Zwischen den beiden Tieren hängt eine mächtige, aus Stäben gezimmerte und mit Riemen von roher Haut verknotete Kiste – ein Käfig, in welchem sich ein junges Nilpferd befindet. Über die Packsättel der beiden Dromedare sind zwei starke Stangen gelegt, und an diesen hängt der Käfig, der mit seinem Insassen mindestens 300 Kilo wiegt. Für jeden einzelnen dieser vornehmen Reisenden sind 6–8 weitere Dromedare nötig, sie bilden seine besondere Dienerschaft und tragen das Wasser, welches so ein Nilpferd auf der Reise ununterbrochen nötig hat. Auch für das Bad, welches dem Tiere in einer Wanne aus zusammengebundenen gegerbten Ochsenhäuten an jedem Tag während der Rast bereitet wird. Im Troß der Karawane wandern ganze Herden von Ziegen und Schafen, ihre Zahl geht in die Hunderte. Die Mutterziegen liefern frische Milch für alle die Tierbabys, die sich beim Transport befinden, die übrigen sind Schlachttiere zur Nahrung für unsere Fleischfresser. Das Ganze gleicht einem gigantischen wandernden Haushalt. Auch die vielen Menschen des Zuges müssen ja befriedigt werden, sie erhalten täglich eine bestimmte Ration Durrhamehl, das lange vor Aufbruch der Karawane von den Sklavinnen auf Vorrat gemahlen wurde, auch erhalten sie frisches Fleisch in Form von Schafen und jungen Ochsen, die man von begegnenden Nomaden erhandelt. An den Ruhetagen wird auch die Jagd eifrig betrieben, um den Lagerproviant zu ergänzen. Die Hauptsache aber bleibt das Wasser, von dessen Vorhandensein das Leben aller abhängt.

Die Karawane zieht so schnell, wie es die verschiedenen Gangarten der Tiere gestatten wollen, dahin. Einige Stunden wird marschiert, dann gerastet, die Tiere werden gefüttert und getränkt, dann geht's weiter bis zum Morgen. Eine Stunde nach Sonnenaufgang sucht die ganze Karawane nach Ruhe im dürftigen Schatten von Mimosen oder Akazien, oder auch unter dem künstlichen Schutze aufgespannter Matten, die freilich gegen das sengende Sonnenlicht wenig ausrichten können. Die Tränkplätze in der Wüste sind nur spärlich vorhanden, und werden sie erreicht, was immer mit der Gewährung eines besonderen Ruhetages verbunden ist, so kann man sie häufig durchaus nicht ohne weiteres in Besitz nehmen. Nomadenstämme haben den Platz mit ihren Herden schon besetzt, ein Streit entspinnt sich, und schon greifen die wilden Söhne der Wüste zu den Waffen, als der Führer der Karawane die Sache durch ein „Backschisch" beilegt. Zwischen einzelnen dieser Tränkplätze liegen Entfernungen von 100 Kilometern, und da solche Strecken beim Marsche mit gefangenen Tieren 3–4 Tage beanspruchen, so müssen große Quantitäten Wasser in Schläuchen aus Ziegen- und Ochsenhaut mitgeführt werden. Das kostbare Naß, welches diesen Wasserlöchern entnommen wird, besitzt kaum das Ansehen wirklichen Wassers, es ist eine fürchterliche Brühe, und doch hängt an ihr unser aller Leben. Nicht weniger als 30–40 Dromedare sind damit beschäftigt, der Karawane das Wasser nachzuführen oder mit ihm voranzuziehen.

Trotz der sorgfältigsten Pflege gehen viele Tiere auf dem Transport zugrunde. Die furchtbare Hitze, die im Hochsommer im südlichen Teile des Roten Meeres herrscht, bringt selbst solche Tiere um, die in jenen Gegenden zu Hause sind und sozusagen ohne Bedachung leben. Starke Pavianmännchen werden vom Hitzschlag getroffen und gehen nach einer halben Stunde unrettbar ein. Sicherlich nehmen aber die Tiere schon eine Disposition zu allerhand Schwächen mit auf die Reise. Die während der Jagd und des Einfangens ausgestandene Angst mag ihnen noch in den Gliedern stecken, vielleicht ruft auch der Aufenthalt im Käfig und das Ungewohnte des Transports zuerst einen permanenten Erregungszustand hervor. Die Tiere, mehr noch als die Menschen, bilden die stete Sorge des Karawanenleiters, der es trotz aller Sorgfalt nicht verhindern kann, daß ein Teil der Tiere am Wege zurückbleibt. Selten wird die Sorge um das Wohlergehen des Ganzen durch heitere Zwischenfälle unterbrochen.

Endlich, nach einer anstrengenden Reise von 35–40 Tagen, erreicht die Karawane oder das, was von ihr übriggeblieben ist, den Hafenplatz am Roten Meer. An den Brunnen außerhalb der Stadt schlägt die bunte Gesellschaft ihr Lager auf und wartet, bis einer der den Platz anlaufenden Dampfer erscheint und die ganze Gesellschaft nach Suez mitnimmt. In Suez erfolgt die Umladung auf einen der von Indien oder Ostasien kommenden Dampfer, möglicherweise wird auch die ganze umfangreiche Sammlung der Tiere mit der Eisenbahn nach Alexandrien geschafft und von dort nach einem Mittelmeerhafen, Triest, Genua oder Marseille, verladen. Erst nach weiteren Eisenbahnfahrten von unbestimmter Dauer, bis nach Hamburg etwa neun Tage, kommen die Tiere und ihre Führer endlich zur Ruhe. Seit dem Aufbruch vom Lager am Atbara oder am Gasch sind beinahe drei Monate verflossen.

In unserem Tierparadies im Sudan hat sich in der langen Abschließung durch den Mahdi gar manches verändert, und nur langsam sind unter ägyptisch-englischem Regime geordnete Verhältnisse zurückgekehrt. In den Gebieten indes, die für uns in Betracht kommen, hat sich vieles, und zwar auf traurige Weise, verändert. Der reiche Wildbestand, den ich schilderte, ist kläglich zusammengeschrumpft, man findet dort heute nicht mehr den zehnten Teil des Wildes, den das Land vor dreißig Jahren barg. Der Elefant findet sich nur noch in kleinen Trupps, das Rhinozeros ist fast vollständig ausgerottet, die Giraffe ist nördlich von Takassieh ein seltenes Tier geworden, die früher so zahlreichen Antilopen sind aus vielen Gegenden ganz verschwunden, und der Büffel ist zu Tausenden der Rinderpest zum Opfer gefallen.

Die Schuld an dieser traurigen Verwüstung des Tierbestandes tragen mittelbar und unmittelbar die Mahdisten-kriege. Die eingeborenen Stämme sind in den Besitz von tausenden moderner Hinterlader gekommen, die, soweit die immerwährenden Kriege und Fehden dazu Zeit ließen, auch auf der Jagd Verwendung fanden. Dies allein hätte einen so starken Rückgang des Wildbestandes aber noch nicht verursachen können. Als die Truppen des Mahdi in dem total ausgesogenen Sudan nichts mehr zum Plündern fanden und selbst zum Verhungern verurteilt schienen, wandten sie sich gegen das Wild, und ein erbitterter Kampf um Fleisch begann. Ganze Heeresmassen, besonders der Baggara-Araber vom Weißen Nil, die ebenso berühmte Jäger sind wie die Schwertjäger des Ostsudans, errichteten Lager in unseren Jagdgebieten und knallten das Wild in Massen nieder. Auch die Grenznachbarn der Sudanesen, die Abessinier, haben auf dieselbe Art gehaust und besonders dem Elefanten nachgestellt, der neben seinem Fleisch ja auch noch das wertvolle Elfenbein hergab. Der Fürst der Grenzprovinz Ermetscho erlegte mit seinen Truppen, die ein wahres Kesseltreiben veranstalteten, an einem einzigen Tage 56 Elefanten.

In Abessinien, wo es auf Menschenmaterial nicht anzukommen scheint und wo alle in der Wildnis lebenden Tiere als kaiserliches Gut angesehen werden, pflegt man die Jagd überhaupt in großem Stil zu betreiben. Davon gibt ein typisches Bild die Zebrajagd, die in meinem Auftrage von einem meiner Reisenden mitgemacht wurde; waren doch die einzufangenden Tiere für uns bestimmt. Mit ihren Anführern waren nicht weniger als etwa 2 000 Soldaten zur Stelle, die als Treiber fungierten. Ein ungeheures Gebiet, dessen Basis ein ausgetrocknetes Flußbett bildete, wurde zuerst umstellt und immer enger eingeschlossen, so daß die Tiere gezwungen waren, sich dem Flußbett zu nähern. Von den hohen felsigen Ufern sprangen sie ohne Besinnen in den sandigen Flußlauf hinab, aus dem es kein Entrinnen gab, denn die jenseitigen Ufer bestanden aus steilen Felsen, während rechts und links am Laufe des Flusses Wachen aufgestellt waren. Nachdem die Tiere derart abgeschlossen waren, entwickelte sich ein wahrhaft barbarisches Schauspiel. Auf einen Wink der Führer stürzten sich die mit Stricken bewaffneten Soldaten, weit über 1 000 Mann, mitten unter die wütend um sich schlagenden Zebras, die nach einigen Stunden von der Übermacht bewältigt wurden – allerdings, nachdem 33 Menschen totgeschlagen und schwer verletzt worden waren. Die Tiere wurden gefesselt und mit Stricken an allen vier Beinen fortgeführt. In den Hütten pflöckte man die Tiere an allen vier Beinen an, und in wenigen Tagen hatten sie sich so weit beruhigt, daß man sie ohne große Sicherheitsmaßregeln fortführen konnte.

Im Sudan haben wir nicht nur das Wild, sondern auch unsere Freunde und Helfer, die eingeborenen Stämme, in völlig veränderten Verhältnissen wiedergefunden. Kriege, Hungersnot, die Blattern und die Cholera haben derart gehaust, daß beim Untergang Mahdias 1885 kaum mehr als zehn Prozent der ursprünglichen Bevölkerung übriggeblieben war. Der berühmte stolze Stamm der Hamram, der die besten Schwertjäger hervorbrachte, war bis auf 20 Leute zusammengeschmolzen, von den Schwertjägern überhaupt keiner übriggeblieben, so daß diese kühne ritterliche Jagdart der neuen Generation nur noch durch die Erzählung der alten Leute bekannt ist. Auch die Wasserjäger oder Hawati gehören der Vergangenheit an. Allgemein wird die Jagd nunmehr mit dem Gewehr ausgeführt, und wenn auch die Jagdart im allgemeinen die gleiche geblieben ist, nämlich indem man den Alten ihre Jungen abjagt, so ist es doch klar, daß der weittragenden Kugel die alten Tiere viel zahlreicher zum Opfer fallen als früher mit primitiveren Waffen.

Kamelverladung.

Neben dem Abjagen der Jungen regiert beim Tierfang die Falle und die Fallgrube, nachdem man die Tiere auf ihrem gewohnten Wechsel beobachtet hat. Das Nilpferd zum Beispiel kommt den Jägern entgegen durch seine Gewohnheit, das Junge vor sich hergehen zu lassen. Der Zweck dieser Maßregel springt leicht in die Augen: nach hinten ist das Tier durch seine eigene dicke Haut geschützt, und vorne kann es die Gefahr, die dem Jungen etwa drohen sollte, übersehen. Auf dem Wechsel des Tieres, den man ausgekundschaftet hat, wird eine Grube gegraben und durch Zweige gut verdeckt. Die Nilpferdmutter liebt ihr Kind ebensosehr wie jede andere Mutter; wenn es aber im Urwald, ohne daß irgendeine Gefahr sich irgend angekündigt hätte, plötzlich vor ihren Augen versinkt, bekommt sie einen solchen Schreck, daß sie ihr Kind im Stiche läßt und das Weite sucht. Wenn alles gut geht, ist die Beute jetzt dem Jäger sicher. Zuweilen, wenn man das Tier eine Nacht in der Grube zurücklassen muß, mischt sich auch Simba, der Löwe, ein, so daß am andern Morgen in der Fallgrube nichts mehr zu finden ist als Haut und Knochen.

Geht indes alles gut vonstatten, dann wird schleunigst eine Palisade um die Grube gebaut und über diese hinweg eine Schlinge zwischen Vorderbein und Brust des jungen Tieres hindurchpraktiziert. Nilpferde schwitzen, wenn sie erregt sind, eine schlüpfrige Flüssigkeit aus, deshalb muß die Schlinge zwischen den Beinen hindurchgeführt werden, um das Abgleiten zu verhindern. Dann wird das Tier mit Hilfe von wenigstens zwanzig Mann einige Zoll gehoben, sechs andere Leute springen in die Grube, fesseln Hinter- und Vorderbeine und binden dem Tiere das Maul zu. Nachdem man sich des Nilpferdes auf diese Weise versichert hat, werden die Palisaden auseinandergebrochen und ein schräger Gang in die Grube gegraben. Eine Tragbahre aus starken Knüppeln und Zweigen wird geflochten, das Tier daraufgelegt und auch von oben her durch Zweiggeflecht gesichert. Nun beginnt der Transport durch den Sumpf oder Urwald zum nächsten Fluß, wo ein Eingeborenenfahrzeug den Gefangenen zunächst aufnehmen soll. Eine Bahn muß durch den Busch gehauen werden, und mühsam folgen die Träger. Das Junge, das vielleicht zwei bis drei Jahre alt ist, wiegt seine 1 000 bis 1 200 Pfund, und die korbartige Bahre ebensoviel. Auf der Station oder an einem andern beliebigen Platz wird das Tier zuerst an die Gefangenschaft und an das Futter gewöhnt, ehe es nach Europa verschifft wird.

In der Stille des Bureaus hatte ich mir vor einigen Jahrzehnten ein damals neues Gebiet ausersehen, das Feuerland, wo so viele interessante Wasservögel, unter ihnen verschiedene Arten von Pinguinen, zu Hause sind; auch in ethnographischer Beziehung mußte sich da unten eine reiche Ausbeute gewinnen lassen. Dem Gedanken folgte bald die Ausführung, und ein in verschiedenen Ländern bewährter Reisender machte sich auf den Weg. Punta Arenas wählte er sich zu seinem Standquartier. Trotz aller Bemühung wollte es dem erfahrenen Manne nicht gelingen, die ersehnten Vögel lebend zu fangen. Dagegen hatte er eine glänzende ethnographische Sammlung zusammengebracht. Als er mit dieser nach Punta Arenas in seinem Segelboot zurückkehrte, zog ein drohendes Unwetter auf. Der Reisende, um seine große und kostbare Sammlung und schließlich auch um sein Leben besorgt, gab dem Spanier, welcher das Boot führte, den Befehl, sofort zu landen. Aus irgendeinem Grunde, sei es Eigensinn oder ein Verkennen der Gefahr, weigerte sich der Spanier, dem Befehl Folge zu leisten, und der Reisende konnte sich nur mit dem Revolver in der Hand Gehorsam verschaffen. Zwar rettete er sein Leben, mußte aber die Sammlung im Stiche lassen. Es ging ihm wie dem Tell bei Küßnacht, er konnte nur aus dem Boot ans Land springen, worauf das Fahrzeug wieder in die See hinaustrieb, freilich nicht infolge des Sturms, sondern weil es der verrückte Spanier so wollte. Der Reisende marschierte rüstig querfeldein

durch die Pampa, um Punta Arenas zu erreichen, die Stadt war aber noch nicht einmal in Sicht, als ihn zwei Reiter überholten, von denen er bereits die traurige Kunde empfing, daß das Segelboot in der Bucht umgeschlagen und der Insasse ertrunken sei. Die in Monaten unter Gefahren, Geld- und Zeitopfern zusammengebrachte Sammlung war verloren. Schließlich gelang es ihm noch, nach einem weiteren langen Aufenthalt, 28 Stück große Königspinguine und eine größere Anzahl einheimischer Gänse, Enten, Schwäne und anderer Vögel zu sammeln. Hocherfreut, wenigstens nicht mit leeren Händen heimzukehren, verlud der Reisende die ganze Sammlung auf dem Verdeck eines Kosmos-Dampfers. Bis Montevideo ging alles gut, zwei Tage nach der Abfahrt von diesem Platz setzte indes ein heftiges Unwetter ein, welches innerhalb 24 Stunden sämtliche Kisten und Kasten zertrümmerte und über Bord spülte, ohne daß Rettung möglich war.

Diese kleine Geschichte aus alten Zeiten kommt indes eigentlich gar nicht in Betracht im Verhältnis zu den Schwierigkeiten und Kosten der verschiedenen großen Expeditionen, die ich nach Sibirien und in die Mongolei ausgerüstet habe.

Eine der interessantesten solcher Expeditionen war diejenige, die nach Asien entsandt wurde, um den Versuch zu wagen, lebende Wildpferde (Equus Prjewalsky) nach Europa zu bringen. Frühere Versuche waren gescheitert, mit einer einzigen Ausnahme – dem bekannten Tierfreund und Züchter Falz-Fein war es gelungen, einige Exemplare dieses seltenen Tieres aus der asiatischen Steppe nach seiner Besitzung in der Krim zu verpflanzen. Wir wußten damals verhältnismäßig wenig über das Wildpferd und so gut wie nichts über die genaue geographische Lage der Fangplätze, die Gewohnheiten des Tieres und die Art des Einfangens. Mit der schwierigen Aufgabe, das Notwendige auszuforschen und später die Expedition nach der Mongolei zu leiten, wurde einer meiner bewährtesten Reisenden, Wilhelm Grieger, betraut, der alsbald, mit reichen Geldmitteln versehen, nach Rußland abdampfte. Außerdem war er im Besitze von wertvollen Geleitsbriefen, von denen sich einer als besonders wertvoll erwies. Dieser Geleitsbrief enthielt eine Empfehlung Griegers an einen damals in St. Petersburg lebenden, hochangesehenen buddhistischen Lama, Dr. Radmai, der ein großer Kenner von Land und Volk der Mongolei war.

Zunächst ging aber Grieger als Begleiter einer Tierlieferung zu Herrn Falz-Fein nach Ascania Nova in Südrußland, denn es galt vor allem festzustellen. wo man die Wildpferde zu suchen habe.

Der auf seine Schätze mit Recht eifersüchtige Tierfreund in der Krim rückte indes mit der gewünschten Nachricht nicht heraus, und erst auf Umwegen gelang es dem Reisenden, festzustellen, daß die Fangplätze des Wildpferdes in der Nähe von Kobdo, unterhalb der nördlichen Abhänge des Altai-Gebirges, zu suchen seien. Eine weite

Aufbruch zum Wildpferdfang in die Mongolei.

Reise, durch ganz Rußland, Westsibirien und in die chinesische Mongolei.

Mit dem eroberten geographischen Fingerzeig reiste Grieger freudig nach St. Petersburg, um von hier aus die Reise nach dem Wildpferdgebiet anzutreten. Aber ein neues Hindernis, dessen Wegräumung die Zeit mehrerer Wochen beansprucht, stellt sich dem Unternehmen entgegen. Dr. Radmai, der buddhistische Lama, mit welchem Grieger das Unternehmen bespricht, entpuppt sich wirklich als eine Quelle des Wissens, gibt wertvolle Aufschlüsse über Land und Leute des Altaigebietes und macht den Reisenden vor allem darauf aufmerksam, daß man dort nicht mit dem in Europa gangbaren Geld reisen könne. Die gangbare Münze ist vor allem eine gewisse Art von Silberbarren, die in der Norddeutschen Raffinerie zu Hamburg hergestellt sein müssen, weil die Eingeborenen dieses weiße Hamburger Silber, wie sie es auch nennen, dem dunkleren englischen vorziehen. Außerdem bezahlt man dort mit gepreßtem Ziegeltee, den man wiederum nur an Ort und Stelle eintauschen kann.

Wildpferde.

Es ist ein ganz besonderer chinesischer Tee, der in frischem Zustand mit Zweigen und Blättern in die Form von Platten gepreßt wird.

Siebenundzwanzig Tafeln dieses Tees geben eine Tunse, deren drei eine Kamellast von ungefähr 450–500 Pfund ausmachen. Zur Zeit des Aufstandes bezahlte man solche Tafel mit einem Rubel.

Als Kleingeld, gewissermaßen als Wechselmünze, dienen gewebte wollene Bänder, die bekannten Kata, die bei jeder Gelegenheit als Geschenk verwendet werden, ohne einen praktischen Wert zu besitzen.

Diese Bänder pflegen etwa ein Meter lang, fünf Zentimeter breit und einfarbig blau oder rot zu sein; gelbe Bänder haben nur die Hälfte des Wertes. Als eine Art Scheidemünze werden außerdem noch kleine seidene Tücher benutzt, die einen Kaufwert von zwanzig bis vierzig Kopeken besitzen.

Die Hamburger Silberbarren bestehen aus großen flachen Stücken, die etwa elf Pfund wiegen und bei der Verwandlung in Geld von den Mongolen erwärmt und dann in kleine Stücke geschlagen werden, die man auf

Grieger beim Mittagessen im Zelt.

einer eigenartigen Messingwage abwiegt. Unbedingt muß der Reisende in jenen Gegenden mit diesen beiden hauptsächlichsten Tauschartikeln, Silberbarren und Ziegeltee, ausgerüstet sein, denn die mongolischen Nomaden nehmen nur das in Zahlung, woran sie gerade Mangel leiden.

Echter russischer Winter, der bereits Stadt und Land in tiefsten Schnee gehüllt hatte, war es, als der Reisende Petersburg verließ. Im Vorfrühling, wenn die jungen Fohlen, deren man habhaft werden wollte, ins Leben traten, mußte die Expedition an Ort und Stelle sein, und vor Eintritt des frühen Winters mußte sie mit den jungen Tieren jene unwirtlichen Gegenden auch bereits wieder verlassen haben. Auch der mongolische Sommer stellt harte Anforderungen an den Reisenden. Er pflegt im Mai einzusetzen, behält aber den Nachteil starker Temperaturschwankungen während seiner ganzen Dauer bei. Es ist keine Seltenheit, daß nach einem Tagesmittel von etwa zweiundzwanzig Grad Reaumur im Schatten nachts das Wasser gefriert. Trotzdem bringt dieser Sommer schon früh seine Plagegeister mit sich und macht dem Reisenden das Leben durch

Am Roddofluß in der Mongolei.

die Sorge sauer, die er dann um seine Pferde haben muß. Fast während des ganzen Juni sind die Ufer des Kobdoflusses von Milliarden winziger Mücken bedeckt. Diese setzen sich in dichten Scharen auf die trinkenden Pferde und suchen sich mit Vorliebe die zartere Haut des Bauches und der Geschlechtsteile für ihre Angriffe aus. Ein Pferd, das diesem Massenangriff eine halbe Stunde lang ausgesetzt war, ist fast regelmäßig schon geliefert. Es geht an Blutverlust und Entzündung ein.

Zuerst ging es mit der sibirischen Eisenbahn über Moskau zum Ob, vom Ob im Schlitten etwa 250 Werst weit nach Biesk, einem Platz, der ungefähr 75 Werst östlich vom Altai liegt. Bis hierher war es noch möglich, auf den weit voneinander entfernten Stationen karge Nahrung zu erhalten, um Abwechslung in den Genuß der mitgenommenen Konserven zu bringen. Die Mühseligkeiten der Reise begannen jetzt erst im Ernst. Von eingeborenen Stämmen wurden Führer und Reittiere in Dienst genommen, um die Reisenden nebst ihrem Gepäck, ihren zusammenlegbaren Zelten, ihren Kisten mit Nahrungsmitteln und mit der Hauptsache, dem Gelde, ins Innere zu befördern. Teils zu Pferde, teils zu Kamel, aber immer im Sattel, wurden in tiefem Schnee und bei strenger Kälte über Kaschagatsch bis nach Kobdo etwa 900 Werst

Equipage des chinesischen Gouverneurs in Rodo.

zurückgelegt. Die in fünfzig Kisten als erste Nahrung für die eingefangenen Wildfohlen mitgenommene sterilisierte Milch kam bei einer Kälte bis zu achtunddreißig Grad Reaumur unter Null natürlich in gefrorenem Zustande an.

Kobdo war der Stütz- und Erholungspunkt für alle weiteren Expeditionen. Es liegt am Endpunkt der großen Karawanenstraße von Peking, das die Kamelkarawanen in zweieinhalb Monaten von dort aus erreichen!

Endlich gelangte man in die Täler der Altaikette, wo das Gebiet der Wildpferde sich wirklich fand, und Grieger richtete sich häuslich ein, die Zeit mit dem Studium der Eingeborenen, mit Anwerbung von Gehilfen und der Jagd ausfüllend. Angenehme Tage waren es freilich zuerst nicht, die er in seiner Behausung verlebte. Diese Behausung bestand aus dem im Schnee errichteten Zelt, das wenig Schutz gegen die strenge Kälte gewährte; selbst Decken und Pelze erwiesen sich als ungenügend, als das Thermometer eines Tages auf siebenundvierzig Grad Celsius sank. Feuerung war nicht zu beschaffen. Das einzige Material, welches diese Nomaden als Feuerung verwenden, besteht aus getrocknetem Viehdung, der zuzeiten sehr knapp wird.

Mongolisches Gehöft.

Mit Vorliebe nehmen sie die Exkremente von Pferden und stapeln sie lose auf. Ein Stück davon zerreiben sie in der Hand zu feinem Pulver, und dieses entzünden sie mit Stahl und Zunder. Geht Wind, so überläßt es der Mongole diesem, in der glimmenden Masse die Flamme anzuregen. Sonst setzt er sich davor und pustet und pfeift geduldig hinein, bis das Feuer emporschlägt.

An Nahrung hatten die Reisenden jedoch keinen Mangel, wenngleich wenig Abwechslung vorhanden war. Vier Monate hindurch gab es fast ausnahmslos Schaffleisch, das freilich immer zu haben war. Dazu trank man, wie die Eingeborenen, Tsamba, ein Gemisch von Tee, Butter und Salz, als Nationalgetränk in der Mongolei und in Tibet bis an die chinesische Grenze hoch geschätzt.

Ackerbau wird hier nicht getrieben. Seine ganze Arbeit widmet der Mongole dieser Gegenden der Viehzucht. Jedermann ist beritten und mit Gewehren älterer Systeme bewaffnet, von der Feuersteinschloß- bis

Mongolisches Gehöft.

zur Perkussionsflinte. Männer und Frauen tragen Hosen und hohe Stiefel. Die Beinkleider bestehen meistens aus blauer Leinwand, die breiten Sohlen der Stiefel aus Leinwandlagen, die bis zu einer Dicke von zwei Zentimeter aufeinandergenäht sind. Die größte Freude macht man dem Mongolen mit Tabak, und nach diesem steht sein erster Wunsch. Deshalb legt er auch der Ausstattung seiner Pfeifen große Bedeutung bei und beurteilt aus ihr den Stand des Besitzers. Das Pfeifenrohr, ein etwa dreißig bis vierzig Zentimeter langer gerader Holzstab, ist mit einem Mundstück aus einem achatartigen Stein geschmückt. Je größer und gewählter dieses Mundstück, desto reicher und vornehmer der Besitzer.

Der Mongole ist sehr gastfrei, jedoch wenig gesprächig. Jedes Mongolenzelt wird von einer Schar schakalartiger, sehr bissiger Hunde bewacht. Der Besitzer scheucht die Kläffer aber rasch und freundlich von dem Ankömmling fort und nimmt diesem das Pferd ab. Die Mongolin tut sofort für ihn, was ihr der einfache Hausrat ermöglicht, vor allem bereitet sie Tee und das Lager für den Fremdling.

Als der Vorfrühling ins Land zog, der Schnee schmolz und die Flüsse auftauten, konnte Grieger seine Küche ein wenig auffrischen. Der Zedzik-Noor war buchstäblich angefüllt mit Forellen, und zwar einer

Urgali (Wildschaft).

großen, wohlschmeckenden Art. Sie schwammen in dem fließenden Wasser so dicht, daß man sie hätte herausschöpfen können. Der Reisende verlegte sich auf den Fischfang und brachte es an einem einzigen Nachmittag auf eine Beute von hundert Stück, die er kochte, briet und zu räuchern versuchte. Einen Festbraten für die Tafel lieferte dann und wann die Jagd. Das Fleisch des großen Wildschafes, Argali, erwies sich als außerordentlich schmackhaft, selbst das zehnjähriger Böcke. Als eine auserlesene Delikatesse galten wilde Zwiebeln, die hier und da gefunden wurden. In den Tälern von Kobdo schoß Grieger nebenher eine große Sammlung von Vögeln, in welcher sich eine ganz neue und in Europa bisher unbekannte Fasanenart befand.

Bei alledem wurde der Zweck der Expedition keinen Augenblick aus den Augen gelassen, und als die Zeit der Jagd herankam, waren alle Vorbereitungen getroffen. Zunächst lauerte man den Tieren, wenn sie zur Tränke kamen, aus großer Entfernung auf, um festzustellen, wie weit und in welcher Zahl die jungen Fohlen von den Mutterstuten abgesetzt worden waren. Da man es natürlich nur auf die jungen Tiere abgesehen hat, erfolgt, wie schon berichtet, die Jagd zur Zeit der Abfohlperiode in der ersten Hälfte des Monats Mai. Nach der langen Vorbereitungszeit bot der Fang selbst keine Schwierigkeiten mehr. Die Tiere haben die Gewohnheit, sich einige Stunden an der Tränke zu lagern. Unter Deckung schleichen sich die Mongolenhorden mit ihren Pferden heran, und auf ein gegebenes Zeichen stürzt sich die ganze Gesellschaft unter Hallo und Geschrei auf die lagernde Herde, die aufspringt und entsetzt in die Steppe galoppiert. Man sieht nur eine große Staubwolke. Aber aus dieser Staubwolke tauchen vor den verfolgenden Reitern nach und nach einzelne Punkte auf: es sind die armen Fohlen, die noch nicht schnell genug laufen können und bald, wenn ihre Kräfte schwinden, hinter der Herde zurückbleiben. Mit vor Schreck und Erschöpfung geblähten Nüstern und fliegenden Flanken bleiben sie stehen und werden nun mit einer Schlinge gefangen, die an einer langen Stange befestigt ist.

Junges Urgali.

Im Lager befindet sich eine große Zahl zahmer mongolischer Mutterstuten mit saugenden Füllen. Diese Tierchen müssen daran glauben, sie werden von der Mutter genommen, denn diese müssen nun als Ammen für die jungen Wildfüllen in Dienst gestellt werden. Es währt etwa drei bis vier Tage, ehe sich die Wildlinge an ihre zahme

Amme und diese an sie gewöhnt haben, aber sie gewöhnen sich, und nach wiederholten Jagden beginnt das Lager sich zu füllen.

Mit einer Riesenkarawane, zu welcher außer den gefangenen jungen Tieren deren Ammen sowie die Tiere für den Transport der Reisenden und ihrer Güter und dreißig angeworbene Eingeborene gehören, wird die lange Heimreise angetreten. In schwerer Sorge um das Leben der jungen Tiere geht es nun langsam über Berg und Tal,

Mutterstuten mit Fohlen des Wildpferdes.

in Regen und Sonnenschein, in Hitze und Kälte vorwärts, dem nächsten dem Verkehr erschlossenen Punkte entgegen. In mancher gebirgigen Gegend herrschen während des Tages dreizehn bis zwanzig Grad Wärme, in der Nacht aber sinkt die Temperatur bis unter den Gefrierpunkt. Für manche der jungen Tiere sind die Strapazen der Reise zu groß, und sie gehen trotz aller Sorgfalt am Wege ein. Auch sonst ist der Marsch reich an Zwischenfällen. Der Transport war im ganzen elf Monate unterwegs und brachte von zweiundfünfzig gefangenen Wildpferden achtundzwanzig lebend nach Hamburg. Drei Tage nach der Ankunft wurden sie von ihren Ammen entwöhnt und von nun an mit Haferschrot, warmer Kleie und gelben Mohrrüben gefüttert. So kamen die ersten Wildpferde nach Nordeuropa.

Am einfachsten und ungefährlichsten gestaltet sich die Jagd auf Schlangen. Es ist mehr ein Einsammeln als eine Jagd. In den großen

Sümpfen Indiens, den sogenannten Sundarbans, werden die Schlangen in der kühleren Jahreszeit frühmorgens von den Eingeborenen, die den Aufenthaltsort der Reptile genau kennen, aufgesucht. Kurz vor Sonnenaufgang sind die Schlangen durch die Nachtkühle so erstarrt, daß man sie entweder mit langen Keschern fängt oder vermittels einer gegabelten Stange hinter dem Genick anfaßt und zu Boden drückt, worauf man die wehrlos gemachten Tiere mit einiger Gewandtheit leicht dingfest

Jak-Herde am Bulgun.

machen kann. Während der trockenen Jahreszeit umstellt man auch die Schlangendistrikte mit Netzen und zündet das Röhricht an. Die Tiere fliehen, um sich zu retten, nach allen Richtungen auseinander und verfangen sich in den aufgestellten Netzen. Und zwar handelt es sich bei dieser Fangmethode nicht etwa um kleine Arten, sondern um die Riesenschlange. Häufig habe ich noch die Spuren des Feuers an den Schlangen beobachten können, die mir aus Kalkutta geliefert wurden; manche wiesen große Brandwunden auf, die aber bei diesen Tieren sehr leicht wieder heilen.

Die große Borneo-Riesenschlange, Python reticulatus, soll von den Eingeborenen beschlichen werden, nachdem sie sich vollgefressen hat und schwerfällig in ihren Bewegungen geworden ist. Man verwickelt die Schlangen dann in Netzen, die man über sie wirft, und transportiert sie in geflochtenen Bambuskörben. Für weitere Reisen werden die

Schlangen in große viereckige Kasten gesetzt, die natürlich mit Luftlöchern versehen sind.

Eine ganz besondere Art von Fängern sind die indischen Schlangenriecher. Diese Leute gehen frühmorgens, wenn es noch kühl ist, auf die Jagd, und neben Körben und Stricken ist ihr hauptsächlichstes Jagdgerät die eigene Nase. Die Schlupfwinkel der Schlangen sind ihnen von ungefähr bekannt, ob sich aber die Schlange zur Zeit in ihrem Loch aufhält, wird allein durch den Geruch festgestellt. Selten kommen Mißgriffe vor, Schlangenriecher verlassen sich ganz auf ihre Nase. Hurtig wird das Tier ausgegraben und, da es von der Kälte noch halb erstarrt ist, leicht gefesselt. Eine Menge großer Arten, darunter Brillenschlangen und Pythons, werden auf diese Art dingfest gemacht.

Seelöwen auf der Insel Chav (Peru). Aufgeommen 1895 durch Dr. Walther von Ohlendorff.

Sehr zahm gestaltet sich auch, wenn ich aus dem heißen Süden in den kalten Norden hinüberspringen darf, der Fang von Seehunden und anderen Robbenarten. Die Seehunde pflegen während der Nacht auf Sandbänken zu schlafen, aus denen man ihnen leider wahre Schlachtbänke macht. Im Dunkel der Nacht schleichen sich die Jäger an die Schlafstätten heran und sperren eine Seite mit langen, großen Netzen ab. In der Regel vereinigen sich mehrere Boote zu einer solchen Fangexpedition. Während die Netze aufgestellt werden, begibt sich eine zweite Mannschaft an die andere Seite der Sandbank und wartet auf ein verabredetes Zeichen, welches ihnen mitteilt, daß die Netze stehen. Nun werden die Seehunde aufgescheucht und eilen bei dem Versuch, das Wasser zu erreichen, geradewegs in die Netze. Ich entsinne mich eines Falles, wo auf diese Weise dreißig Seehunde auf einmal überrascht wurden. Die älteren, zwanzig an der Zahl, kamen ums Leben, der Rest, zehn junge Tiere, geriet in Gefangenschaft. Man umgibt die jungen Tiere mit Netzbeuteln, um sie am Entfliehen zu verhindern. Die Fischer oder Fänger sind mit langen, schweren Schaftstiefeln ausgerüstet, da die Tiere scharfe Zähne besitzen.

Alte Seehunde und überhaupt alle Robbenarten sind in der ersten Zeit ihrer Gefangenschaft sehr schwer zu behandeln. Sie ha-

Elenantilopen als Zugtiere.

ben gleichsam Heimweh, sind traurig und niedergeschlagen und verzehren sich in Sehnsucht nach der Freiheit. In den ersten acht bis vierzehn Tagen ist der Gram so heftig, daß die Tiere die Annahme von Futter verweigern. Jüngere Tiere gewöhnen sich sehr schnell an die veränderten Verhältnisse, sie werden zutraulich wie Hunde und sind zu allen möglichen Kunststücken abzurichten.

Über den Fang von Elefanten in Indien ist schon so viel geschrieben, daß ich mich kurz fassen will. Wie allgemein bekannt, treibt man die wilden Elefanten in einen sogenannten Kraal – das ist ein weiter, umzäunter Platz im Dickicht – und schließt die Pforte, sobald eine Herde den Kraal betreten hat. Nun gilt es, die Gefangenen zu fesseln. Hierzu verwendet man besonders dazu abgerichtete, ausgewachsene männliche und weibliche Elefanten, sogenannte Kunkies, die jeder einen Reiter oder Kornak tragen. Zwei bis drei Tage läßt man die Tiere allein, bis ihr erster Furor sich gelegt hat, dann reiten die Kornaks auf ihren Kunkies mitten zwischen die wilden Elefanten hinein. Jedem der zahmen Elefanten ist eine Anzahl von Tauen um Hals und Leib gewunden, zunächst, damit der Kornak in gefährlichen Situationen einen Halt findet. Zudem ist jedem Kunkie noch ein zweiter zahmer Elefant als Reserve beigegeben, eine Art Boxer, der den wilden Elefanten mit Rippenstößen reguliert, falls er seine zahmen Kameraden angreifen sollte. Die Kornaks reichen ihrem Reittier Stricke zu, die es mit dem Rüssel erfaßt und über den wilden Elefanten wirft; Mensch und Tier arbeiten gemeinsam, und bald befindet sich der Hals des Gefangenen in einer Schlinge. Mit Schnelligkeit wird die Schlinge an einem Baum befestigt, noch schneller gleiten die Kornaks von ihren Tieren und befestigen, während die zahmen Elefanten den wilden in Schach halten, mit affenartiger Geschwindigkeit Taue an den Füßen, um auch diese Schlingen an dem nächsten Baum zu verankern. Das gefangene Tier ist nun derartig gefesselt, daß es sich nur wenig bewegen kann. Man muß nicht glauben, daß die Riesentiere, die sonst die Könige ihres Gebietes waren und keinen Feind anerkannten, die schmachvolle Fessel ruhig ertrügen. Bei ihren verzweifelten Anstrengungen, sich zu befreien, schneiden die Stricke tief in die Haut. Eine Anzahl der Tiere geht zugrunde, viele tragen tiefe Wunden davon. Manchen indischen Elefanten, der auf direktem Wege in meinen Garten gelangte, habe ich noch wochenlang behandeln müssen, ehe seine Wunden verheilt waren.

Johannsen.

Außer diesem Massenfang wird auch der Einzelfang betrieben, der ganz der Jagd auf junge Elefanten in Afrika ähnelt. Schlanke, gewandte Afghanen verfolgen eine Herde und schleichen sich im Dschungel ganz dicht an sie heran. Ein plötzliches Geschrei treibt die Tiere in die Flucht, aber die Jäger folgen schnell, und ihrer Gewandtheit gelingt es, die Kälber von den Alten zu trennen. Ein Teil der Jäger hält die Herde unter steter Verfolgung durch Geschrei und Lärm auf der Flucht, während die anderen Leute eine Schlinge aus Ochsenhaut um ein Hinterbein des zurückgebliebenen Elefantenkalbes schleudern, das Tau dann schnell an einen Baum befestigen und das Tier zu Fall bringen.

Der Transport wilder Tiere, mögen sie nun frisch gefangen oder in der Gefangenschaft geboren sein, ist eine Wissenschaft, die man nur in der Praxis studieren kann. Und da es mir vorbehalten war, diese Praxis so recht eigentlich wieder ins Leben zu rufen, so habe ich auch

Tiertransport aus dem Innern Afrikas mit Elenantilopen.

reichlich das Lehrgeld bezahlen müssen. Die Kunst der Verschiffung fremdartiger Tiere, die alle nach ihrer Eigenart behandelt werden wollen, die Technik der „Verpackung", die dem Tiere Luft und eine gewisse Bewegungsfreiheit läßt, das geeignete Futter, welches die Gesundheit verbürgt – alles ist mit Opfern erkauft. Wenn die Transporte aus Nord und Süd, aus Ost und West in Europa landen, beginnen neue, anders geartete Schwierigkeiten. Die exotischen Gäste werden in Eisenbahnwagen gezwängt und herumgerüttelt. Das Führen vom Schiff zu einem Stall, vom Stall zur Bahn, das Ein- und Ausladen ist mit manchen Zufällen und Widerwärtigkeiten verbunden. Manches darüber habe ich schon in der Entwicklungsgeschichte des Tierhandels erzählt. Heute besitzen wir einige Erfahrung im Transport, auch die Verkehrswege sind geregelt; aber es gab eine Zeit, da zum Beispiel die Verschiffung eines Elefanten zu einer Art von märchenhaftem Ereignis wurde.

Die Hamburg-Amerika-Linie, die heute im Verkehrswesen an der Spitze marschiert, war damals sehr schwerfällig, und Tiere auf ihren

Dampfern mitzunehmen, ging ihr ganz und gar wider den Strich. Nach langem Hin- und Herhandeln kam man endlich überein, das Tier für den Preis von 250 Pfund Sterling (5 000 Mark) auf Deck unterzubringen. Da keine Möglichkeit vorhanden war, den Elefanten anderweitig zu verladen, so mußten sich die Engländer dazu bequemen, diesen enor-

Elefanten-Verladung.

men Preis zu bewilligen. Dazu kam aber noch die Wohnung des Tieres, ein Kasten, vierzehn Fuß lang, zehn Fuß hoch und sieben Fuß breit, sowie die Verladung. Der Kasten wurde auf Steinwärder bei Hamburg aus zweieinhalb Zoll dicken Bohlen zusammengebaut, mit riesigem Eisenbeschlag versehen und auf dem Verdeck des Dampfers neben dem Schornstein befestigt. Der Elefant sollte nun zu Fuß an Bord gehen und dann in den Kasten genötigt werden. Zu diesem Zweck mußte extra eine Brücke vom Ufer auf das Schiff gebaut werden; kräftige Böcke, deren Fundament der Boden einer großen Schute war, stützten die Brükke, und als alles bereit war, ging es denn an die Verladung.

Die Verladung gestaltete sich zu einer wahren Komödie. Es war am ersten Pfingstmorgen, als ich mit dem Tier an der Brücke anlangte. Der

Elefant war außerordentlich ruhig und gelassen; ich habe überhaupt niemals einen zahmeren und gutmütigeren Elefanten kennengelernt. In der langen Zeit, die das Tier bei mir gestanden hatte, war ich sehr vertraut mit ihm geworden, ich konnte es mir deshalb erlauben, es beim Ohr zu packen und auf die Brücke zu geleiten, während der Wärter es auf der anderen Seite führte.

Nachdem der Elefant mit den Vorderfüßen die Brücke sorgfältig befühlt hatte, ging er sehr ruhig einige Schritte vorwärts, machte dann aber plötzlich halt und ging wieder zurück. Vielleicht hatte er in den Bohlen der Brücke, die ja ein Ponton war, ein leises Schwanken bemerkt. Kurz, er war nicht zu bewegen, die Brücke zu passieren. Nach verschiedenen Nötigungen ließ ich an beiden Vorderfüßen je ein starkes Tau befestigen und gab jedes in die Hände von zwanzig Mann, die zusammen, also vierzig Mann hoch, die ganze Mannschaft des Schiffes darstellten. Ich selbst wirkte als Stratege: rief ich „links", so zogen zwanzig Mann am linken Vorderfuß, rief ich „rechts", dann trat die andere Abteilung in Aktion. Der Elefant ließ sich das ruhig gefallen, bis er nur noch wenige Schritte vom Verdeck entfernt war. Da zog er plötzlich das linke Vorderbein mit einem Ruck zurück, und zwanzig Mann purzelten übereinander am Boden hin. Ich bekam einen nicht geringen Schreck, jedoch unnötigerweise, denn das Tier war absolut gleichmütig und schritt nach dieser Kraftleistung ganz ruhig auf das Verdeck und in seinen Kasten hinein. Das Ganze drängte sich einem wie eine bewußte Komödie auf, es war, als wenn der Elefant nur hätte zeigen wollen, daß das Ziehen doch nichts genützt hätte, wenn er nicht gutwillig hätte mitgehen wollen. Ich glaube, wenn Elefanten lachen könnten, dieser hätte nach Ankunft in seiner Box gelacht.

II. Raubtiere in Gefangenschaft

Mancher wundert sich vielleicht darüber, daß mich von den vielen Tausenden wilder Tiere, mit denen ich in Berührung gekommen bin, noch keines verspeist hat. Gewiß, es mag zum Teil auf Vorsicht und Geschick zurückzuführen sein, daß mich noch kein Tiger gefressen, kein Elefant unter die Füße getrampelt, kein Büffel mit dem Horn durchstoßen und keine Schlange in ihren Ringen erdrückt hat. Nahe daran war es allerdings häufig genug, und ich werde noch manches kleine Abenteuer zu erzählen haben. Andererseits tut man aber auch den wilden Tieren mit der schlechten Meinung, die man von ihrem Charakter hat, unrecht, besonders den Raubtieren, von denen man sagen kann, sie sind besser als ihr Ruf. Man mag mir glauben, wenn ich behaupte, daß ich unter Löwen, Tigern und Panthern manchen guten Freund besessen habe, mit dem ich so vertraulich verkehren konnte wie mit einem Haushunde. Und zwar war diese Liebe keineswegs einseitig. Auch von den Tieren wurde mir eine treue Anhänglichkeit und langandauernde Freundschaft entgegengebracht, die auch dann noch anhielt, wenn die Tiere längst eine andere Heimat gefunden hatten.

Das Gedächtnis der Raubtiere für Menschen, die ihr Vertrauen gewonnen haben, ist nämlich ganz erstaunlich. Vor reichlich vierzig Jahren kaufte ich einmal ein Paar junger Tiger, wovon einer an einer starken Erkältung erkrankte und über beide Augen eine bläuliche Haut bekam, die das Tier blind machte. Monatelang pflegte ich den kranken Tiger und machte ihm sein Los so erträglich als möglich. Jeden Tag mußte ich zu dem Patienten in den Käfig kriechen, denn anders war er nicht zu erreichen. Auf diese Weise bildete sich ein vertrauliches Verhältnis, und schließlich wurde meine Aufopferung auch belohnt, denn das Tier wurde wieder ganz gesund. Später wurde es mit seinem Genossen an den damaligen Direktor des Berliner Zoologischen Gartens verkauft. Hier hat das Paar noch lange Jahre gelebt, und bis zu seinem Tode hat mir der Tiger, den ich heilte, die treueste Anhänglichkeit bewahrt. Häufig sah ich ihn lange Zeit nicht, er brauchte aber nur, und zwar ganz unvorbereitet, meine Stimme aus der Ferne zu vernehmen, um sogleich in freudige Aufregung zu geraten. Kam ich näher, so begann er zu mauen und zu schnurren, wie Katzen tun, um mich auf sich aufmerksam zu machen.

Junges Rhinozeros an Bord.

Nicht eher gab sich das Tier zufrieden, bis ich herantrat und mich eine Weile mit ihm beschäftigte. Ein staunendes Publikum stand manchmal ringsumher und wußte nicht, was es aus dieser seltsamen Begegnung machen sollte.

Im Zoologischen Garten des Bronx Park zu New-York machte ich vor einigen Jahren einen interessanten Versuch. Dort leben zwei Löwen und ein Königstiger, die mir einst sehr zugetan waren, mich nun aber lange nicht gesehen hatten. Der Direktor bezweifelte, daß die Tiere mich wiedererkennen würden, und äußerst gespannt begleitete er mich in das Raubtierhaus. Schon als ich in die Tür trat und mich den Käfigen näherte, wurden die Tiere aufmerksam und starrten mich an, wie Menschen es tun würden, die sich auf etwas besinnen; als ich sie aber bei ihren Namen rief, wie ich es in Hamburg zu tun pflegte, sprangen sie sofort auf und liefen mit lautem Schnurren ans Gitter, wo sie sich von mir krauen und streicheln ließen. Der Direktor war ganz erstaunt. Zweifellosere Beweise des guten Gedächtnisses und der Anhänglichkeit von Raubtieren lassen sich wohl kaum geben.

In der offenen Raubtierschlucht zu Stellingen kann man einen alten Löwen kennenlernen, der bereits achtzehn Jahre in meinem Besitze ist und das Gnadenbrot erhält. Der Name des alten Knaben ist „Triest"; so wurde er getauft, als er vor vielen Jahren über Triest eingeführt wurde. „Triest" ist ein großer Somalilöwe und war in seiner

In der Raubtierschlucht.

Jugend sehr schön, ist auch jetzt noch recht stattlich. Er ist zahm, treu und anhänglich wie ein Hund, und wie mit einem Hunde, so verkehre ich auch mit ihm. Im verflossenen Sommer bemerkte ich eines Tages mit Bedauern, daß mein alter Genosse lahm war, und weitere Beobachtung zeigte, daß er Schmerzen litt und abmagerte. Bei genauerer Untersuchung stellte ich fest, daß dem Tier an jedem Hinterfuß zwei Krallen ins Fleisch gewachsen waren. Nun glaubt man vielleicht, daß eine schwierige Operation mit Binden und Knebeln und mit Lebensgefahr für die Operateure nötig gewesen wäre. Nichts von alledem. Mit „Triest“ geht man um wie mit einem guten, verständigen Menschen. Man legte den Löwen nieder, knipste die Krallen mit einer großen, scharfen Zange ab und zog die Spitzen heraus. Der Löwe hielt während der ganzen, keineswegs schmerzlosen Prozedur ganz still. Die Wunden wurden während mehrerer Tage gut ausgewaschen und heilten. „Triest“ ist wieder auf dem Damm und nimmt an Körperumfang zu.

Als ein Seitenstück zu diesem Löwen, nämlich was Zahmheit anbelangt, kann ein großer sibirischer Tiger gelten, der im Sommer 1893 aus Wladiwostok an den Zoologischen Garten in Hamburg und von hier aus an mich verkauft wurde. Dieser Tiger war wirklich so zahm wie ein Haustier. Ich konnte alles mit ihm machen und hätte ihn ganz ruhig mit in die Stube nehmen können. Außerdem war es ein schönes Tier, und da ich mich nur schwer von ihm zu trennen vermochte, blieb er über ein Jahr in meiner Obhut. Jeden Morgen, wenn ich die Runde machte, besuchte ich meinen Liebling und liebkoste ihn, während er sich vor Freude umherwälzte. Lief ich indes in der Eile an seinem Käfig vorbei, ohne ihn zu begrüßen, dann machte er mich durch mauende Töne darauf aufmerksam, daß ich noch nicht bei ihm gewesen sei.

Manches von dem, was ich hier schreibe, wird vielen Leuten widersinnig erscheinen. Die Raubtiernatur ist in der Volksmeinung mit Hinterlist, Wildheit und Grausamkeit verbunden. Aber die Tiere sind nicht grausam. Die Natur hat sie darauf angewiesen, in der Freiheit lebendiges Fleisch zu erjagen, und sie müssen töten, um leben zu können. Wir vergessen nur zu leicht, wie viele Millionen Tiere zur Nahrung der Menschheit geschlachtet, erjagt und aus dem Meere gefangen werden müssen, und daß man auch dem Menschen, der seine Mitgeschöpfe töten muß, um seinen Nahrungsbedarf zu decken, den Vorwurf der Grausamkeit machen könnte. Wie wir, liebt auch das Raubtier seine Jungen, es kann zärtlich, dankbar, anhänglich und treu sein. Freilich stößt man auch auf manchen Rowdy, aber dann ist es entweder ein wildgefangenes Exemplar oder ein Opfer schlechter Erziehung. Alle Raubtiere ohne Ausnahme sind, wenn man sie jung erhält und richtig behandelt, wie Haustiere zu erziehen. Die sogenannte „wilde Natur" kommt nicht zum Durchbruch, wenn man es nicht darauf anlegt, die Tiere in Wut zu versetzen, und das kann man auch mit Tieren, die von Haus aus zahm sind. Was durch Zähmung wilder Tiere zu erreichen ist, darüber habe ich nach und nach wohl mehr Versuche angestellt als irgendeiner der Mitlebenden. Natürlich muß man auch das richtige Verständnis und eine vorurteilsfreie Liebe zur Tierwelt besitzen. Dann wird man beobachten können, daß in jedem Tiere, wie im Menschen, Gut und Böse verteilt sind, und daß das Gute sich entwickeln, das Böse sich unterdrücken läßt. Auch manchen Beweis einer tieferen Gefühlsregung wird man entdecken.

In den siebziger Jahren erhielt ich aus dem ägyptischen Sudan unter verschiedenen Tieren auch ein Paar etwa einjähriger Löwen. Diese Tiere waren in der Seriba im Innern Afrikas im Freien und an Ketten gehalten worden. Unter den vielen anderen Tieren, die ganz frei in der Seriba umherliefen, befand sich auch ein Äffchen, eine rote Meerkatze, welche sich mit den jungen Löwen anfreundete und ihr Spielgenosse wurde. Auf der Reise nach Europa wurde die Meerkatze stets in der Nähe der Löwen gehalten, man band sie auf dem Käfig fest, in welchem die Löwen durch die Wüste transportiert wurden. Sobald die Karawane ihr Lager aufschlug, wurden die Löwen aus dem Kasten genommen und neben dem Affen angebunden. So machte diese kleine Gesellschaft die Reise bis nach Hamburg. Auch hier wurden die Spielgenossen nicht getrennt, im Gegenteil, die beiden Löwen und der Affe kamen in einen gemeinsamen Käfig. Es war eine Freude, die Tiere miteinander spielen zu sehen. Die ganze Gruppe wurde nach einigen Monaten an den Menageriebesitzer Albert Kallenberg verkauft, der die Tiere noch weitere vier Jahre besaß. Der Affe erhielt bei der Fütterung stets ein kleines Stück Fleisch und verzehrte es ebenso, wie die Löwen ihre großen Stücke verzehrten. Niemals wurde die Harmonie gestört. Aber eines Tages wurde das Äffchen durch seinen eigenen Fürwitz doch von dem traurigen Geschick ereilt, das diejenigen trifft, die mit großen Herren Kirschen essen wollen. Das Äffchen vermaß sich, Sr. Majestät dem König der Wüste einen Knochen wegzunehmen, und der König schlug in der ersten Überraschung so unglücklich nach dem armen Hofnarren, daß er ihn sofort tötete. Die Reue und die Trauer kamen hintennach. Wie mir Herr Kallenberg selbst erzählte, haben die beiden Löwen tagelang in mauenden Tönen geklagt und gewinselt, ehe sie ihren Spielgefährten vergessen konnten.

Mit wildgefangenen Raubtieren ist das Umgehen schwieriger; einen gewissen Schliff kann man ihnen ja durch Geduld beibringen, aber zu den Dressuren, wie man sie jetzt überall vorführt, sind diese in ausgewachsenem Zustande eingefangenen Raubtiere nicht zu gebrauchen. Den wildesten Tiger, den ich je gesehen habe, erhielt ich zu Anfang der neunziger Jahre von Kalkutta, er war auch zugleich der größte und schwerste Bengal-Tiger, der mir vorgekommen war. Vielleicht war es überhaupt das wildeste Tier, welches ich kennengelernt habe. Am ersten Tage seines Hamburger Aufenthaltes, als ich mich dem Käfig näherte, flog das Tier förmlich an das Gitter und streckte die Vorderpranken so weit heraus, als es nur konnte, um mich zu erhaschen. Ich befleißigte mich einer achtungsvollen Entfernung. Die Wildheit des Tigers konnte mir indes nicht sehr imponieren, und ich zeigte es ihm. Täglich machte ich dem Tiere meinen Besuch, imitierte, sobald ich in seine Nähe kam, das Schnurren der Tiger, redete es sozusagen in seiner eigenen Sprache an. Das Tier wurde von Tag zu Tag ruhiger, es sprang zwar noch aus seiner Ecke heraus wütend gegen das Gitter, schlug aber bald nicht mehr mit den Tatzen nach mir. Nach acht Tagen begann ich, dem Tiger bei jedem Rundgang ein kleines Stück Fleisch mitzunehmen: der Weg zum Herzen geht durch den Magen – auch bei den Tieren. Nach vier Wochen konnte ich es bereits wagen, das Tier zu berühren, aber äußerste Vorsicht war dabei nötig, denn ab und zu forderten diese Versuche das Tier heraus, mit seinen Pranken gegen mich loszuschlagen. Diesen Tiger habe ich etwa drei Monate beherbergt. In der letzten Zeit hatte er schon begriffen, daß man ihm nichts Böses antun wollte, er kam freiwillig ans Gitter, legte sich nieder und ließ sich von mir streicheln. Seine Wildheit hatte er vergessen. Sie kehrte auch nicht zurück, denn im Dresdener Zoologischen Garten, wo das Tier untergebracht wurde, ward es schließlich so zahm, daß Direktor Schoepf wie auch der Wärter es ruhig anfassen und liebkosen durften.

Dem Publikum, das mit heimlichem Grauen den Vorführungen der Tierbändiger beiwohnt, mag es so scheinen, als ob ich hier aus der Schule schwatze, und als ob die Raubtiere eigentlich nur eine Art fleischfressender Lämmer seien. Ich schreibe indes nur die Wahrheit; in meinem Kapitel über die Dressuren wird man sehen, daß die Sache doch nicht so ganz einfach ist. Der vielfachen Gutmütigkeit der Raubtiere aber hat mancher, der mit ihnen beruflich zu tun gehabt hat, sein Leben zu danken.

Mir fällt da ein eigenartiges nächtliches Abenteuer ein, geeignet, auch den Mutigsten das Gruseln zu lehren. Anfang der sechziger Jahre brach ich mit einem großen Tiertransport, der aus Frankreich und Belgien stammte, von Köln nach Hamburg auf. Unter den Tieren befand sich auch ein vierjähriger Löwe. Alle Tiere wurden in Gitterkästen eingepackt und zusammen in einem Waggon verladen. Als Begleiter ging der damalige Inspektor des Zoologischen Gartens in Köln, namens Druard, mit. Als alles fest und sicher verstaut war, machte Druard sich's in dem Waggon auf einem Kasten bequem und schob die Tür zu.

Durch die Nacht rollte der Eisenbahnzug. Druard lag in tiefem Schlummer, vielleicht umgaukelte ihn gerade ein schöner Traum. Plötzlich fühlte er einen schweren Druck auf seiner Brust und erwachte. Im Dunkel leuchteten dicht vor seinem Gesicht zwei grünliche Lichter, ein heißer Atem wehte ihn an, und zaghaft um sich greifend, faßte er die zottige Mähne des Löwen. Eine Sekunde lag der zu Tode Erschrockene ganz ruhig, er hoffte, daß alles nur ein wüster Traum sei. Aber es war Wirklichkeit. Der Löwe hatte sich aus seinem Kasten befreit und stattete dem einsamen Schläfer einen Besuch ab. An den Verkehr mit Tieren gewöhnt, faßte Druard sich schnell; das Tier war ihm als gutmütig bekannt, es galt, keine Furcht zu zeigen. Bis zur nächsten Station mußte er mit dem Löwen den Raum teilen, da half kein Gott. Alles kam darauf an, den Löwen bei guter Laune zu erhalten und ihn zugleich zu fesseln, damit nicht unter den eingeschlossenen Tieren und dem befreiten Löwen Händel ausbrächen. Geschah das, dann war auch der Mann verloren. Ruhig löste Druard eine seidene Schärpe, die er um den Leib trug, und legte sie wie einen Strick um den Hals des Löwen. Dann tastete er sich durch den rollenden und schüttelnden dunklen Wagen bis zur Tür und band den Löwen an einem Griff fest. Die Minuten, die Druard in seiner gefährlichen Situation zubrachte, mögen ihm zu Stunden geworden sein. Auf der nächsten Station schlug er Lärm, ließ sich durch den Schaffner eine Laterne in den Wagen reichen, und es glückte ihm, den Ausbrecher wieder in seinen Kasten zu befördern, vor den nun eine Anzahl anderer schwerer Kisten hingeschoben wurde. Erst in Hamburg, wo damals die Tiere ausgeladen wurden, konnte der Löwenkäfig vernagelt werden. So endete dieses unblutige Abenteuer, das einem ängstlichen und unbesonnenen Manne leicht hätte den Hals kosten können.

Siesta im Walde.

Die Fälle, in denen Menschen von gefangenen Raubtieren angefallen und zerfleischt werden, sind glücklicherweise selten. Häufiger sind die Kämpfe der Tiere untereinander, wenn sie nicht sorgfältig beobachtet und gegebenenfalls getrennt werden. Wie in der Menschenwelt, so heißt es auch hier meistenteils: cherchez la femme. In einer Gruppe, welche Heinrich Mehrmann in Chicago, Berlin und anderen Plätzen vorführte, befanden sich der große importierte Kaplöwe „Leo“ und der bengalische Königstiger „Castor“. Der Löwe war Junggeselle, aber der Königstiger hatte eine sehr schöne Bengaltigerin zur Gemahlin. Der Löwe verliebte sich in die Tigerin, und es entstand zwischen den beiden Rivalen ein gespanntes Verhältnis, das mit einer großen Kampflust einherging. Der Tiger war eifersüchtig wie ein Türke; der Löwe, im Vollbewußtsein seiner Kraft, kehrte sich nicht daran und machte der gestreiften Schönen trotzig den Hof. Da, eines Morgens, als ich in meinem Tierpark am Neuen Pferdemarkt spazieren ging, tönte mir aus dem großen Außenkäfig ein furchtbares Gebrüll entgegen. Sofort eilte ich auf den Kampfplatz. Richtig, zwischen dem Löwen und dem Königstiger fand ein blutiges Duell statt. Beide standen auf den Hinterbeinen und gaben einander so gewaltige Ohrfeigen, daß die Haare nur so im Käfig herumstoben. Den Anblick, als die beiden großen Tiere in Kampfstellung einander gegenüberstanden, beide ihrer Stärke bewußt, im Begriffe, auf Leben und Tod miteinander zu kämpfen, werde ich nie vergessen. Die Tiere waren aber zu wertvoll, als daß dieser Eifersuchtskampf mit dem Tode des einen von ihnen hätte enden sollen. Schnell sprang der Wärter dieser Gruppe, welcher zufällig in der Nähe war, in den kleinen Vorkäfig und von hier mutig in den großen Käfig, wo er durch Anrufen und Knallen mit der Peitsche die Rivalen auseinandertrieb. Zahlreiche Haarbüschel und Blutspuren waren Zeugnis des stattgefundenen Kampfes.

Alle Raubtiere, und besonders die Löwen und Tiger, sind während der Brunftzeit sehr aufgeregt. Ich habe es an meinen besten vierfüßigen Freunden erlebt, daß sie mir während dieser Zeit mürrisch begegneten und ganz unzugänglich waren. Die Verliebtheit der Tiere nimmt eine Art Siedegrad an, und noch größer als die Zärtlichkeit gegen die Geliebte ist die Eifersucht auf etwaige Nebenbuhler. Und einen Nebenbuhler sieht der verliebte Löwe in jedem, der sich der Löwin nähert. Er ist komischerweise nicht nur eifersüchtig auf seinesgleichen, sondern sogar auch auf Menschen, die Wärter nicht ausgenommen, sobald sie sich der Löwin nähern.

Löwen werden nach meinen Erfahrungen bei guter Pflege leicht über dreißig Jahre alt. Schon mit zweieinhalb Jahren können sie als zuchtfähig gelten; um aber kräftige Junge zu erzielen, ist es geratener, ein Jahr länger zu warten. Bei Tigern trifft die Zuchtfähigkeit, nach meinen Beobachtungen, in der Gefangenschaft erst ein Jahr später ein. Die Fortpflanzungsfähigkeit dauert bei allen Katzenarten etwa zwölf Jahre, hört also mit dem sechzehnten oder siebzehnten Jahre auf.

Ich selbst habe unter vielen anderen glücklichen Zuchtversuchen im Jahr 1906 von einem Paar wildgefangener Schneepanther zwei schöne Junge gezogen, die von der Mutter zärtlich gepflegt wurden. Die Eltern waren Krüppel, beiden fehlte je ein Hinterfuß. Da diese Tiere sich schwer verkaufen ließen, arrangierte ich ihnen in einem Wagenkä-

„Die Jüngsten der Familie Hagenbeck."

fig einen schönen Schlupfwinkel und stellte den Käfig so auf, daß die Tiere in keiner Weise gestört werden konnten. Nach kaum zwei Monaten waren Anzeichen einer gegenseitigen Zuneigung zu bemerken, und Mitte Mai meldete mein Wärter, daß zwei Junge angekommen seien. Selbstverständlich wurde nun erst recht auf Ruhe gesehen, nachmittags wurden die Tiere gefüttert und getränkt und der Wagen gereinigt, in der übrigen Zeit ließ man die Tiere in Frieden. Nach vier Tagen nahm ich auf einen Augenblick die Klappe fort, welche den Schlupfwinkel abschloß, und nun sah ich zwei niedliche Junge in einem Nest, welches die Alten mit Haaren aus ihrem Winterpelz warm ausgepolstert hatten: Leider fanden wir den Vater dieses Wurfes vier Wochen später tot im Käfig vor. Die Mutter aber und die Jungen leben heute noch.

Die Löwen und Tiger, welche in der Raubtierschlucht meines Tierparkes untergebracht sind, die bekanntlich kein Gitter besitzt, sondern nur durch einen Graben vom Publikum getrennt ist, werden Sommer und Winter ohne Ausnahme jeden Tag ins Freie gelassen. Das Wetter stört die Tiere sehr wenig, sie toben im Winter viel mehr im Freien herum als im Sommer, wenn es heiß ist. Jeden Morgen wird die Schiebetür zwischen Käfig und Schlucht geöffnet, so daß die Tiere hinausgehen können, aber es steht in ihrem Belieben, sich stets wieder in den inneren Raum zurückzuziehen. Die Natur kommt den Tieren zu Hilfe und ermöglicht es ihnen, sich dem Klima anzupassen. Wir haben die Beobachtung gemacht, daß die exotischen Tiere, die im Winter nicht eingesperrt werden, einen dichteren Pelz bekommen, der sie gegen die Kälte schützt.

Da, wie ich schon erzählt habe, auch ohne Zutun der Menschen Liebesverhältnisse zwischen Löwen, Tigern und anderen Katzenarten vorkommen, so liegen Kreuzungsversuche nahe. Ich habe von Löwen und Königstigern mehrfach Junge gezogen und besitze noch jetzt von solchen Bastarden ein Männchen im Alter von fünfeinhalb Jahren, sowie ein Männchen und ein Weibchen im Alter von dreieinhalb Jahren. Der Herr Papa war ein kleiner Somalilöwe und die Mutter eine ebenfalls nur kleine Bengaltigerin. Die jungen Tiere wurden aber bedeutend größer als die Eltern. Der eine männliche Bastard besitzt eine solche Größe und so kolossale Körperformen, daß er allein so viel wiegt wie die beiden Alten zusammen. Es sind schöne, große, außerordentlich kraftvolle, ganz schwach gestreifte Tiere mit starkem Kopf. Wer sie zuerst sieht, glaubt in einen Vexierspiegel zu blicken und weiß im Augenblick nicht, ob er Löwen oder Tiger vor sich hat. Die Tiere sind außergewöhnlich zahm, von mildem Temperament, jedoch nach den bisherigen Beobachtungen leider nicht fortpflanzungsfähig.

Eine Kreuzung von Leopard und Silberlöwe wurde auf meine Veranlassung in einer kleinen englischen Menagerie vorgenommen. Es wurden auch mehrere Junge erzielt, doch gingen alle zugrunde, bis auf eins, das aber weder in Größe noch Aussehen ein bemerkenswertes Produkt darstellte. Auch zwischen einem Königstiger und einem Leopardenweibchen hatte sich im Garten einmal etwas angesponnen; das Junge wurde zu früh geboren und war nicht lebensfähig. Ich weiß ferner von einer glücklichen Ehe zwischen einem Löwen und einem Leopardenweibchen. Dreimal warf die Leopardin, aber leider entpuppte sie sich als ein Scheusal ohne jedes mütterliche Gefühl, denn sie fraß ihre Jungen gleich auf.

Sehr interessante Bastarde wurden in dem jetzt leider eingegangenen Zoologischen Garten zu Stuttgart gezüchtet, nämlich von Braunbären und Eisbären. Kürzlich sah ich noch einige dieser Tiere, die sich jetzt im Zoologischen Garten zu London befinden. Sie sind sehr schwer und groß, aber nicht größer als die Eltern. Der eine ist ein ganz komischer Kerl, nämlich ein Schecke, sein Fell ist halb grau-braun und halb weiß. Wie die alten Landsknechte in der alten Zeit scheint er ein verschiedenfarbiges Wams und verschieden gefärbte Hosenbeine zu besitzen.

III. Elefanten-Erinnerungen

Die allgemeine Ansicht, daß der Elefant zu den klügsten Tieren gehöre, kann auch ich bestätigen. Mehr als bei den meisten anderen Tieren treten beim Elefanten besondere Eigentümlichkeiten hervor, die jedem Tier seinen besonderen Charakter verleihen. Erstaunlich sind Gedächtnis und leichte Auffassungsgabe. Geistig sind diese Tiere keine Dickhäuter. Sie besitzen etwas Entschiedenes in ihrer Liebe wie in ihrem Haß, treffen eine sorgfältige Auswahl unter denen, welche sie mit ihrer Gunst beschenken, und unter ihresgleichen nimmt diese Auswahl, besonders in Liebesangelegenheiten, ganz bestimmte Richtungen an. Darwin wunderte sich darüber, daß ein gewisser englischer Hengst nicht alle Stuten annahm, die man ihm zuführte, sondern einige bevorzugte und andere verschmähte. Der Elefant ist dem Pferde weit voraus und besitzt ein ausgesprochenes, beinahe dem menschlichen Gefühl verwandtes Differenzierungsvermögen.

In dieser Beziehung hatte ich häufig Gelegenheit, die interessantesten Studien zu machen. Von diesen Tieren kann man im wirklichen Sinne des Wortes sagen, daß sie sich verlieben können. In meinem Elefantenpark verliebte sich vor einigen Jahren ein eben zur Reife gelangter Bulle in ein junges Weibchen. Die Zuneigung war gegenseitig, und es war hochinteressant, die beiden Tiere einander zärtlich liebkosen zu sehen. Mit allen Mitteln habe ich um der Wissenschaft willen versucht, einen Keil in diese Ehe zu treiben, aber es gelang nicht, obgleich wahrhaft raffinierte Mittel angewendet wurden. Bei einer Gelegenheit wurde dem Liebhaber während eines Schäferstündchens die Geliebte entführt und an ihre Stelle eine andere, etwas ältere, recht verliebte Elefantenkuh gesetzt – aber er verschmähte sie und gebärdete sich ganz verzweifelt.

Groß, wie die Liebe der Ehegatten untereinander, ist auch die Liebe

Im Elefantendepot von John Hagenbeck auf Ceylon.

und Zärtlichkeit gegen die Jungen. Auch den Verkehr zwischen Eltern und Kindern habe ich häufig beobachten können. Aber weit interessanter war es mir, zu sehen, daß auch andere Elefanten, die nicht zur Familie gehören, sich spielend mit den Jungen beschäftigen und ganz offenbar ein ähnliches Gefühl für die Kinder ihrer Welt besitzen wie wir für unsere Kinder. Die Elefantenkälbchen sind so munter und spielerisch wie Zicklein. Sie sind zu allen möglichen mutwilligen Streichen und Neckereien aufgelegt, kriechen fremden Elefanten unter den Bauch und stoßen sie und führen allerlei Bewegungen aus, die man einem so plumpen Tier kaum zutrauen würde. Mit meinen indischen Kornaks führten die Elefantenkälber manchmal förmliche Ringkämpfe auf, und

Afrikanischer und indischer Elefant.

lag ein Mann, vom Gegner niedergeboxt, am Boden, dann trampelte der kleine Sieger vor Freuden mit allen vieren auf ihm herum.

Aus dem Familienleben – wenn man so sagen kann – der Elefanten ergibt sich schon, daß es sich um geistig hochentwickelte Tiere handelt. Vieler Elefanten mit ganz bestimmten Charaktereigenschaften erinnert man sich, als ob es sich um Menschen handelte. Eine große Anzahl

Elefanten ist durch meine Hände gegangen, indes bin ich gerade durch Elefanten verschiedene Male in Todesgefahr gekommen. Kluge Tiere sind mit Launen behaftet, die man im Verkehr nicht immer in Rechnung ziehen kann. Schon zu Ende der sechziger Jahre war ich nahe daran, von einem Elefanten getötet zu werden. Ich hatte damals in Triest eine Menagerie gekauft, zu welcher auch ein acht Fuß hoher weiblicher Elefant gehörte, ein ganz gutmütiges Tier, das nur hin und wieder seine Macken hatte. Es dauerte jedoch nicht lange, da hatte ich mich mit „Lissy" angefreundet, ich ging nie vorbei, ohne ihr eine Handvoll Futter zu reichen, und die Dame sah mich denn auch mit den Augen der Liebe an.

Dressierter Elefant.

Unschuldigen Herzens, wie ich immer mit meinen Tieren verkehrt habe, ahnte ich denn auch nicht, daß es sich hier um einen Fall krasser Heuchelei handelte. Der Elefant pflegte ein Kunststück auszuführen, welches darin bestand, daß er seinen Wärter auf Kommando mit dem Rüssel in die Höhe hob und dann langsam wieder zur Erde setzte. Das Kommando, welches diesem Trick vorausging, lautete: „Lissy, Apport." Eines Tages, um die Mittagszeit, fand ich die Elefantendame allein in ihrem Stall, der Wärter war nicht anwesend. Da mußte mich der Teufel reiten und mir das Verlangen eingeben, von der Schönen auf dieselbe Weise umarmt und in die Höhe gehoben zu werden. wie sie es mit ihrem Wärter zu tun pflegte. Ich ging also an Lissy heran, schmeichelte ihr, fütterte sie mit einigen alten Rundstücken, faßte sie dann an den Rüssel und rief: „Lissy, Apport." Was die Heuchlerin nun mit mir anstellte, ist geradezu eine Gemeinheit und kann einem den Glauben an das weibliche Geschlecht verleiden. Scherzhaft war die Sache übrigens damals nicht, sondern lebensgefährlich, und um ein Haar hätte ich daran glauben müssen. Lissy kam dem Befehl zwar sofort nach, aber ich merkte gleich – freilich als es schon zu spät war –, daß sie nichts

Gutes im Sinne hatte, denn sie umfasste mich sehr unsanft. Im nächsten Augenblick schwebte ich in der Luft. Anstatt mich aber nun wieder auf den Boden zu lassen, schlug Lissy meinen Körper auf die vor ihr befindliche Holzbarriere, und zwar mit solcher Wucht, daß ich fast besinnungslos in die Menagerie hinüberflog. Hier blieb ich liegen und meinte nicht anders, als daß mir alle Knochen im Leibe zerbrochen seien. Aber Lissy hatte, für mich

Kongo-Zwergelefant.

glücklicherweise, eine Körperstelle mißhandelt, die etwas aushalten konnte. Nach einer Weile erst erschien der alte Wärter Philipp, leistete mir Erste Hilfe und machte mir dann berechtigte Vorwürfe über meinen Leichtsinn. Wochenlang humpelte ich mit Schmerzen in allen Körperteilen und Knochen herum. Ob die dumme Elefantenkuh heimlich darüber gelacht hat, weiß ich nicht. Meine Liebe hatte sie verscherzt.

Einen ebenso ernsten, womöglich noch gefährlicheren Fall erlebte ich mit einem fast sechs Fuß hohen Elefanten, welcher achtzehn Zoll lange Stoßzähne hatte. Ich hatte damals einen größeren Tiertransport nach Amerika zu verschiffen, zu welchem auch dieser große männliche Elefant gehörte. Da ich selber am Hamburger Sternschanzenbahnhof zu tun hatte – denn die Tiere wurden damals über Bremen nach Amerika geschickt –, überließ ich es den Wärtern, das Tier vom Stall zum Bahnhof zu bringen. Während ich im Waggon damit beschäftigt war, Kästen zu verstauen, wurde der Elefant, der sehr unruhig war, in den Waggon gebracht und in einer Ecke befestigt. Die Leute entfernten sich wieder, um andere Tiere zu holen, ich blieb mit dem Elefanten und nur einem meiner Leute allein. Während ich nun nichts ahnend beschäftigt war, erhielt ich plötzlich von hinten einen furchtbaren Stoß, sah an beiden Seiten die Zähne des Elefanten schimmern und wurde mir blitzschnell bewußt, daß das Tier mich an die Wand zu spießen versuchte. Der Stoß war heftig, aber glücklich: ich geriet mit dem Körper zwischen die Zähne, die mich furchtbar klemmten, zugleich wurde ich gegen die Wand gepreßt, machte aber wahrscheinlich instinktiv eine gewaltsame Drehbewegung und lag im nächsten Augenblick stöhnend am Boden. Von hier riß mich der mit im Wagen befindliche Mann fort. In dem Augenblick, als ich zusammenstürzte, glaubte ich, mir sei das Kreuz gebrochen, so furchtbar war der Schmerz im Rücken, aber ich war wieder einmal mit einem blauen Auge davongekommen. Bei der ärztlichen Untersuchung wurden Hautabschürfungen und Quetschungen festgestellt, aber keine ernstliche Verletzung. Die Zähne waren an beiden Seiten des Körpers durch Rock und Hose gegangen. Wäre das Tier auch

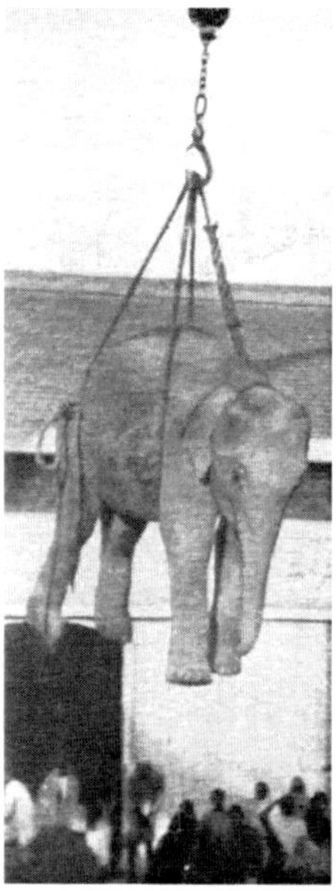

Elefanten-Verladung in Indien.

Afrikanische Elefanten.

nur zwei Zoll weiter von links oder rechts gekommen, dann hätte es mich durchbohrt, und ich wäre unrettbar verloren gewesen.

Zu etwas Freundlicherem! Unter meinen Elefantenbekanntschaften bilden die schlechten Charaktere und die Invaliden Ausnahmen, eine weit größere Zahl hat sich durch ihre Intelligenz, Gutmütigkeit und Anhänglichkeit in mein Gedächtnis eingeschrieben. Der gelehrigste und liebenswürdigste Elefant, den ich je besaß, war ein schönes männliches Tier von sieben Fuß Höhe, das ich vor etwa zwanzig Jahren von einem Hamburger Kaufmann erhielt. Lange Stoßzähne, die zwei Fuß maßen, zierten dieses Exemplar. Als mir dieser Elefant zum Kauf angeboten wurde, schwamm er noch, war noch unterwegs. Nach Briefen, die mir gezeigt wurden, sollte es sich um ein außergewöhnlich zahmes Tier handeln. Ein Besuch an Bord, nachdem das Schiff angekommen war, zeigte mir auch, daß es sich wirklich um ein zahmes Tier handelte.

Bei 20° R.

Es war schon spät im Herbst. Der arme Reisende war auf Deck verladen, stand ganz in der freien Luft und zitterte vor Kälte am ganzen Körper. Zudem war es ein miserables Wetter und das Tier in einem bedauernswerten Zustand. Es war leidend, wie ich schon an der Beschaffenheit der Exkremente sehen konnte. Mit dem Einverständnis des Verkäufers überführte ich das Tier zunächst nach dem Neuen Pferdemarkt, um abzuwarten, ob sich der Gesundheitszustand des Elefanten nach der günstigen Seite hin verändern ließe. Ein guter, warmer Stall, ein schönes Strohlager, sorgfältige, von mir

Erdrosselung eines kranken Elefanten.

persönlich überwachte Pflege wirkten Wunder. Zusehends erholte sich das Tier, und schon nach acht Tagen konnte ich es fest ankaufen. Auch die Intelligenz und Gutmütigkeit des Tieres trat sofort in die Erscheinung. Ich habe nie einen anhänglicheren Elefanten gesehen als diesen. Nachdem ich ihn erst einige Tage gepflegt hatte, rief er mich schon durch trompetende Töne, sobald er meinen Schritt oder meine Stimme hörte, und bettelte dann um den Extrabissen, den ich ihm zu reichen pflegte. In kurzer Zeit waren wir die besten Freunde. Der Elefant erhielt von mir den Namen „Bosco".

Alle Elefanten sind intelligent, aber die Leichtigkeit, mit welcher dieser alles begriff, was man von ihm verlangte, war einfach fabelhaft. Das

Bei der Dressur.

war nicht nur Verstand, sondern Talent. Die gewöhnlichen Faßarbeiten, wie man sie früher in den alten Menagerien zeigte, lernte er innerhalb weniger Tage. Hinsetzen und Hinlegen brachten wir ihm in einem Tage

Arbeitselefanten in Stellingen.

bei. Die geringsten Anregungen genügten, das Tier kam uns förmlich entgegen. Vier Wochen waren noch nicht vergangen, da marschierte Bosco auf Flaschen, konnte auf den Hinterbeinen und auf den Vorderbeinen stehen, setzte sich an einen gedeckten Tisch, zog die Glocke und ließ sich von einem Affen bedienen, trank aus der Flasche, nahm Speisen vom Teller, kurz, er war ein vollendeter Künstler geworden.

Die Gelehrigkeit der Elefanten ist etwas Erstaunliches. Schon viele Jahre sind es her, als ich von einem Breslauer Theaterdirektor den Auftrag erhielt, einen jungen Elefanten zu liefern, der zum Reiten abgerichtet sein müsse. Das Tier sollte in einer Schaustellung mitwirken und in etwa vierzehn Tagen abgeliefert werden. Unglücklicherweise mußte ich gerade eine Reise antreten, die mich länger fernhielt, als ich vorausgesehen hatte. Erst zwei Tage vor dem Ablauf des Termins kehrte ich zurück. In der damaligen Zeit war ich noch Geschäftsinhaber, Reisender, Korrespondent, Dresseur – alles in einer Person. Ich machte mich sofort an die Dressur meines Elefanten. Die ersten zwei Stunden kosteten manchen Tropfen Schweiß, blieben aber nicht ohne

Bei -40° am 12. Februar 1900. 110 Km vor Destersund-Ström.

Erfolg. Nach zwei weiteren Stunden hatte ich das Tier schon so weit, daß es sich auf Kommando legte, mich auf seinen Rücken steigen ließ und auf Kommando wieder aufstand. Das war die Dressur eines Tages. Am zweiten bekam ich ihn so weit, daß er sich in der Menagerie auf und ab reiten ließ, und an demselben Abend wurde das Tier in Begleitung eines Wärters, der bei der Dressur geholfen hatte, nach Breslau verladen. Mein Schüler machte mir keine Schande, auch vor der Öffentlichkeit leistete er seine Dienste in bester Weise.

Über allerlei Erlebnisse bei dem Transport von Elefanten habe ich schon in meinem Kapitel über die Entwicklungszeit des Tierhandels mancherlei erzählt. Hier aber kommt mir noch eine traurige Erinnerung aus dem Jahre 1868, die so recht zeigt, wie auch in der Tierwelt der Goliath einem David zum Opfer fallen kann. Mit einem großen afrikanischen Tiertransport war ich von Triest angekommen; volle neun Tage, einschließlich eines zweitägigen Aufenthalts in Wien, hatte die Reise gedauert, Menschen und Tiere waren müde und erschöpft. Es war schon spät abends geworden, als ich alle meine Tiere, unter denen sich auch mehrere junge Elefanten befanden, in den verschiedenen Stallungen untergebracht hatte und mich endlich nach einer letzten Inspektion selbst zur Ruhe begeben konnte. Unter den Tieren befand sich alles wohl; die Elefanten hatten sich, nachdem sie ihr Futter eingenommen, gleich zum Schlafen niedergelegt. Die armen Tiere hatten im Eisenbahnwagen auf engem Raum gestanden und waren während der Reise wenig zur Ruhe gekommen.

Mitten in der Nacht, es mochte wohl zwei Uhr sein, weckte mich mein alter Wärter mit der Meldung, daß einer der Elefanten röchelnde Töne von sich gebe und krank zu sein scheine. Ich erschrak und hatte den Willen, sofort nach dem Rechten zu sehen, aber die Müdigkeit überwältigte mich, und ich schlief wieder ein. Nach einer Stun-

Vor der Elefantenkatastrophe in München. (31. Juli 1888.)

de klopfte ein anderer Wärter und brachte eine ganz ähnlich lautende Meldung. Nun war ich nach einigen Minuten in den Ställen, kam aber schon zu spät: ein Elefant war tot, zwei andere lagen im Sterben. Bei der Untersuchung stellte es sich heraus, daß die Fußsohlen des verendeten Tieres an drei Stellen durchgefressen waren, das Blut rieselte noch aus den Wunden. „Ratten“, sagte mein alter Wärter. Und so war es, die Spuren der scharfen Zähne waren in der Hornhaut deutlich zu erkennen. Die sterbenden Elefanten zeigten die gleichen Verwundungen, die Verblutung war nicht mehr aufzuhalten.

Wer hätte an eine solche Gefahr denken können! Man lernt erst durch Verlust. In den Stallungen lagen Holzfußböden, und zwar schon seit längerer Zeit; unter diesen Brettern hatten die Ratten ihr Lager aufgeschlagen. Bei einer am nächsten Morgen abgehaltenen Razzia wurden annähernd sechzig der Attentäter zur Strecke gebracht und die Holzfußböden selbstverständlich entfernt.

IV. Schlangengeschichten

Als Mogli, der Held der berühmten Dschungelgeschichten Rudyard Kiplings, in jenem unterirdischen Gelasse zwischen versunkenen Schätzen der uralten Klapperschlange, die hier haust, gegenübersteht, sagt er, er wünsche mit dem poison people, mit dem „giftigen Volk", nichts zu tun haben. Mogli ist die Stimme der Natur. Menschen und Tiere meiden das giftige Volk der Schlangen und übertragen ihre Scheu auch auf diejenigen Arten, die nicht giftig sind. Die Schlange steht etwas abseits in der Schöpfung, kein geistiges Band verbindet sie mit den übrigen Kreaturen, sie begegnet nur Feinden, die ihr nachstellen, oder Flüchtigen, die sie meiden, keinen Freunden. Als einmal, es war im Sommer des Jahres 1874, in meiner Menagerie eine Riesenschlange sich befreite, gerieten sämtliche Tiere in die größte Aufregung. Der Flüchtling war ein ziemlich schwaches Exemplar von Python sebae, das in schlechtem Zustand aus Afrika angekommen war. Der Schlange wurde ein warmes Bad in einem Bottich bereitet, welcher im Raubtierhaus stand, das damals am Neuen Pferdemarkt außer den Raubtieren noch alle möglichen andere Tiere, Affen, Vögel und so weiter beherbergte. Der Bottich war mit einer Klappe versehen und wurde überdies noch mit einer Decke zugedeckt. Nachdem alles wohlverwahrt war, begab ich mich in mein Bureau, um schriftliche Arbeiten zu verrichten. Aus dieser Arbeit wurde ich nach zwei Stunden durch die Schreckensbotschaft aufgescheucht, daß die Schlange aus ihrem Bottich entwichen sei und nun auf den Käfigen der Affen und Papageien herumkrieche. Ich stürzte nach dem Raubtierhaus und fand dort unter den Tieren einen wahren Tumult. Alle, ohne Ausnahme, befanden sich in einer furchtbaren Aufregung und hatten, soweit sie das Reptil sehen konnten, nur

Augen für dieses. Die Leoparden, Löwen und alle anderen Raubtiere sprangen wie besessen in ihren Käfigen umher und schlugen unter Fauchen und Brüllen gegen die Gitterstäbe, die Affen und Papageien schrien aus Leibeskräften – es war ein Höllenskandal. Keines der Tiere schien mit der Schlange etwas zu tun haben zu wollen.

Die Schlange wieder einzufangen, war keine leichte Arbeit. Übergeworfene Decken nützten nichts, das Tier war in dem Bade so lebhaft geworden, daß die Schnelligkeit seiner Bewegungen all unserer Mühe spottete. Stets, wenn man sie gefaßt zu haben glaubte, schoß sie wieder aus der Decke hervor. Inzwischen hatte ich einen Wärter schon beauftragt, mir einen jener großen Kescher zu holen, die ich dazu benutzte, Affen und kleinere Raubtiere aus ihren Kästen herauszuholen, denn mit diesem Apparat verstand ich vorzüglich umzugehen. Mit dem Kescher ging ich nun der Schlange zu Leibe, brachte ihn auch bald über ihren Kopf, was sie so wütend machte, daß sie sich in dem Sack festbiß. Nun hatte ich Oberwasser, packte die Schlange schleunigst hinter dem Genick und brachte sie mit Hilfe des Wärters und Aufbietung einiger Kraft innerhalb weniger Minuten ganz in den Kescher hinein und aus ihm in einen sicheren Kasten. Nach und nach legte sich die Aufregung unter den Bewohnern des Raubtierhauses, und es zog wieder Frieden ein.

Die Scheu, welche die Tiere an den Tag legten, ist berechtigt. Im Umgang mit wilden Tieren erfordert derjenige mit Schlangen die größte Vorsicht. Bei den giftigen Arten versteht sich dies von selbst, unter den nicht giftigen besitzen die großen Arten ungeheure Muskelkräfte, und alle sind in gereiztem Zustand überaus angriffslustig und bissig. Ihre Gefräßigkeit ist fabelhaft. Viele Tiere haben mich schon in Lebensgefahr gebracht, keine Art aber so oft wie die Schlangen. Biß- und Kratzwunden habe ich viele davongetragen, und sie rühren von allerlei Getier her. Die Schlangen halten aber auch hier den Rekord. Ich habe die intime Bekanntschaft Tausender von Schlangen gemacht und ihren Charakter, ihre Gewohnheiten, ihr Leben genau kennengelernt. Wahre Ringkämpfe habe ich zuzeiten mit großen Exemplaren ausgefochten. Ich bin auf Grund persönlicher Erfahrungen völlig davon überzeugt, daß eine Schlange von achtzehn bis zwanzig Fuß Länge einen Menschen, wenn sie ihn nur richtig umschlingen kann, in kürzester Zeit totdrückt. Man erzählte mir, daß auf Borneo öfters Eingeborene von Schlangen gepackt und verzehrt werden. Nach dem, was ich gefangene Schlangen im Fressen umfangreichen Wildes leisten sah, zweifle ich nicht daran, daß eine erwachsene Borneo-Pythonschlange ganz gut einen Menschen von hundert bis hundertfünfundzwanzig Pfund Gewicht herunterwürgen kann.

Über die Größe und Freßgier der großen Schlangen ist von jeher viel gefabelt worden. Vor mehreren Jahren befand sich in englischen Blättern ein Streit, der sich um die Behauptung drehte, ob es Schlangen von dreißig bis vierzig Fuß Länge gäbe. Ein Einsender erbot sich, innerhalb Jahresfrist ein solches Riesenexemplar herbeizuschaffen, wenn man ihm dafür fünfhundert Pfund Sterling zahlen würde. Auf diesem Punkte mischte ich mich in den Streit ein und ließ durch meine englischen Freunde eine Erwiderung erscheinen, in welcher ich mich verpflichtete, nicht fünfhundert, sondern sogar tausend Pfund Sterling für eine Schlange von dreißig Fuß Länge zu bezahlen, falls das Tier in einem gesunden, lebensfähigen Zustande nach Hamburg gebracht würde. Bis heute ist die Schlange noch nicht eingetroffen. Das war auch nicht gut möglich, denn die größten Schlangen, welche bisher lebend gefangen oder gesehen wurden, waren nicht über sechsundzwanzig Fuß lang. Tiere von dieser Größe, und zwar Borneo-Riesenschlangen, befinden sich in meinem Besitz.[4]

Noch merkwürdiger sind die Fabeln, welche über das Freßvermögen der Schlangen verbreitet werden. Man braucht sich übrigens nicht in das Gebiet des Jägerlateins zu verlieren, die Tatsachen, die von der Kraft und Freßlust der großen Schlangen zu berichten sind, genügen völlig. Es ist noch nicht lange her, da ließ ich ein rhachitisches und deshalb für Sammlungen wertloses chinesisches Zwergschwein töten und in einen Kasten werfen, in welchem sich zwei große Borneo-Riesenschlangen befanden. Das Schwein wog annähernd fünfzig Pfund. Abends um sechs Uhr war das Tier in den Kasten gelegt worden, und eindreiviertel

---

[4] Als ich diese Zeilen schrieb, glaubte ich nicht, daß es größere Schlagen gäbe. Aber ich bin inzwischen dennoch eines Besseren belehrt worden. Ein Reisender, welcher Sumatra und Borneo für mich durchstreifte, brachte im Juni 1909 zwölf Riesenschlangen nach Stellingen, unter denen sich eine volle 30 Fuß lange und 2½ Zentner schwere Borneo-Riesenschlange befand. Dieses Ungeheuer, übrigens ein Prachtexemplar, häutete sich acht Tage nach der Ankunft in meinem Tierpark und nahm einen Tag später eine große Ziege im Gewicht von 88 Pfund zu sich. Diese Freßleistung war in 20 Minuten beendet.

Stunden später von einer dieser Schlangen bereits verschlungen. Dieser Fall war mir sehr interessant, da ich den Schlangen vorher nie so große Tiere als Futter vorgeworfen hatte. Ich beschloß, diese Versuche fortzusetzen, sobald geeignete Tiere in unserem Garten zugrunde gingen. Zunächst kamen zwei junge Nilgau-Antilopen in Betracht, die während der Nacht von einer Schlange gefressen wurden, obgleich jedes etwa zwanzig Pfund wog.

Python-Schlange nach dem Verzehren von zwei Ziegenböcken im Gewichte von 28 und 39 Pfund.

Kurz darauf beobachtete ich einen ganz besonderen Fall. Eine Schlange von fünfundzwanzig Fuß Länge fraß einen Ziegenbock von achtundzwanzig Pfund Gewicht. Man hätte annehmen können, daß die Schlange gesättigt sei. Dies schien aber nicht so, denn als ich ihr wenige Stunden später einen neununddreißig Pfund schweren Bock vorwerfen ließ, der von drei anderen Schlangen verschmäht worden war, packte sie auch diesen und hatte ihn innerhalb einer halben Stunde verschlungen. Meine Freßkünstlerin hatte aber mit dieser riesigen Leistung ihr Bestes noch nicht gezeigt. Als acht Tage später eine ausgewachsene sibirische Steinziege verendet war, die vierundsiebzig Pfund wog, ließ ich ihr die Hörner abhauen und warf das Tier der Schlange vor. Der Wärter meinte, daß ein so großes Tier doch wohl kaum von einer Schlange heruntergewürgt werden könne, und im stillen war ich der gleichen Ansicht. Aber schon nach einer Stunde, als ich mich gespannt ins Reptilienhaus begab, fand ich zu meinem größten Erstaunen, daß dieselbe Schlange, die erst vor einer Woche zwei Ziegen verzehrt hatte, bereits daran war, diese dritte, und diesmal eine ausgewachsene Ziege, zu verschlingen. Der Kopf war bereits im Rachen des Untiers verschwunden. Das Würgen verursachte dem Tiere sichtlich große Arbeit, die Schlange stöhnte von Zeit zu Zeit ganz vernehmlich, ein Umstand, der mir ebenfalls neu war.

Lebende Tiere tötet die Schlange sehr schnell. Sie greift stets nach dem Kopf, mit Blitzesschnelle ist der obere Teil ihres Körpers um das Opfer gewunden, dem sie das Genick aus den Gelenken reißt. Mit dem Würgen beginnt sie erst, wenn das Tier tot ist. Sie hält das Opfer so lange umschlungen, bis sie keinerlei Bewegung ihrer Beute mehr spürt, dann erst geht sie daran, die Beute zu verschlucken. Sind es größere Tiere, so läßt die Schlange den Fraß zunächst gänzlich los und macht den Kopf der Beute durch Speichel schlüpfrig, damit er besser gleitet. Bei dem Würgen dehnt sich der Unterkiefer wie ein Gummisack. Man kann sich von dieser Dehnbarkeit absolut keinen Begriff machen, wenn man das Verschlingen großer Stücke nicht selbst beobachtet hat. Während das Tier schlingt, hat es die Nahrung mit dem Schwanz von hinten umschlungen und schiebt das Opfer langsam in den Rachen hinein, während es Ober- und Unterkiefer hin und her bewegt. Dann und wann tritt eine Erholungspause bis zu zwölf Minuten ein, wie dies auch beim Würgen der großen Steinziege zu beobachten war. Trotzdem hat das Reptil nur zwei Stunden gebraucht, um die Beute verschwinden zu lassen. Eine andere Schlange verzehrte später sogar eine große Ziege von vierundachtzig Pfund und brauchte dazu nur etwa eineinhalb Stunden.

Sieht man die großen dicken Riesenschlangen still in der Wärme ihres Käfigs liegen oder träge herumkriechen, so ahnt man nicht, welcher Kraft, Gewandtheit und Schnelligkeit diese Tiere fähig sind. Mit ihnen umzugehen, erfordert höchste Vorsicht, und alle Vorsicht kann es nicht hindern, daß man in Gefahr gerät. Viele Hunderte von Riesenschlangen in allen Größen und Varietäten habe ich bei Ankunft und Absendung im wirklichen Sinne des Wortes durch meine Hände gehen lassen, und manchen Kampf hatte ich dabei auszufechten. Gebissen bin ich unzählige Male worden, doch ist der Biß der Riesenschlange nicht gefährlich. Jedenfalls machte ich mir nichts daraus, wenn eine Schlange meine Hand oder meinen Arm mit dem Rachen gepackt hatte. Es wurde beinahe schon als mitdazugehörig angesehen. Gewöhnlich bleiben von den nadelscharfen Zähnen einige in den

Wunden sitzen, man muß sie natürlich sofort herausziehen und die Wunden auswaschen und verbinden.

Ein viel gefährlicheres Werkzeug als der Rachen sind die Muskelringe der Schlange. Nur meiner Kaltblütigkeit und, ich darf wohl sagen, auch meiner Gewandtheit habe ich es zu verdanken, daß ich aus vielen kritischen Episoden mit Schlangen lebend davongekommen bin. Einen der gefährlichsten Kämpfe focht ich vor etwa fünfzehn Jahren aus, als ich mit Hilfe eines Wärters vier dunkle Pythonschlangen, jede fünfzehn bis achtzehn Fuß lang, von einem Kasten in den anderen beförderte. Ich hatte mich, wie immer zu diesem Geschäft, mit einer großen Wolldecke bewaffnet, als Schutz für das Gesicht, denn dieses wählen die Schlangen stets als Hauptangriffspunkt. Mit fabelhafter Schnelligkeit stoßen sie mit dem Rachen nach dem Gesicht, und man trägt eine ernstliche Schädigung davon, wenn man nicht auf seiner Hut ist. Zwei Tiere hatte ich bereits ohne große Mühe hinübergebracht, als ich aber mit der dritten Schlange beschäftigt war, fuhr eine vierte, die noch oben auf dem Bord gelegen hatte, mit offenem Rachen und solcher Vehemenz auf mich los, daß ich ernstlich verwundet worden wäre, hätte ich den Angriff nicht vorausgesehen und mit meinem weichen Filzhut pariert, in den das Tier wütend hineinbiß. Als die Schlange sich in den Hut festgebissen hatte, packte ich sie mit der anderen Hand im Genick und gab dem Wärter hastig den Befehl, mir mit dem Kescher zu Hilfe zu kommen. Der Mann stellte sich in der Erregung etwas ungeschickt an, war nicht schnell genug, und ehe ich mich dessen versah, hatte das Tier sein Schwanzende um mein rechtes Bein geschlungen, zog sich immer fester um das Bein herum und versuchte mit aller Kraft, mich von unten herauf zu umstricken. Ich wehrte mich verzweifelt. Hätte die Schlange irgendeinen Teil meines Oberkörpers erreicht, so wäre es möglicherweise um mich geschehen gewesen. Plötzlich sah ich auf dem Boden das äußerste Ende des Schwanzes und trat mit dem linken Fuß so heftig darauf, daß die Schlange, aus Schmerz oder Schreck, mich auf der Stelle losließ. Zwar fuhr sie von oben blitzschnell wieder auf mich ein, doch jetzt war ich gewappnet, ich parierte den Angriff mit der Wolldecke, in die ich das Reptil verwickelte und es, trotz heftigen Sträubens, glücklich in den Kasten brachte. Die andere

Schlange hatte sich während dieser Episode zum Glück ruhig aufgeringelt und sah aus geschlitzten Äuglein dem Kampfe zu.

Die Geschicklichkeit in dem Umgang mit diesen gefährlichen Reptilien baut sich auf eine lange und mannigfache Erfahrung auf. Dem durch Beobachtung errungenen Wissen ging ein Tasten und Experimentieren voraus, zuweilen mit glücklichem Abschluß, zuweilen auch nicht. Hiervon wüßte ich manche eigenartige Episode zu erzählen. Zu Anfang der siebziger Jahre brachte ein Kapitän aus Brasilien zwei Boa constrictor nach Hamburg. Die Schlangen zu besichtigen, begab ich mich nach dem Hafen und an Bord. Ein Steward teilte mir gleich mit, daß die Schlangen leblos in ihrem Kasten lägen, sie seien gewiß tot. In der Kajüte des Kapitäns fand ich in einem offenen, oben mit Draht vergitterten Käfig die beiden Schlangen, die eine etwa sieben, die andere vielleicht neun Fuß lang. Der Steward hatte recht gesehen, die Tiere waren leblos. Rätselhaft war der Zustand der Tiere keineswegs. Es war Mitte Dezember, in der Nacht war starker Frost gewesen, und man hatte die Schlangen ohne Schutz in dem ungeheizten, eiskalten Raum stehenlassen. Die Schlangen waren einfach erstarrt. Der Kapitän, der inzwischen hinzugetreten war, gab dem Steward schon die Weisung, die Tiere über Bord zu werfen, als ich mich ins Mittel legte. Ich erbot mich, wenigstens den Versuch zu machen. die Schlangen ins Leben zurückzurufen. Lachend gab der Seemann seine Zustimmung, ich aber wickelte meine beiden leblosen Schlangen in eine Decke, steckte alles zusammen in einen Sack und zog ab. Schleunigst gabelte ich eine Droschke auf und fuhr nach dem Spielbudenplatz, wo wir damals wohnten. Auch mein Vater lachte, als ich die beiden Schlangen in der Nähe des Ofens aus dem Sack schüttelte. „Wenn du es fertig bringst, diese Schlangen wieder lebendig zu machen, dann hast du Wunderdinge geleistet“, sagte er. Meine Wiederbelebungsversuche waren sehr primitiver Art; ich ließ die Schlangen einfach vor dem Ofen liegen, ging ins Bureau und später in meine Wohnung, die in einem oberen Stockwerk des Hauses lag. Nach einer Stunde erhielt ich die Meldung, daß im Vogelladen – hier stand der betreffende Ofen, der meine Schlangen auftauen sollte – ein furchtbarer Aufruhr unter den Vögeln sei. Wie! Sollten meine Schlangen wirklich wieder lebendig geworden sein? Spornstreichs eilte ich in den Vogelladen. Wahrhaftig, der Platz vor dem Ofen war leer, die Schlangen waren ausgekniffen. Das Geschrei der Vögel ließ mich leicht die Stelle entdecken, wo meine toten Schlangen ganz gemütlich spazieren krochen. – Wie merkwürdig manchmal der Zufall spielt! Als ich noch mit der Jagd auf die entflohenen Schlangen beschäftigt war, öffnete sich die Tür, und Vater Kreutzberg, der alte Menageriebesitzer, der gerade von Rußland angekommen war, trat ein. Sofort beteiligte er sich an der Jagd, und nach zehn Minuten waren die Schlangen in Sicherheit gebracht. Fröhlich erzählte ich dem alten Kreutzberg diese sonderbare Schlangengeschichte, worauf dieser nicht weniger fröhlich erwiderte: „Das paßt mir vorzüglich, daß du die Dinger wieder lebendig gemacht hast, denn ich suche gerade einige Schlangen für meine Menagerie zu kaufen."

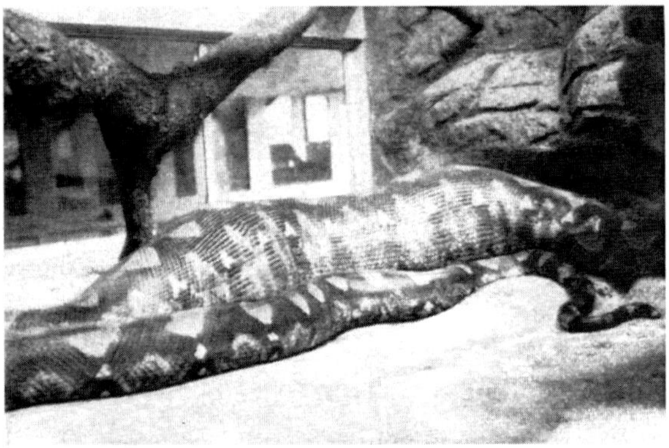

„Siesta."

Der Respekt vor Giftschlangen wurde mir bald gründlich beigebracht. In den sechziger Jahren war es, zur Sommerszeit, als uns ein Kasten mit Puffottern, groß und flach, oben mit Draht überzogen und mit Brettern vernagelt, ins Haus kam. Da die Tiere in diesem Kasten nicht bleiben konnten, so schlug ich mir einen praktischeren zurecht, an welchem oben neben dem Drahtgeflecht eine mit Schieber versehene Öffnung frei blieb. Die zu lösende Schwierigkeit bestand nun in dem Umquartieren der gefährlichen Schlangen, mit deren Lebensgewohnheiten ich damals noch nicht recht bekannt war. Alles mußte aufs Geratewohl geschehen. In der Meinung, ich könne einfach die Schlangen von einem Kasten in den andern schütten, löste ich an dem Transportkasten ein Brettchen von etwa sechs Zoll Breite und bog das darunter befindliche Gitter zurück – und nun schüttelte ich eben. Zu meinem größten Schrecken und fast zu spät stellte es sich aber heraus, daß ich die Geschichte nicht richtig angefangen und die nötige Vorsicht außer acht gelassen hatte: mit Blitzesschnelle schossen die Tiere mit ihren Köpfen nach der Öffnung, machten aber keine Miene, in den neuen Kasten hinüberzugleiten, im Gegenteil, sie wandten sich seitwärts, und beinahe wären zwei dieser giftigen Reptile entwischt. Noch heute fährt mir ein Schreck durch die Glieder, wenn ich mich in jene Situation zurückversetze. Schnell entschlossen, begann ich meinen Kasten zu schütteln und gleichzeitig rückwärts zu bewegen, wodurch die Tiere in ihren Käfig zurückschnellten. Um ihr Entweichen zu verhindern, setzte ich rasch den neuen Käfig auf die Öffnung und war froh, als ich mit Hilfe eines Wärters die Öffnung wieder vernagelt hatte. Für diesen Tag hatte ich genug, ich mußte mich erst erholen und über eine praktische Art des Transportes von einem in den andern Käfig nachsinnen. Am nächsten Tag hatte ich sie gefunden. In den Kasten, der die Schlangen barg, schnitt ich mit einer spitzen Säge ein viereckiges Loch, etwa drei Zoll im Quadrat, und gegen dieses Loch stellte ich die mit einem Schieber versehene Öffnung des neuen Käfigs. Vom alten nahm ich die Bretter herunter und ließ nur das Drahtgitter an seinem Platz, so daß der Raum in dem alten Kasten hell, der im neuen dunkel wurde. Ich wußte nämlich so viel, daß Schlangen sich gern ins Dunkle zurückziehen, und dies bestätigte sich, denn nach kaum einer Stunde waren sämtliche Puffottern, acht an der Zahl, in den neuen Kasten hinübergeschlüpft, den ich nun ganz einfach mit der Schiebetür verschloß.

Seit jener Zeit hatte ich eine heillose Achtung vor Giftschlangen. Trotz aller Vorsicht wäre ich aber dennoch vor etwa acht Jahren durch Klapperschlangen beinahe ums Leben gekommen. An einem Sommertag des Jahres 1898, als ich – soeben von der Reise zurück – das Reptilienhaus inspizierte, fiel mir ein starker Fäulnisgeruch auf, und beim Nachsuchen fand ich in einem der großen Schlangenkäfige einen verdrahteten Karton, in welchem sich unter mehreren lebenden Klapperschlangen auch zwei tote, bereits in Fäulnis übergegangene befanden. Diese Kadaver mußten sofort entfernt werden. Ich nahm den Kasten vor und versuchte von der Seite aus, wo eine kleine Schiebetür angebracht war, mit einem aus starkem Draht zurechtgebogenen Haken die toten Tiere herauszuholen. Zu diesem Zweck mußte ich mich mit dem Gesicht über den Kasten beugen, während ich mit der linken Hand unten den Haken einführte. Auf diese Weise gelang es mir schnell, zunächst einen der Kadaver zu packen und langsam herauszuziehen. Der zweite war schwieriger zu erreichen, er lag unter zwei lebenden Exemplaren. Mir blieb nichts übrig, als die Schlangen aufzustöbern, und das nahmen beide ungeheuer übel, besonders die größere. Als ich gerade mit dem Gesicht dicht oberhalb des Gitters liege, um besser sehen zu können, und mich dabei mit dem rechten Arm gegen das blendende Licht der Sonne schütze, fährt die Schlange unvermutet und schnell wie der Blitz mit weit offenem Rachen in das Gitter hinein. Zwar schnellte ich erschreckt zurück und wartete ein wenig, bis das Tier sich beruhigt hatte, nahm dann aber ahnungslos meine Arbeit wieder auf, die ich nun ohne Zwischenfall zu Ende führte.

Erst am nächsten Morgen wurde mir bekannt, welcher furchtbaren Gefahr ich entronnen war, und daß der Tod dicht neben mir gestanden hatte. Als ich mich ankleidete, machte meine Frau mich auf eine Reihe von Flecken am rechten Rockärmel aufmerksam, die sie für Schmutzflecke hielt. Ein einziger Blick auf die vermeintlichen Flecken machte mich im tiefsten Innern erschauern. Es waren lauter kleine, feine, grünlich schillernde Kristalle. Die Schlange hatte bei dem Biß ins Gitter ihr ganzes Gift nach meinem Gesicht gespritzt, und nur durch den Umstand, daß der Arm eine Schutzwand bildete, war ich dem Verderben entgangen. Vom Aufenthalt im Freien war mir die Haut des Gesichts an vielen Stellen aufgesprungen, und hätte das Gift freien Zutritt in den Körper gefunden, so würde ich elend zugrunde gegangen sein.

Der Biß der Klapperschlange ist von furchtbarer Wirkung. Ich habe beobachtet, daß Meerschweinchen und weiße Ratten innerhalb einer Minute nach empfangenem Biß tot waren.

Kämpfe von Schlangen untereinander sind nicht selten, sie streiten sich um die Beute, und es kommt vor, daß im Verlaufe dieses Streites die kleinere von der größeren Schlange mitsamt der strittigen Beute aufgefressen wird. Vor etwa zehn Jahren ereignete es sich, daß eine gelbe Pythonschlange von neun Fuß Länge eine andere von sieben Fuß mitsamt einem Kaninchen verschlang, das am Abend vorher zu den beiden Schlangen in den Käfig gesetzt worden war. Nach späteren Beobachtungen muß man rückschließend annehmen, daß beide Schlangen das Kaninchen gleichzeitig gepackt und getötet haben. Beim Verschlucken haben dann beide, die eine am Kopf und die andere am Hinterteil, das Kaninchen hinabwürgen wollen, wobei die größere Schlange die kleinere mit erwischt und verschluckt hat. Am nächsten Morgen konnte man genau sehen, wie die kleinere Schlange der Länge nach in dem Körper der großen lag.

Seitdem habe ich häufig Gelegenheit gehabt, zu beobachten, mit welcher Wut und Ausdauer die Schlangen um eine Beute zu kämpfen vermögen. Vier Riesenschlangen von bedeutender Größe stürzten einmal, alle auf ein totes, ihnen vorgeworfenes Kaninchen erpicht, aufeinander los, um einen Ringkampf aufzuführen, der jeder Beschreibung spottet. Zuerst schoß die kleinste der Schlangen auf das Opfer los; kaum hatte sie es aber gepackt, als die größte der Schlangen ihre Rivalin umschlang und sie derartig drückte, daß sie die Beute loslassen mußte. Nur eine Sekunde erfreute sich die Siegerin ihres Besitzes, da stürzten die beiden anderen großen Tiere auf sie los, und im Nu waren die drei Bestien zu einem unentwirrbaren Knäuel geworden, der sich wild im Käfig hin und her wälzte. Als der Kopf einer dieser Schlangen in den Rachen einer anderen geriet, versuchte ich die Kämpfenden zu trennen, aber alle fuhren mit geöffnetem Rachen auf mich los, und ich mußte den Dingen ihren Lauf lassen. Nach einem dreistündigen Kampfe schienen die Tiere zu ermatten und ließen einander los. Auf diesen Moment schien das kleinste der Reptile, das dem Kampfe untätig zugesehen hatte, nur gewartet zu haben, denn es wagte sich aus seiner Ecke hervor und machte sich wieder über das Kaninchen her. Schon hatte die Schlange ihr Opfer zu würgen angefangen, als aufs neue eine Rivalin heranschoß, ihr den Schwanz einige Male um den Hals schlang und so furchtbar drückte, daß sie nicht nur das Kaninchen losließ, sondern völlig kampfunfähig wurde. Mit ihren Ringen hielt die große Schlange die kleinere umklammert, packte dabei das Kaninchen und würgte es hinunter. Erst als sie damit fertig war, ließ sie die Gegnerin los, die nun aber mit einer blitzschnellen Bewegung sich um ihre Peinigerin ringelte und sie mit Aufbietung solcher Kraft preßte, daß das große Tier stöhnende Laute hören ließ. Binnen kurzem waren die vier Tiere wieder in einen wirren Kampf verwickelt, und jeder Versuch, die Wütenden zu trennen, mißlang. Der Streit wurde vormittags um elf Uhr begonnen und dauerte abends um zehn Uhr, als ich mich zurückzog, noch fort. Ich war ganz darauf gefaßt, am nächsten Morgen ein paar Leichen zu finden – aber keine Spur, jede der vier Schlangen lag zusammengeringelt so friedlich in einer Ecke, als ob nichts passiert sei. Ein so hartnäckiger und langandauernder Schlangenkampf war bis dahin, 1892, im Tierpark nicht beobachtet worden.

Dennoch sind diese Kämpfe zahm im Vergleich mit denjenigen, welche von der großen Borneo-Riesenschlange ausgefochten werden, denn diese begnügt sich nicht mit der Umschlingung des Gegners, sondern gebraucht rücksichtslos ihre haarscharfen Zähne. Wie Hunde beißen sie sich ineinander fest. Die Eifersucht um eine Beute stachelt sie zu maßloser Wut an. Ich entsinne mich eines Falles, in welchem zwei kleinere dieser Schlangen, die eine etwa neun Fuß und die andere etwa zwölf Fuß, sich um ein totes Kaninchen stritten. Plötzlich packte die größere Schlange die kleinere mit dem Rachen hinten am Nacken, schlang sich dann mit dem Körper um den üppigen Leib des Tieres und riß seinem Opfer mit einem Ruck ein großes Stück Fleisch aus dem Halse heraus. Was diese Kraftleistung bedeutet, kann nur derjenige ermessen, der über die ungeheure Zähigkeit der Haut einer großen Schlange unterrichtet ist.

Es liegt auf der Hand, daß bei der Art und dem Umfang des Fraßes die Kräfte, die für den Stoffwechsel sorgen, ganz besonders sein müssen. Schon früher habe ich ausgeführt, was die einzelnen Schlangenexemplare im Fressen zu leisten vermögen. Das Interessanteste, was ich in dieser Richtung erlebt habe, passierte etwa vor zehn Jahren in meinem Tiergarten am Neuen Pferdemarkt. Hier verschlang eine dunkle indische Pythonschlange von nur vierzehn Fuß Länge innerhalb vierundzwanzig Stunden vier Heidschnuckenlämmer, die je elf bis siebzehn Pfund wogen und Hörner von drei bis sieben Zentimeter Länge besaßen. Die Schlange war am zweiten Tage durch die in ihrem Innern entwickelten Gase so unförmlich aufgeschwollen, daß die Haut auf dreißig Zentimeter Länge offen platzte und streckenweise fünf Zentimeter weit auseinanderklaffte. Die Verdauung dieser Mahlzeit war nach zehn Tagen beendet. Die Wollteile wurden in dicken Ballen abgestoßen, die weichen Teile in dunkelgefärbten Exkrementen, die Knochen in weißen, während Klauen und Hörner nicht verdaut wurden. Das war am zehnten Tag, und am elften nahm die Schlange wieder eine Heidschnucke zu sich.

Denjenigen zarten Gemütern, die sich vielleicht über die unästhetischen Freßleistungen der Schlangen entsetzt haben, gewährt die Mitteilung hoffentlich etwas Beruhigung, daß die Tiere auch ungeheuer lange hungern können und dies sogar zuweilen freiwillig tun. Recht freßlustige Tiere, die oft drei bis vier Wochen nacheinander jede Woche Nahrung zu sich nahmen, setzten dann ohne sichtbaren Grund aus und rührten länger als ein halbes Jahr nicht das Geringste an. So führt die Natur doch einen Ausgleich herbei. In der Freiheit mag zuweilen eine lange Zeit verstreichen, ehe die großen Schlangen eine Beute erhaschen können, die ihnen genehm ist. Darauf scheint der Organismus eingerichtet zu sein.

Am liebsten und am schnellsten fressen die Schlangen bei hellem Wetter, während sie bei schwerer Luft selten etwas zu sich nehmen. In ihrer Behandlung ist es die Hauptbedingung, daß man sie stets recht warm hält und in gut ventilierten Käfigen unterbringt. Die normale Temperatur in einem Schlangenkäfig soll nicht unter achtzehn Grad Reaumur betragen, doch fühlen sich die Schlangen noch sehr mollig, wenn die Temperatur bis fünfundzwanzig Grad Reaumur und höher hinaufgeht.

Selten nur wird der Schlangenkäfig zur Kinderstube –die Bedingungen des Liebeslebens, der Brutzeit, der Aufzucht usw. sind noch nicht so ganz geklärt. Auf zweierlei Wegen bringen die Schlangen ihre Jungen zur Weit. Unsere Boa constrictor und die verschiedenen indischen Schlangen, von deren Freuden und Leiden in den vorhergehenden Blättern erzählt wurde, legen Eier und brüten sie aus; die Wasserschlangen dagegen gebären lebende Junge. Ich entsinne mich einer dunklen Pythonschlange, die während der Reise eine stattliche Zahl von Eiern gelegt hatte. Trotz aller Unruhe blieb sie ihrer Mutterpflicht treu und brütete die Eier aus. Als ich das Tier von den Eiern aufscheuchte, die es umringelt hielt, sah ich drei bis vier Junge aus ihren pergamentartigen Eischalen mit dem Kopf gegen mich emporschnellen. Die Wochenstube wurde in einem großen, passenden Käfig untergebracht. Von etwa fünfzig Eiern hatte die Schlange einundzwanzig ausgebrütet, die übrigen waren vertrocknet. Die Jungen benutzten ihre Eierschalen als Wohnhülsen, sie krochen dann und wann heraus, zogen sich aber immer bald wieder in ihre Schalen zurück. Manche kamen überhaupt nicht heraus. Die Ernährungsfrage machte zuerst Schwierigkeiten. Frösche wurden nicht angenommen. Dagegen schienen junge weiße Mäuse mehr nach dem Appetit der kleinen Reptile zu sein; die Beute wurde in derselben Weise gepackt, getötet und verschlungen, wie es die Alten zu tun pflegten.

Je länger und je mehr ich Schlangen beobachtet habe, desto weniger habe ich begriffen, warum die Schlange das Sinnbild der Klugheit geworden ist. Gefräßigkeit, Faulheit und unter gewissen Umständen unerschöpfliche Wut waren die Lebensäußerungen, in welchen sich nach meiner Ansicht das Wesentliche aus dem Schlangenleben zusammenfaßte. Trotzdem möchte ich natürlich nicht behaupten, daß den Schlangen jegliche Begabung fehlt. Ich würde ja auch durch die Tatsache widerlegt werden, daß man so häufig Schlangenbeschwörer oder Schlangenbändiger sieht; jedoch bezweifle ich, daß mit Schlangen auch nur annähernd ähnliche Leistungen erzielt werden können wie mit den Tieren höherer Ordnung, und daß der Schlangenbändiger in ein freundschaftliches Verhältnis zu seinen Zöglingen treten kann. Mit Giftschlangen, deren Giftapparat tadellos in Ordnung ist, wird er nie arbeiten. Bevor er sich mit ihnen zeigt, oder bevor er sie abrichtet, hat er dafür gesorgt, daß ihnen die Giftzähne ausgebrochen sind. Trotz dieser Vorsicht ist der Mann nicht vollständig ungefährdet, denn die Giftzähne wachsen nach, und er ist genötigt, seine Tiere von Zeit zu Zeit zu untersuchen, um rechtzeitig auf der Hut sein zu können, bevor der Giftapparat wieder funktioniert. Es bedarf keines Wortes weiter zur Erklärung, daß die Giftschlange, welcher der Giftzahn fehlt, nicht einmal so gefährlich ist wie eine gewöhnliche junge Riesenschlange, von einer ausgewachsenen Riesenschlange gar nicht zu sprechen. Wie erwähnt, ist schon eine solche von etwa achtzehn Fuß Länge imstande, einen kräftigen Mann so zu umschlingen und zu drücken, daß er in die ernste Gefahr des Erstickungstodes gerät. Außerdem ist das Gebiß der Riesenschlange viel stärker als das der Kobra. Wirkliche Kunststücke aber habe ich von keiner Schlange irgendwelcher Art ausüben sehen. Der ganze Trick, der sich mit ihnen aufführen läßt, besteht darin, daß man die Tiere aus der Dunkelheit, in der man sie gehalten hat, plötzlich an das Tages- oder Rampenlicht setzt, sie reizt, so daß sie sich emporschnellen und ihren Meister zu bedrohen scheinen, und sie durch Musik beruhigt. Denn das allerdings mußte ich stets und immer wiederholt feststellen: es gibt kein Geschöpf, auf das die Musik nicht irgendwelchen Einfluß hätte. Ich behaupte zwar nicht, daß eine Riesenschlange, die gerade Hunger empfindet, sich mit der Mondscheinsonate besser abfinden würde als mit einem Kaninchen, aber ich halte es für zweifellos, daß die Schlangen, wie fast alle anderen Tiere, gern Musik hören.

Da wir gerade dabei sind, von Giftschlangen zu sprechen und von ihrer Verwendbarkeit zu Vorführungen, so möchte ich an dieser Stelle erzählen, was ich über die Gewinnung von Schlangengift erfahren habe. Vor kurzem erhielt ich den Besuch eines gelehrten Inders, eines Herrn Docton, der folgende Versuche anstellte.

Mit einer eisernen Stange, deren unteres Ende in eine nach oben geöffnete Kreisbiegung endigt, holt er aus dem mit Giftschlangen in vollster Kraft gefüllten Käfig je eine Schlange heraus, indem er den Haken unter ihren Körper schiebt. Die Schlange wird auf diese Weise emporgehoben und bleibt an dem Haken hängen wie ein herabhängender Strick. Dieser Umstand ist umso bemerkenswerter, als man ein solches Experiment nicht mit jeder Schlange machen dürfte. Die indische Giftschlange jedoch, die Kobra oder sogenannte Brillenschlange, die hier in Frage kommt, besitzt nicht die Fähigkeit, sich um einen glatten Stab aufzurollen, respektive wenn sie sie auch unter Umständen besitzen sollte, sie tut es in einem solchen Falle nicht, möge es nun eine Frage ihres Temperaments sein oder auf andere Ursachen zurückgeführt werden müssen. Jetzt legt Mr. Docton die Schlange mit dem Stab auf den Boden und klemmt gleichzeitig ihren Kopf hinterm Nacken mit einem Gabelstocke fest; der auf den Nacken ausgeübte Druck mit der Gabel kann ja nun auch auf völlig ungefährliche Weise durch den Finger verstärkt werden. Im selben Augenblick schon ist der Gehilfe mit einer Muschelschale zur Hand, welche er vorher mit dem grünen, frischen Blatte einer Pflanze bedeckt hat. In dem Augenblick, wo der Gehilfe der Schlange die Schale vor den Rachen hält, wird hinten am Nacken der Schlange der Druck verstärkt. Die Wirkung dieses verstärkten Druckes ist, daß die Schlange den Rachen weit öffnet und in das Blatt hineinbeißt. Während eine Giftschlange, die beispielsweise eine Beute schlägt, beim Bisse nur minimale Quantitäten ihres Giftvorrates in die Wunde spritzt, wird bei dem geschilderten Verfahren durch den besonderen Druck das ganze Gift aus der Drüse entleert und läuft durch die Löcher, welche die Giftzähne in dem Blatte verursachen, in die vorgehaltene Schale. Das amorphe Gift von hundert Kobras, auf diese Weise gewonnen, ergibt in trockenem Zustande vier Gramm. Man sieht aus dieser minimalen Größe, wie ungeheuer stark die Wirkungskraft des Giftes ist, denn diese vier Gramm würden genügen, um mehrere hundert große Säugetiere respektive Tausende von Menschen zu töten. Eine Schlange, der auf diese Weise das Gift ausgedrückt ist, hat in acht Tagen den Giftvorrat erneuert.

Die Theorie respektive die Praxis, durch allmähliche Steigerung von Dosen verschiedener Gifte Individuen gegen Giftwirkung immun zu machen, läßt sich, wie Herr Docton auf experimentellem Wege festgestellt hat, auch durch Anwendung von Schlangengift bestätigen. Zoologen wissen ja, daß Affen mehr als irgendeine andere Tierart auf Eingriffe in ähnlicher Weise reagieren wie der Mensch. Ist es doch bekannt, daß auch die Blutkörper des Affenblutes nur ganz geringe mikroskopisch abweichende Abänderungen vom Menschenblute besitzen. Trotzdem hat man durch nur sehr allmählich gesteigerte, im Beginn äußerst gering bemessene Einspritzungen von Schlangengift nach sechs Monaten die betreffenden indischen Affen gegen das Gift dieser Schlangenart immun gemacht. Bisher scheint es nicht erwiesen, ob die Immunisierung durch ein bestimmtes Schlangengift auch gegen das Gift anderer Schlangen schützt. Es dürfte jedoch lebhaft bezweifelt werden, ob eine solche allgemeine Immunisierung gegen Schlangengift möglich ist, weil der interessante Beweis geführt wurde, daß zwei Schlangen derselben Art, wenn sie sich gegenseitig beißen, hiervon keinen Schaden leiden; daß dagegen, falls zwei Giftschlangen verschiedener Art sich gegenseitig beißen, beide unbedingt dem Tode verfallen sind. Diesen Bericht gebe ich getreulich nach der Information des gelehrten Inders wieder und glaube bestimmt, ihn für zuverlässig erklären zu dürfen. Die Hauptabnehmer des von Mr. Docton gewonnenen Schlangengiftes sind Herr Dr. med. Fraser in Edinburgh und Herr Dr. med. Moeller in Australien. Hoffentlich ist es mir vergönnt, in einer späteren Auflage meines Werkes Berichte dieser Herren zu veröffentlichen. Das amorphe trockene Schlangengift hat eine gelbgrüne Far-

Gebissene Borneo-Schlange.

be und ist aus kristallinischen Körpern zusammengesetzt.

Diese unter den Schlangen selbst beobachtete Wirkung läßt es mir wahrscheinlich vorkommen, daß die Völker des Orients, wie man behauptet, schon seit Jahrtausenden die Grundsätze modernster Wissenschaft praktisch erprobt haben. Die Erzählung von Mithridates, dem

Könige, der sich allmählich durch Aufnahme steigender Giftquantitäten gegen alle zu seiner Zeit bekannten Gifte immun machte, scheint mir ebenso glaubwürdig wie die Tatsache, daß es in Indien außer jenen Schlangenbeschwörern, welche mit Giftschlangen arbeiten, denen der Giftapparat ausgebrochen ist, auch solche gibt, die mit wirklichen, in der Vollkraft ihrer tödlichen Waffe befindlichen Giftschlangen umgehen. In diesem Falle glaube ich an die Erklärung, daß diese Leute aus Familien stammen, in welchen die Immunisierung gegen Schlangengift gewissermaßen erblich fortgesetzt worden ist. Von jüngster Kindheit auf sollen diese Leute nämlich mit Schlangengift, gewissermaßen mit Schlangenserum, immunisiert werden, so daß den Erwachsenen selbst der Biß einer ausgewachsenen Kobra mit voll wirksamem Giftapparat nicht mehr schadet. Die Immunisierung dieser Leute soll so weit gehen, daß ihr Speichel schon gegen Schlangenbisse wirksames Gegengift in genügenden Mengen enthält. Es soll vorgekommen sein, daß Leute dieser Art von Schlangen Gebissene dadurch gerettet haben, daß sie die frische Bißwunde mit ihrem Speichel reinigten. Natürlich gebe ich diesen Bericht mit aller Vorsicht weiter und übernehme keine Verantwortung für seine unbedingte Richtigkeit.

Indische Schlangenbeschwörerin.

V. Kleine Abenteuer

Für den Umgang mit wilden Tieren gibt es keine bestimmten Vorschriften. In einer Sprache kann man sich nicht mit ihnen verständigen, man muß andere Mittel ersinnen, um sie zu dem zu bewegen, was man von ihnen verlangt. Es gibt auch keine bestimmten Transportmittel, von denen man sagen könnte, dieses ist für eine Giraffe, und dieses ist für ein Nilpferd am geeignetsten. Das eine Tier ist zahm und das andere ungebärdig; während man ein Exemplar derselben Familie gemächlich an der Hand führen kann, muß man das andere fesseln und mit Wagen befördern. Alles kommt auf die Umstände an und wird zu einer Frage des praktischen Verstandes. Der Umgang mit ungezähmten Tieren erfordert vor allem Geistesgegenwart, denn alle diese Geschöpfe werden ja nicht von Überlegung, sondern Impulsen geleitet, und jeder Augenblick kann eine Überraschung bringen. Der unwesentlichste Umstand, von Menschen ganz unbeachtet, kann ein Tier erschrecken und heillose Verwirrung im Gefolge haben. Auch die Art, in solchen Momenten einzugreifen und scheu oder wütend gewordene Bestien zu beruhigen, ist Sache des Augenblicks. Kurz, aller Verkehr mit den Tieren beruht auf Gesetzen, die unbestimmt sind und von der Notwendigkeit diktiert werden.

Will man zum Beispiel, sagen wir, ein Rhinozeros veranlassen, vom Schiff über die Gangplanke auf den Kai zu spazieren, so genügt es nicht, einfach zu sagen: „Ach, mein verehrtes Rhinozeros, haben Sie die Güte, eben mal herauszukommen." Diese Sprache versteht das Rhinozeros nicht, auch gegen noch größere Liebenswürdigkeit ist es als Dickhäuter unempfindlich. Würde man indes dem Tiere einen Strick am den Hals legen und daran ziehen, während ein anderer von hinten mit einem Knüppel nachhülfe, so würde es diese Sprache ebensowenig verstehen. Es ist nicht Dickhauter genug, um sich mit Grobheiten regalieren zu lassen, und würde den Mann mit dem Strick wahrscheinlich über den Haufen rennen. Und doch hat auch diese Bestie einen schwachen Punkt in seinem Organismus: den Magen. Mit seiner Hilfe kann man sich einer Sprache bedienen, welche auch die Tiere verstehen. Wenn man dem Rhinozeros eine Handvoll Futter vor das Maul hält, dann kann man sich alle anderen Höflichkeiten schenken.

Diese Weisheit kannte ich schon sehr frühzeitig, und ihre Befolgung hat mich einmal ein gefährliches Abenteuer mit einem Rhinozeros erleben lassen. Es trat damals einer jener Augenblicke ein, wo jedes Verständigungsmittel versagt und nur die Gewalt helfen kann. Das Abenteuer spielte im Jahre 1871, zu einer Zeit, als ich keine so große Erfahrung in der Behandlung von Rhinozerossen auf Reisen besaß. William Jamrach war mit verschiedenen Elefanten und Rhinozerossen aus Indien in London eingetroffen. Zur Abnahme fand ich mich selbst in der englischen Hauptstadt ein. Unter den Tieren befand sich ein großes, sieben bis acht Jahre altes und fast ausgewachsenes weibliches Rhinozeros, das in einem riesigen, auf dem Verdeck aufgebauten Käfig untergebracht war. Da dieser Kasten natürlich nicht transportabel war, mußte das Tier auf irgendeine Weise vom Schiff zu dem Wagen befördert werden, der es in den für die Tiere bestimmten Stall bringen sollte. An den ziemlich niedrigen Wagen war eine Brücke angebaut und diese mit Stroh bedeckt. Die zu überwältigende Schwierigkeit steckte in dem ziemlich langen Weg zwischen Schiff und Wagen, die langen Schuppen der Gast Indian Docks mußten auf eine Entfernung von 500 Metern durchschritten werden. Jamrach schlug vor, das Tier, das sehr ruhig sei, einfach diesen ganzen Weg gewissermaßen an der Hand zu führen, und ich ging schließlich darauf ein, ohne die ungeheuren Gefahren dieser Transportmethode so recht ins Auge zu fassen. Man stelle sich vor, daß ein ausgewachsenes Nashorn wütend wird und in den von Tausenden belebten Docks entläuft. Ich konnte mich aber noch vor dem Aufbruch überzeugen, daß es sich in der Tat um ein außergewöhnlich ruhiges Tier handelte.

Die Vorbereitungen waren bald getroffen. Unser Rhinozeros erhielt ein starkes Tau um den Hals und außerdem ein längeres um einen der Vorderfüße. Als Reserve wurde eine Anzahl weiterer Strikke mitgenommen. Und nun ging's los. Der schon gekennzeichneten internationalen Höflichkeit vermochte auch dieses Nashorn nicht zu widerstehen. Jamrachs Wärter fütterten das Tier langsam aus der Hand und bewegten sich dabei rückwärts, das Rhinozeros folgte und ging ruhig über die Laufplanke bis zum Kai hinunter. Das lange Halstau gab ich sechs Wärtern und instruierte sie, es sofort bei der Ankunft am Wagen am Vorderteil durch die Latten der Seitenwände zu ziehen und an der Achse zu befestigen, damit das Tier auf dem Wagen festgehalten würde. Das am Vorderfuß befestigte Tau nahm ich selbst in die Hand und ging frisch vorweg durch die langen Docks, begleitet von einer nicht geringen Zuschauermenge. Das Rhinozeros folgte ohne Widerstreben, und die ganze Geschichte schien Kinderspiel zu sein, nicht wert, sich ihretwegen zu beunruhigen.

Schon sind wir dicht bei unserem Wagen angelangt, da bemerke ich, daß eine Lokomotive mit einem Güterzug herannaht, und heiß durchzuckt mich die Furcht, das Tier möge noch im letzten Augenblick vor dem dampfspeienden Ungeheuer scheuen und durchbrennen. Mit einer Schnelligkeit, wie man sie nur im Augenblicke der Gefahr entwickeln kann, springe ich auf den Wagen, ziehe das Tier hinter mir her und stecke auch die Wärter mit meiner Eile an, und ehe noch der Zug den Wagen erreichte, war das Rhinozeros programmgemäß festgebunden. Welch ein Glück dies war, zeigte sich auf der Stelle. Der Lokomotivführer, der die fluchtartige Schlußphase des Transportes beobachtet hatte, leistete sich in diesem Augenblick den dummen Scherz, die Dampfpfeife schrill und lang ertönen zu lassen. Schreck und Angst versetzten das Tier sogleich in eine furchtbare Aufregung, es begann zu pusten und zu schnauben, und kaum schnell genug, aber im richtigen Augenblick, konnte ich die Bestie mit den Reservestricken auch an dem noch freien Vorderfuß fesseln. Die Arbeit, die ich hier zu leisten hatte, war lebensgefährlich, denn die Aufregung des Tieres steigerte sich infolge des fortwährenden Pfeifens und des Lärms am Kai zu einer Wut, die nach einem Ausweg suchte. Der nächste Gegenstand war der Kutschbock, der vorn oberhalb des Wagens ziemlich hoch angebracht war. Mit dem Kopf unter diesen Bock stoßen, war das Werk einer Sekunde. Und so gewaltig war der Stoß, daß der ganze Kutschbock aus seinem Gestell herausflog, sich in der Luft drehte und krachend zu Boden fiel. Glücklicherweise fiel er nicht zwischen die Pferde – ein unabsehbares Unglück

Mein Name ist Schmidt. Ich bin der Reisende der Firma Hagenbeck und erlaube mir, Ihnen meine Muster vorzulegen.“
(Karikatur aus den neunziger Jahren.)

wäre sonst die Folge gewesen. Das wütende Rhinozeros versuchte jetzt, die Vorderwand des Wagens zu durchbrechen, aber nun war auch ich wieder zur Stelle, schwang mich auf die Wagendeichsel, ergriff ein dikkes Tauende und begann, dem Tiere aus Leibeskräften zwischen die Ohren zu dreschen. Es mußte fühlen, daß eine Kraft da war, die vor der seinigen nicht die Flucht ergriff. Schließlich wurden wir beide müde, ich und mein ungebärdiger Freund, das Rhinozeros. Langsam kam es zur Besinnung und beruhigte sich. Wir konnten endlich losfahren, doch stand uns noch das schwere Geschäft des Ausladens bevor. Die Stallung lag hart an der Straße, so daß wir den Wagen rückwärts bis an die Tür schieben konnten. Das Tier mußte nun auf einer angelegten Brükke rückwärts gehen, was diese Tiere nicht gern tun. Auch hier konnte schließlich nur Gewalt helfen. Stricke wurden um jedes Hinterbein gelegt und durch einen in der Stallmauer angebrachten Ring gezogen; auch die Stricke des Halses und der Vorderbeine wurden durch Ringe gesteckt, so daß wir das Nashorn so ziemlich in der Gewalt hatten. Als es aber den Wagen verlassen sollte, bekam es aufs neue einen Wutanfall, der noch durch den Tumult der Menge, die sich angesammelt hatte, geschnürt wurde. Es hieb nach rechts und links in die Seitenwände des Wagens und wollte nicht von der Stelle. Ich mußte es erst von vorn mit einem Stock bearbeiten, war dabei zwar wütenden Angriffen ausgesetzt, brachte das Tier aber endlich in den Stall.

Zu Anfang der siebziger Jahre brachte einer meiner Reisenden das erste Nashorn nach Europa. Zwar hatte es, da es noch im Jünglingsalter stand, nur eine Rückenhöhe von achtzig Zentimeter, entpuppte sich aber eines Tages als Athlet, der mir umso mehr Bewunderung abnötigte, da er mich zu einem Match herausforderte. Auf dem Transport von Triest nach Wien hatte ich mich bei dem Tier in seiner Extraabteilung einquartiert, um es persönlich zu überwachen, denn ich glaubte ja einen ganz exquisiten Schatz zu besitzen. In einer Ecke sitzend war ich eben ein wenig eingenickt, als ich von einem Ruck erwachte und die Bemerkung machte, daß das Tier meinen Rockzipfel im Maul hatte und ganz gemütlich daran herumlutschte. Mit aller Höflichkeit wollte ich meinen Rock aus dem Maul des kleinen Untieres entfernen, aber das Tier nahm mir dies gewaltig übel, geriet im Handumdrehen in eine rasende Wut, stieß einen schrillen, pfeifenden Ton aus und attackierte mich. Ganz gern gestehe ich, daß ich es auf einen Kampf nicht ankommen ließ, im Gegenteil, mit einem mächtigen Satz sprang ich über Kisten und Säcke, um mich in Sicherheit zu bringen. Dabei rollte ein 150 Pfund schwerer Sack in den Stall des Nashorns, dieser Sack konnte sich natürlich nicht verteidigen und wurde von dem erbosten Tier in einer Weise in die Luft geschleudert, als ob es sich um einen kleinen Ball gehandelt hätte. Man kann sich denken, daß ich mich schleunigst ausquartierte, um dem afrikanischen Gast keine Gelegenheit zu geben, auch mit mir Fangball zu spielen. Später, auf der Reise nach London, hatte ich noch einmal Gelegenheit, das Ungestüm des Tieres zu beobachten. Für den Transport über See war ein extra starker Kasten gebaut worden, und alles ging auch gut bis London. Das Ausladen und die Überführung des Kastens aus dem Schiff auf einen Wagen mußten das Tier aber irritiert haben, denn es ward scheu und stieß so wuchtig gegen die Vorderwand seines Käfigs, daß die dicken Bretter wie Zigarrenkistenholz zersplitterten. Nur dadurch, daß ich den ganzen Käfig sofort in Segeltuch hüllte und das Tier damit in Dunkelheit versetzte, wurde Unheil verhütet.

Ein noch zierlicheres Tier als das Nashorn ist das Nilpferd, der dickhäutigste und plumpste aller Dickhäuter. Und doch hat einmal einer meiner Reisenden ein solches Tier in einem Reisekoffer transportiert. Der Wärter, den ich zur Empfangnahme des Tieres nach Bordeaux geschickt hatte, transportierte es einfach in einem großen Reisekoffer, den er als Gepäck nach Hamburg aufgab. Das Tier, ein Weibchen, stammte von der Westküste Afrikas und wog allerdings nur achtzig Pfund.

Eine noch kleinere Art von Nilpferden, und zwar die kleinste, kommt aus Liberia. In den sechziger Jahren wurde ein junges Tierchen dieser Rasse, das ein Gewicht von noch nicht ganz dreißig Pfund hatte, über Liverpool nach Dublin gebracht, wo es indes nur einige Wochen lebte. Es war das erste und einzige Zwergnilpferd, welches überhaupt jemals nach Europa gebracht wurde. Die größten Nilpferde dagegen kommen aus Ostafrika und aus dem Sudan.

Mit diesen großen Tieren, die ebenso wie ihre Verwandten, die Rhinozerosse, eine Disposition zum Wütend-werden besitzen, ist nicht zu spaßen. Eines dieser Tiere hat mich einmal zum Schnelläufer gemacht. Es war ein großes, ausgewachsenes weibliches Tier, das ich vor etwa 25 Jahren erwarb. Es war in Hamburg angekommen und sollte aus seinem Wagen in den Stall gebracht werden. Die Dame war aber eigensinnig, hatte nicht nur ein dickes Fell, sondern auch einen Dickkopf und wollte um keinen Preis aus dem Wagen heraus. Hielt man ihr Futter hin, so setzte sie zwar den Fuß auf die Laufbrücke und schnappte nach dem Leckerbissen, zog sich dann aber wieder zurück. Einige Stunden ließ ich mir die Laune der dicken Schönen gefallen, dann bekam meine Galanterie ein Loch, mir riß der Geduldsfaden.

Nachdem alles gut vorbereitet und die kurze Strecke vom Wagen zum Käfig auf beiden Seiten abgesperrt war, gab ich meinen Leuten den Auftrag, dem Tiere von hinten ganz heimtückisch mit einem Brett einen kräftigen Stoß zu versetzen, damit es der Schreck vorwärts triebe. Die Absperrung auf der einen Seite bestand in einem großen, mit Draht bezogenen Holzrahmen, der abgestützt war und außerdem noch von zweien meiner Leute, die natürlich hinter dem Gitter standen, gehalten wurde. Ich selbst stand unten an der Brücke und lockte das Nilpferd mit einer Handvoll Futter. Wieder kam es zwei Schritt vorwärts, schnappte und wollte sich zurückziehen. In diesem Augenblick rief ich dem Wärter zu, der Dame ganz ungeniert eins auf das Hinterteil zu verabfolgen. Aber o weh! Sie verstand diese Liebkosung falsch, flog mit weitoffenem Rachen und mit solcher Vehemenz vorwärts, daß die Brücke unter ihr zusammenbrach. Jetzt wandte sie sich in ihrer Wut seitwärts gegen die Leute, welche hinter dem Gitter standen, attackierte das Gitter, dieses stürzte um und begrub unter sich die beiden Leute. Schnaubend vor Wut ging das Tier jetzt gegen die Wehrlosen vor, und schlimm hätte es für sie ablaufen können, wäre mir nicht blitzschnell der rettende Gedanke gekommen. Ich stand seitwärts in dem Gehege, in welches das Tier hineingetrieben werden sollte, und übersah mit einem Blick die gefährliche Situation. Gelang es mir nicht, das Tier von den gefallenen Leuten abzulenken, dann war ein Unglück gewiß. Ohne Besinnen gab ich dem Nilpferd einen mit voller Kraft geführten Stoß mit dem rechten Fuß, und die Wirkung war erstaunlich. Mit Blitzesschnelle drehte es sich nach mir herum und sprang mit offenem Rachen auf mich zu. Ich war auf meiner Hut und lief, lief wie nie vorher in meinem ganzen Leben. Die wütende Bestie hinter mir, sprang ich quer durch das Gehege, über das Bassin hinweg und auf der anderen Seite durch das eiserne Gitter wieder hinaus, dessen Stäbe etwa einen Fuß weit auseinanderstanden. Draußen lief ich wie rasend um das Gehege zurück und schloß die Tür – das Nilpferd war gefangen.

Dieselbe Nilpferddame bekam kurze Zeit darauf Besuch. Neben dem Stall des Nilpferdes hauste ein Riesenkänguruh, das eines Abends den Vorsatz faßte, seine imposante Nachbarin mit der junonischen Figur zu besuchen. Da die Tür verschlossen war, führte es ein wahres Turnerkunststück auf und übersprang die sechseinhalb Fuß hohe Wand. Als ich vom Wärter gerufen wurde, bot sich mir das seltsamste Schauspiel dar. Das Känguruh stand vor dem Nilpferd und ließ unausgesetzte kräftige Ohrfeigen auf seine große Schnauze niederhageln. Und das Nilpferd wehrte sich nicht. Mit einem Tritt seines Fußes oder mit einer kräftigen Wendung seines enormen Kopfes hätte es das Känguruh vernichten können, aber es war einfach starr, sprachlos, verblüfft über die unglaubliche Frechheit des Eindringlings. Eine ähnliche Verblüffung ergreift ja sogar den ahnungslosen, anständigen Menschen, wenn er plötzlich die Unverfrorenheit irgendeines Lumpen über sich ergehen lassen muß. Nachher, wenn er zur Besinnung gekommen ist, scheint es ihm unbegreiflich, daß er den Frechling nicht ohne weiteres mit einem Fußtritt an die frische Luft befördert hat. So ähnlich, natürlich in der gehörigen geistigen Abstufung, mag es auch dem Nilpferd ergangen sein. Mir bot sich in dem Intermezzo eins der lustigsten Schauspiele aus der Tierwelt, die ich je gesehen habe. Es galt aber, den ungebetenen Besucher so schnell als möglich zu entfernen, ehe er den Zorn des Nilpferdes weckte, denn der wäre sein gewisser Tod gewesen. Schnell ließ ich mir das Seehundswurfnetz holen, mit dem ich Seehunde aus ihrem Bassin herauszufangen pflegte, baute mir ein Gestell, das ich flink bestieg, und operierte nun über die Wand hinweg so glücklich, daß das Känguruh sich innerhalb weniger Augenblicke in dem Netz verwickelte und herausgezogen werden konnte.

Von einer weit ungemütlicheren Gesellschaft möchte ich jetzt ein wenig erzählen. Es sind Tiere, mit denen man keine Freundschaft schließen kann, im Gegenteil, es muß immer heißen: drei oder noch mehr Schritt vom Leibe, wenn man nicht zu Schaden kommen will – ich spreche nämlich von den Krokodilen. Vielleicht ist es ein Glück, daß ich schon in meiner Jugend von einem Krokodil einen Denkzettel erhielt, der mir für mein ganzes späteres Leben eine heilsame Lehre war. Von einem nur zwei Fuß langen Krokodil wurde ich in den Zeigefinger der rechten Hand gebissen, aber ich machte mir nicht viel daraus. Und daran tat ich unrecht. Nach drei Stunden fühlte ich einen furchtbaren Schmerz nicht nur in dem gebissenen Finger, sondern im ganzen Arm, die Hand begann zu schwellen und die Schwellung sich gegen den Arm hin zu verbreiten. Jetzt erst wusch ich auf den Rat meines Vaters die Wunde mit eiskaltem Wasser aus und badete den Arm während der ganzen Nacht, denn an Schlummer war ohnedies infolge der furchtbaren Schmerzen nicht zu denken. Der am nächsten Morgen hinzugezogene Arzt bezeichnete die vorgenommene Kaltwasserbehandlung als ein großes Glück, da der Arm in Gefahr gewesen sei. Die Geschwulst zog erst langsam ab.

Seitdem sind mehr als 2 000 Krokodile durch meine Hände gegangen, und wie man sieht, bin ich von keinem verspeist worden. Trotz aller Vorsicht habe ich aber doch einen Fall erlebt, wo ich ganz nahe daran war, den Krokodilen als Futter zu dienen. Ich war gerade mit dem Einpacken von zwanzig Alligatoren beschäftigt, die zur Zeit der vorletzten Düsseldorfer Ausstellung im dortigen Zoologischen Garten mit einer großen Reptiliensammlung zur Schau gestellt werden sollten. Diese Alligatoren waren sechs bis zehn Fuß lang. Schon hatte ich sechs Stück der Tiere glücklich dem Bassin entnommen, als etwas ganz Seltsames passierte, das in tausend Fällen den gewissen Tod bedeutet hätte. Das Ganze spielte sich viel schneller ab, als ich es hier erzählen kann. Als ich das siebente Exemplar dem Wasser entnehmen wollte, erhielt ich plötzlich einen so heftigen Schlag mit dem Schwanz, daß ich kopfüber ins Bassin stürzte, und zwar der Länge nach mitten zwischen die übrigen Krokodile. Es ist unfaßbar, mit welcher Schnelligkeit der Mensch im Augenblick der Gefahr zu denken und zu handeln vermag. Gedanke und Tat sind wie Blitz und Schlag. Schneller noch als hineingestürzt, ja mit blitzartiger Geschwindigkeit arbeitete ich mich aus dem Bassin wieder heraus – unversehrt. Die Krokodile waren gar nicht erst zur Besinnung gekommen. Hätte mich auch nur ein einziges Tier angepackt, dann wäre ich unrettbar verloren gewesen.

Bin ich auch selbst glücklicherweise nicht mit hineingezogen worden, so habe ich doch Alligatorenkämpfe beobachten können, bei denen mir nicht ganz wohl zumute war. Diese Tiere sind in ihrer Wut unerbittlich, sie verbeißen sich wie die Ameisen ineinander und lassen nicht los, wenn auch der ganze Kopf darüber zerfleischt wird. Einem solchen Kampf wohnte ich in den achtziger Jahren bei. Wir empfingen damals einen der größten Transporte dieser Tiere, annähernd 300 Stück Alligatoren in verschiedenen Größen. Die Tiere, welche seit ihrer Gefangennahme in den Transportkästen gesessen hatten, waren sehr bösartig geworden, ihr wütendes Schnaufen klang etwa so, als wenn eine Maschine Dampf abläßt. Vorsicht beim Auspacken war also doppelt geboten. Die Kasten wurden einzeln in das Gehege hineingeschoben, in welchem ein großes Bassin lag, das für die Aufnahme der Tiere bestimmt war. Zunächst öffnete ich die Bretter am Kopfende des Kastens, reizte die Tiere dann am anderen Ende vermittels eines Stöckchens und setzte sie auf diese Weise leicht in Bewegung. Alles schien gut zu gehen. Das erste Tier kletterte aus seinem Kasten und verschwand im Bassin. Die anderen machten es teils ebenso und gingen direkt ins Wasser oder blieben am Rande auf dem Land liegen. Als der fünfte und sechste Alligator zum Vorschein kam, gingen die Tiere ohne ersichtlichen Grund wie bissige Hunde aufeinander los, und nach wenigen Augenblicken waren alle sechs Krokodile ein einziger sich wälzender Knäuel, der unter Fauchen und Pusten und mit wild das Wasser peitschenden Schwänzen auf und ab tauchte. Die Tiere wüteten auf grauenvolle Weise. Sie packten sich gegenseitig mit den starken Kiefern und rangen fast bis zur Erschöpfung, dann drehte sich der stärker Gebliebene, ohne loszulassen, im Wasser herum, daß der Kiefer des Unterlegenen krachend und knirschend zerbrach. Hoch spritzte das Wasser in die Luft und färbte sich langsam rot vom Blut aus vielen schrecklichen Wunden. Ein Dazwischenspringen gab es nicht, man mußte dem Kampf untätig zusehen. Alles, was wir zu tun vermochten, war folgendes: wir ließen das Bassin bis oben vollaufen, damit die Tiere mehr Schutz unter dem Wasser finden konnten.

Am nächsten Morgen, nachdem das Wasser wieder abgelassen war, ward der ganze Schaden offenbar. Fast alle Kämpfer waren auf der Walstatt geblieben, wenn auch vier von ihnen noch lebten. Zweien waren die Unterkiefer und teils auch die Oberkiefer in Stücke gegangen, und diese beiden Tiere hatten bereits ausgelitten. Zwei anderen Tieren waren die Vorderbeine total abgedreht, sie hingen nur noch an der Haut. Einem fünften war ein Auge ausgelaufen, und dem sechsten endlich hatten die freundlichen Kameraden ein Stück des Schwanzes heruntergerissen. Mit einem Wort, alle waren gräßlich zugerichtet. Nach acht Tagen war nur noch ein einziges Tier von den sechsen am Leben, dasjenige mit dem verstümmelten Schwanz; es genas langsam, und ich konnte es später zu Geld machen, freilich nur ein schwacher Trost für den großen Verlust.

Zum Füttern der Tiere wählte ich möglichst heiße Tage aus und bevorzugte die Abendstunden. Bewaffnet mit einem Eimer voll kleingeschnittener Lungen von Rindern oder Pferden, begab ich mich an das Bassin und warf die Stücke in kurzen Zwischenräumen auf die Art ins Wasser, daß sie die Oberfläche klatschend berührten. Die Krokodile streckten dann ihre Köpfe hervor und schnappten nach der Lunge. Nachdem sie diese Fütterungsart kennengelernt hatten, kam eine andere daran. Fleisch, welches durch Draht an einer Holzstange befestigt war, wurde so lange auf dem Wasser hin und her bewegt, bis die Tiere die Nahrung erfaßten. Auch hieran gewöhnten sie sich meistens sehr bald. Mit der Zeit ging ich immer näher an das Bassin heran und habe es fertiggebracht, daß einzelne dieser wildgefangenen Tiere schon nach vier bis sechs Wochen sich von mir aus der Hand füttern ließen. Ein Freundschaftsverhältnis zwischen diesem Reptil und dem Menschen ist natürlich ganz und gar ausgeschlossen. Ich bin auch überzeugt, daß die Tiere zwischen dem hingehaltenen Fleisch und der Hand, welche das Fleisch hielt, wenig Unterschied gemacht haben würden, hätte man nicht die nötige Vorsicht walten lassen. Sie nahmen das Futter unter Fauchen, aber ohne besondere Bösartigkeit an, und das war alles.

Kleinere Krokodile, Tiere von etwa drei bis vier Fuß Länge, die im Schlangenhaus hinter Glasscheiben gehalten wurden, habe ich häufig schon nach acht Tagen dazu gebracht, daß sie auf ein leichtes Klopfen an die Scheiben sogleich nach vorn kamen und das Futter direkt aus der Hand nahmen. Übrigens sind diese gepanzerten Echsen sehr gefräßig. Ein neun Fuß langes, also gar nicht einmal sehr großes Exemplar hat es einmal fertiggebracht, vor meinen Augen zu einer Mahlzeit 48 Pfund Fleisch zu verschlingen.

Bei guter Pflege wachsen Krokodile sehr schnell. In völlig erwachsenem Zustand haben die Alligatoren eine Länge von zwölf Fuß. Man will zwar Tiere von vierzehn Fuß Länge geschossen haben, mir aber ist niemals ein größeres Exemplar als von zwölf Fuß Länge vorgekommen, und dies sah ich vor fünf Jahren im Zoologischen Garten in New-York.

Im Vergleiche mit den großen indischen Krokodilen im Ganges und im Brahmaputra sind die amerikanischen Alligatoren nur Zwerge der Sippe. Einen dieser Riesen hat ja Kipling zum Gegenstand seiner großartigen Tierschilderungen gemacht; sie heißt „Die Leichenbestatter", und der Held ist eines jener großen Krokodile, Gaviale genannt, ein Riese von vierundzwanzig Fuß Länge, der im Strom unterhalb eines Inderdorfes liegt und das Dorf seit Menschengedenken brandschatzt. Das ist der „Mugger von Muggerghat". Das Ungeheuer lag „in einem Gehäuse, das aussah wie dreifach vernietete Dampfkesselplatten, mit Nägeln beschlagen, verkielt und verpecht; die gelben Spitzen der

Oberzähne überragten anmutig den schön flötenförmigen Unterkiefer". Ich glaube, Kipling kommt der Wahrheit ziemlich nahe.

Kein Tier vielleicht hat in den modernen zivilisierten Ländern einst ein solches Aufsehen hervorgerufen wie die Giraffe. Nachdem durch die Zoologischen Gärten nun auch diese Tiere so bekannt geworden sind, daß sie manches großstädtische Bürschchen häufiger zu sehen bekommt als Kühe und Schweine, kann man sich kaum vorstellen, ein wie unglaubliches Staunen die ersten nach Europa gelangten Tiere beim Publikum erregten. Die groteske, an die vorweltlichen Riesen gemahnende Gestalt dieses Säugers macht das Staunen völlig berechtigt. Auf den ersten Blick erscheint dieses Tier ganz ungeeignet für die Gefangenschaft; wie Gulliver in Liliput, so tritt es in unsere auf viel kleinere Geschöpfe berechnete Kulturwelt. Man kann sich denken, daß die ersten Transporte dieser Tiere mit vielen Schwierigkeiten zu kämpfen hatten. Wollte man die Tiere nicht im Freien nächtigen lassen, so mußte man geeignete Räume für sie finden – aber wie und wo? Erwiesen sich doch alle Ställe als zu eng und niedrig. Selbst in solchen Ställen, die als wohlgeeignet gelten konnten, kam es zu eigenartigen und schmerzlichen Zwischenfällen. Wohl mag die Giraffe in der freien Natur ihr Haupt hoch tragen, ist sie doch, um das Laub der Bäume erhaschen zu können, auf den langen Hals angewiesen; in der Gefangenschaft aber kann er ihr zur Klippe werden. Vor Jahren, es war im Sommer 1876, verlor ich drei Giraffen auf einmal, alle drei gingen trotz sorgfältiger Pflege durch einen seltsamen Umstand zugrunde. Man fand die drei Tiere eines Morgens hilflos am Boden, noch lebend, aber alle drei mit zersplittertem Genick. Der Stall war hoch und breit genug, dennoch mußten die Tiere, vielleicht bei einer Balgerei, mit den Köpfen gegen die Wand geschlagen sein und hatten sich dabei die zarten Halswirbel gebrochen. Ähnliche Fälle erlebte ich noch zweimal, und in allen blieb nichts übrig, als die Tiere sofort zu töten.

Die Giraffen können im übrigen durchaus nicht als zarte oder überempfindliche Tiere gelten. Verschiedene Menagerien haben jahrelang Giraffen mit sich herumgeführt. Ein Exemplar, welches ich an Barnum verkaufte, widerstand volle acht Jahre den Strapazen des Umherreisens im Zeltzirkus und würde sicherlich noch viel länger ausgehalten haben, wäre es nicht durch einen Unglücksfall ums Leben gekommen.

Das sonderbare Tier, zu dessen stärksten Seiten nicht die Klugheit gehört, ist fromm genug innerhalb seiner vier Pfähle. Wenn es aus großen dunklen Augen, die unter wagerechten Lidern wie unter zwei Dächern liegen, auf den Beschauer niedersieht, wenn es im Gehege mit seinen Stelzenbeinen muntere Sprünge vollführt oder mit weitgespreizten Vorderläufen ein Blatt vom Boden aufnimmt, immer ist es interessant und kurzweilig. Alles das ändert sich für den, der eine Giraffe oder gar mehrere frei über die Straßen zu führen hat. Leicht werden diese Geschöpfe scheu, und ihre langen Beine, die sie schnell vorwärts tragen, sind dann gefährliche Instrumente. Von kleinen und großen Abenteuern, die mir auf Giraffentransporten begegnet sind, könnte ich viel erzählen. Ernstes und Heiteres, und das Heitere zuweilen mit einem bitteren Beigeschmack, wie die folgende Episode.

Im Jahre 1876 verkaufte ich u. a. zwei große Giraffen nach dem Zoologischen Garten in Wien, die ich selbst vom Bahnhof aus durch den Tiergarten nach ihrem Bestimmungsort hinüberführte. Wie immer bei solchen Gelegenheiten, fand sich ein großes Gefolge von Neugierigen, die sich an den Eskapaden der Tiere ergötzten. Solange die Leute sich nur in gehöriger Entfernung halten und die Tiere nicht durch mutwilligen Lärm unruhig machen, hat das Gefolge nichts weiter auf sich. Freilich finden sich immer einige Vorwitzige. So auch hier. Ein junger, geschniegelter Herr mit einem feingebügelten Zylinder auf dem Kopf, wagte sich stets ganz nahe an die Tiere heran und war durch keine Warnung zurückzuhalten, trotzdem die Tiere unruhig wurden. Wenn die Giraffen zu springen anfingen, sprang auch das neugierige Herrchen dicht hinterher. Die Gefahr erkennend, rief ich dem Unbesonnenen mit lauter Stimme zu zurückzubleiben. Umsonst. In diesem Augenblick standen die Tiere plötzlich still, und das eine schlug mit dem Hinterhuf nach dem Verfolger, und zwar so glücklich, daß der Huf den Zylinder traf, der einen Augenblick in der Lust umherwirbelte und dann zu Boden fiel. Noch sehe ich den so gut Davongekommenen vor mir, totenbleich, seines bißchen Geistes völlig beraubt, dann seinen Hut aufraffend und schleunigst verschwindend. Nur um zwei Zentimeter hätte der Mensch der Giraffe näher zu sein brauchen, dann wäre nicht sein Zylinder, sondern vielleicht seine Hirnschale in die Luft geflogen.

Die durchgebrannten Giraffen gehen in die Dutzende, und wenn es auch weiter keinen Zweck hat, so lernt man dabei doch das Laufen. Dazu muß man die Giraffen aber natürlich am Halfter haben. Mir fällt da eine kleine Episode ein, die ich mit einer Giraffe in Suez erlebte, als ich sie von den Stallungen nach dem Bahnhof überzuführen hatte. Das Tier hatte bereits längere Zeit in Suez in einer Stallung gestanden und war, wie Pferde, wenn sie lange nicht bewegt worden sind, ganz besonders mutig aufgelegt. Außerdem war es ein kräftiges Tier. Zwei Leute nahm ich zur Hilfeleistung mit mir. Der Fehler aber, den ich beging, war der: den langen Strick, an dem das Tier befestigt war, hatte ich dummerweise mehrere Male fest um meinen Arm geschlungen. An der anderen Seite des Halses gingen die beiden Hilfsführer. Das Tier ging zunächst etwa zwanzig Schritt ruhig mit, richtete sich dann plötzlich in die Höhe und ging durch. Meine beiden Helfer, die sich natürlich nicht festgebunden hatten, wurden zur Seite geschleudert, ich aber mußte mit; nicht ich hatte die Giraffe am Strang, sondern sie mich, in Riesensprüngen wurde ich neben dem Tier hergeschleppt und hatte zunächst nur noch den einen Gedanken: nicht zu fallen. Denn fiel ich, so würde ich zu Tode geschleift.

In einem entsetzlichen Galopp raste die Giraffe, und ich natürlich mit, quer durch Suez. Zuerst ging es auf ein wahres Gebirge zerbrochener Flaschen los und darüber hinweg, dann durch die Straßen, um Ecken und Winkel, mitten in eine Volksmenge, die auseinanderstob, wohl zwei Kilometer weit. Mein Glück war es, daß ich gewandt und biegsam war; schließlich ging mir aber doch der Atem aus, und ich machte einen letzten, verzweifelten Versuch, mich von dem Strang zu befreien. Endlich gelang es, und ich fiel platt auf die Straße. Im nächsten Augenblick wäre es sicher um mich geschehen gewesen, denn als ich jetzt lag, konnte ich mich nicht wieder erheben, so ganz außer Atem war ich gekommen. Der Giraffe schien es aber nicht anders zu gehen, sie lief nur noch um etwa fünfzig Meter weiter und blieb dann in der Nähe einer Telegraphenstange stehen, wo sie sich von einem Negerjungen ruhig anbinden ließ. Damit war das Abenteuer zu Ende, einer Wiederholung ging ich dadurch aus dem Wege, daß ich sofort ein halbes Dutzend handfester Araber antreten ließ, die im Vereine mit mir und meinen eigenen Leuten, zusammen neun Mann hoch, weitere Fluchtpläne der unternehmungslustigen Giraffe vereitelten.

VI. Dressur wilder Tiere

Auch für die Tiere, die aus der freien Wildnis in die Gefangenschaft versetzt werden, ist eine humanere Zeit angebrochen. Was man früher unter Dressur verstand, verdiente diesen Namen durchaus nicht, viel eher hätte man alle jene Prozeduren als Tierquälerei bezeichnen dürfen, während die heutige Dressur wirklich den Namen einer Schule verdient. Die Hilfsmittel der Tierbändiger früherer Zeiten waren Peitsche, Stock und glühend gemachte Eisen. Man kann sich denken, daß die Tiere niemals Vertrauen zu ihren Herren faßten, sondern ihre Peiniger nur fürchteten und grimmig haßten. Von einer Auswahl der einzelnen Exemplare war natürlich nie die Rede.

Das ganze Kunststück bestand darin, daß man die Tiere durch Schläge und durch Berühren mit dem heißen Eisen dermaßen in Furcht versetzte, daß sie beim bloßen Anblick der Schreckmittel schon durch den Käfig flohen und dabei etwaige Hindernisse, mit denen man den Weg absperrte, übersprangen. Wenn die Tiere aber so weit gebracht worden waren, waren sie gewöhnlich schon arg zugerichtet. Vor vielen Jahren sah ich einmal in England auf einer Auktion vier „dressierte" Löwen, denen die ganzen Schnurrhaare abgesengt und die Mäuler schrecklich verbrannt waren. Selbstverständlich gehörte es damals nicht zu den Seltenheiten, daß die Tierbändiger angefallen und zerfleischt oder zerrissen wurden. Die Löwen und Tiger, die auf solche Weise in der Gefangenschaft zu Menschenfressern wurden, trifft keinerlei Schuld; denn schließlich handelten sie nur in Notwehr, als sie ihre Peiniger anfielen. Der Grundcharakter der Raubtiere ist nicht bösartig, sie sind empfänglich für Freundschaft und Wohlwollen und erwidern Vertrauen mit Vertrauen.

In jungen Jahren habe ich vielfach Gelegenheit gehabt, sowohl in England wie in Deutschland, diese wilden Dressuren zu beobachten, und schon damals war in mir der Wunsch rege, die sinnlose Art der Behandlung der armen Tiere durch eine vernunftgemäßere zu ersetzen. In Hamburg wurde diese Art der Raubtierdressur vor vielen Jahren zuerst im Zirkus Renz durch den Dresseur Batty vorgeführt. Dieser Kühne – so muß man die damaligen Tierbändiger angesichts der tatsächlichen Gefahr, in die sie sich begaben, wohl nennen – arbeitete, wenn ich nicht irre, mit sechs Löwen. Aber auch seine ganze Dressur bestand darin, daß er die Löwen, nachdem sie durch Schreckmittel scheu gemacht waren, im Käfig umhertrieb, wobei sie dann über Barrieren fetzten, die von draußen hineingeschoben wurden. Schließlich stand Batty in der Nähe des Ausgangs, feuerte hier aus einem Karabiner mehrere Schüsse ab und retirierte durch einen Vorhänge-Sicherheitskäfig aus dem Wagen. Das ganze Wunder einer solchen Vorführung bestand eigentlich darin, daß die Tiere nicht über den „Bändiger" herfielen.

Freilich gab es auch in der wilden Dressur verschiedene Auffassungen, wenn auch das System im allgemeinen das gleiche blieb. Es gab Leute unter den Dresseuren, die ihre Tiere gut behandelten, soweit es das System nur erlaubte, und sich jedenfalls von unnötigen Grausamkeiten fernhielten. Zu dieser Kategorie gehörte der Nachfolger Battys, nämlich Cooper. Durch kluge Beobachtung war er schon damals zu einer Maßnahme gekommen, die in der zahmen Dressur beinahe als ein Gesetz gilt. Wie man heute solche Tiere, die für eine Schulung nicht genügend Intelligenz besitzen, rechtzeitig aus den zusammengestellten Gruppen absondert, so entfernte Cooper diejenigen Tiere, die zu bösartig geworden waren und Unsicherheit in die Arbeit brachten.

Die Zeiten der Gewaltdressuren sind jetzt vorbei, schon deshalb, weil man mit Gewalt nicht den hundertsten Teil dessen erreichen kann, was sich mit Güte erzielen läßt. Aus diesem Grunde habe ich aber seinerzeit die zahme Dressur nicht eingeführt, sondern es geschah aus Mitgefühl und aus der Erwägung, daß es einen Weg zur Psyche des Tieres geben muß. Dieser Weg führt nicht einmal abseits. Zwischen der Behandlung eines wilden und eines höheren Tieres kann kein großer Unterschied bestehen, ihre Intelligenz ist nur dem Grade, nicht der Art nach verschieden. Die Tiere besitzen ein feines Unterscheidungsvermögen in bezug auf die Art, wie man ihnen begegnet, sie sind fähig, Freundschaften zu schließen, auch mit dem Menschen, und besitzen ein mehr oder minder stark ausgeprägtes Erinnerungsvermögen. Auf dieses stützt sich die Dressur am meisten. Wie es mit der übertriebenen Gefährlichkeit wilder Tiere aussieht, darüber habe ich den Leser bereits in dem Abschnitt über die Raubtiere in der Gefangenschaft unterrichtet. Zwar klingt es widersinnig, aber dennoch muß ich es wiederholen, daß die meisten großen Raubtiere von Natur gutmütig sind. Die Dressur verlangt von den wilden Tieren allerdings etwas, was ihrem Wesen fremd ist. Einem Löwen im freien Waldesdickicht wird es nicht einfallen, auf einem Pferde zu reiten, oder einem Tiger im Dschungel, durch einen Reifen zu springen. Auch nicht jedes Tier, nicht jeder beliebige Löwe oder Tiger eignet sich zur Ausführung von Kunststücken. Manche sind ungeschickt, viele gewöhnen sich nie an Gehorsam, andere sind nervös oder vergessen das Erlernte von heute auf morgen.

Die individuelle Auswahl der zur Dressur geeigneten Tiere ist so recht eigentlich eine Errungenschaft der neuen Schule. Nur wer die Gabe besitzt, diesen eigentümlichen Charakter im Tiere beobachten zu können, hat Talent und Beruf zum Dresseur. Als ich die zahme Dressur einführte, bestand meine Aufgabe nicht nur darin, an die Stelle von Peitsche, Knüppel und glühendem Eisen eine freundliche, gerechte Behandlung der Tiere, gestützt auf das System von Belohnung und Strafe, zu setzen, sondern auch in der Aufgabe, den Charakter jedes einzelnen Tieres zu studieren. Bei Dresseuren, die diesen Namen überhaupt verdienen, geschieht das heute allgemein. Vom ersten Augenblick an, wenn die Tiere in die Hand des Dompteurs gelangen, wollen sie beobachtet sein, und nach dem Resultat dieser Beobachtung richtet sich im einzelnen die Behandlung. Wie Kinder, so verlangen einzelne Tiere mehr aufmunternde Liebkosungen als andere, manche wollen infolge eines störrischen, wenn auch nicht bösartigen Charakters mit Strenge behandelt sein.

Werfen wir einmal einen kurzen Blick auf die ersten Stunden in der Dressurschule. Die Tiere, welche zu einer Gruppe zusammengestellt werden sollen, lauter jugendliche Exemplare, sind nach ihrer äußeren Schönheit ausgewählt und für ihren Beruf als Artisten bestimmt worden. Nehmen wir an, es seien Löwen, Tiger, Panther, Leoparden, Eisbären und Hunde. Vor allem gilt es, die Tiere miteinander bekannt zu machen; denn ließe man sie alle auf einmal unvorbereitet in einen gemeinsamen Käfig, so würde ohne weiteres die gefährlichste Balgerei entstehen. Die Tiere werden also in einer Reihe von Einzelkäfigen untergebracht, die aber nur durch Gitterstäbe voneinander getrennt sind. Alle können einander sehen und in ihrer Sprache miteinander sprechen. Der Dompteur hat Zeit, sich mit jedem einzelnen seiner Zöglinge zu beschäftigen und ihn durch Besuche und Liebkosungen an sich zu gewöhnen. Nach geraumer Zeit kommen die Tiere zur ersten Schulstunde gemeinsam in eine große Arena, selbstverständlich unter Aufsicht ihres Lehrers. Wie in der Schule für kleine Kinder wird aber auch hier in der ersten Stunde noch nicht gearbeitet, die Tiere lernen sich jetzt erst näher kennen, spielen miteinander und mit dem Lehrer und machen sich mit der neuen Örtlichkeit vertraut.

Vom ersten Augenblick dieses Beisammenseins an hat der Dompteur ein wachsames Auge auf jedes einzelne Tier. Häufig hat er Gelegenheit, mit einer noch freundschaftlichen Mahnung Auseinandersetzungen zwischen den Tieren zu verhindern. Alle jungen Tiere, überhaupt alle Tiere, besitzen eine große Zuneigung zum Spielen, aber sie erzürnen sich auch leicht miteinander. Hier naht sich ein Eisbar mit tölpelhaftem Schritt einem Löwen und möchte ihn an der Mähne zausen, der Löwe versteht die Berührung falsch und versetzt dem Kollegen aus dem Norden eine Ohrfeige. Sofort ist der Dompteur da und macht den Löwen durch einen wohlgemeinten Rippenstoß darauf aufmerksam, daß man hier höflich zu sein hat. Einem Tiger, der von Natur vielleicht ein kleiner Rowdy ist, fällt es ein, dem friedlich neben ihm hertrottenden Leoparden eins mit der Tatze zu versetzen, der Leopard faucht wütend und duckt sich zum Sprung, aber schon ist der Lehrer da und treibt die Kampfhähne auseinander. Schon bei diesem ersten Zusammensein kann man sich ein oberflächliches Bild von den Charakteren der einzelnen Tiere machen und die Friedfertigen von den Angriffslustigen, die Gehorsamen von den Widersetzlichen unterscheiden. Bei der Dressur entscheidet aber nicht nur der Charakter, sondern hauptsächlich auch das Talent. In der zweiten Stunde sind die Geräte und Dekorationsstücke bereits in der Arena aufgestellt, denn der Plan der Vorführung muß natürlich bis in alle Einzelheiten fertig sein, ehe man überhaupt mit der Dressur anfängt. Eine Gruppe von Böcken ist treppenartig aufgestellt, an der Seite liegt eine Tonne, auf deren Rücken einer der Tiger balancieren lernen soll. Der Dompteur ist mit einer Peitsche und einem Stock ausgerüstet, viel wichtiger aber ist die Ledertasche, die er sich an einem Riemen um den Leib geschnallt hat, denn sie enthält kleine Fleischstückchen. Die Tiere werden in die Arena gelassen und schauen mit Staunen den imposanten Bau an. Es geht aber sofort an die Dressur, denn nur in der Arbeit kann der Dompteur sich ein feststehendes Urteil über seine Tiere bilden. Auf der obersten Stufe der Pyramide aus Holzböcken soll ein Löwe stehen. Auf den beiden zweithöchsten zwei Tiger, unten zwei Leoparden, und davor auf zwei Böcken sollen die Eisbären sitzen, während die Hunde über die Leoparden hinwegspringen. Eine unendliche, überhaupt gar nicht zu beschreibende Geduld wird dazu gehören, alle die verschiedenen Tiere dazu zu bringen, daß sie ihren Platz einnehmen, ruhig auf demselben verharren und nicht eher herabsteigen, bis sie dazu den Befehl erhalten. Nicht weniger Geduld wird es in Anspruch nehmen, es dem Tiger begreiflich zu machen, daß er sich auf der rollenden Tonne im Gleichgewicht halten muß und nicht herabspringen darf.

Vom ersten Anfang an muß jeder Schritt, den eines der Tiere tun soll, berechnet sein. Denn die Vorführung stützt sich später auf die Gewohnheit, die in dem Tiere fest eingewurzelt sein muß. Schon vom Augenblick der Auswahl an hat man den vierbeinigen Artisten Namen gegeben, bei denen sie gerufen werden, und jedesmal, wenn etwas von ihnen verlangt wird, bekommen sie ihren Namen zu hören, damit das Ohr sich an den Klang gewöhnt. Zuerst, nachdem die Tiere in die Arena eingetreten sind, gilt es, jedem einen festen Platz zu geben. Zu diesem Zwecke sind an den Wänden niedrige Böcke aufgestellt, die in jeder Vorstellung unweigerlich auf derselben Stelle stehen müssen. Jedem Tiere muß gelehrt werden, sich auf den für ihn bestimmten Bock hinzusetzen und nach jedem Trick, den es ausgeführt hat, oder nach jeder Szene, in der es mitgewirkt hat, selbständig auf diesen Bock zurückzukehren. Der Dompteur tritt auf einen der Löwen zu, spricht begütigend mit ihm und hält ihm ein Stückchen Fleisch vor, mit dessen Hilfe er ihn nach dem Bock zu führen sucht. Vielleicht wendet er auch schärfere Maßregeln an und packt den Zögling am Fell, um ihn auf diese Weise nach seinem Bestimmungsort zu geleiten. Die Belohnung ist aber noch nicht verdient, das Tier muß den Bock erklettern; erst wenn es dies getan hat, erhält es ein Stück Fleisch. Noch hat es keine Ahnung, daß es auf dem Bock sitzenzubleiben hat, und auf die zahllosen Versuche, herabzusteigen und frei herumzulaufen, folgt immer wieder das mühsame Locken, Zurückführen und Auf-den-Bock-bringen, bis das Tier es endlich zu begreifen anfängt, was man von ihm verlangt. Und auf diese Weise muß jedes einzelne Tier, das zur Gruppe gehört, zunächst an seinen Platz gewöhnt werden.

Sind endlich, nach langen Mühen, alle Tiere der Gruppe dahin gebracht worden, daß sie auf ihren Böcken Platz nehmen und dort bleiben, dann erwächst häufig eine neue Schwierigkeit. Gewöhnlich befinden sich in jeder größeren Gruppe einige Streitmacher, die es nicht fertig bringen, ruhig neben ihren Kameraden zu sitzen. Auch diese Störenfriede müssen durch andere Tiere ersetzt werden, damit der Friede bewahrt bleibt. Und nun endlich geht es in die höhere Klasse; der Elementarunterricht, der darin besteht, Platz zu nehmen und sich anständig zu betragen, ist beendet. Jetzt erst muß es sich zeigen, welche von den Zöglingen wirklich Intelligenz und Talent besitzen, denn meistens stellt es sich erst im Verlaufe der höheren Dressur heraus, welche Tiere man wieder hinauskomplimentieren muß. Jedenfalls ist inzwischen so viel erreicht worden, daß die Tiere nicht anders als Haustiere auf ihren Namen hören, aufs Wort gehorchen und, solange man sie nicht braucht, auf einem bestimmten Platz sitzenbleiben. Bei der Arbeit, die einzelnen Phasen der lebendigen Pyramide aufzubauen, oder bei dem Versuch, den Tiger auf die rollende Tonne zu bringen, fängt alles wieder von vorn an, und jeder Schritt muß hundertfach wiederholt werden, obgleich die Intelligenz und das Gedächtnis der Tiere stark mithilft. Je geduldiger und gütiger der Dompteur ist, desto mehr Vertrauen werden die Tiere zu ihm fassen; ist seine Güte aber nicht mit Strenge gepaart, die sich Gehorsam zu erzwingen weiß, dann wird der Vorführung die Sicherheit mangeln. Die Furcht der Zöglinge vor ihrem Lehrer darf nicht ausgeschaltet werden, in jedem Augenblicke müssen sich die Tiere der Tatsache dunkel bewußt sein, daß eine Auflehnung gegen den Willen des Gebieters unmöglich ist.

Wenn man sich nun die vielen Bewegungen vergegenwärtigt, welche die zahlreichen Tiere einer großen Gruppe ausführen müssen, und daß jeder Schritt mit Güte und Langmut und durch endlose Wiederholungen einstudiert werden mußte, dann erhält man vielleicht eine Ahnung von der engelhaften Geduld, die ein moderner Dompteur besitzen muß. Kaum ist es nötig, hinzuzufügen, daß diese Geduld nur bei solchen Menschen zu finden ist, die ihre Tiere lieben. Wie zahm aber auch die Tiere während der Schulung geworden sind und wie gut sie sich untereinander auch vertragen, immer bleiben es von Natur wilde Tiere, deren Charakter bis zu einem gewissen Grade unberechenbar ist und von denen viele bei zunehmendem Alter doch gefährlich werden. Ein guter Dompteur muß die Veränderungen, die mit seinen Tieren vorgehen, rechtzeitig bemerken, wenn er nicht zu Schaden kommen will.

Wie sicher man bei einer geschickten und vorsichtigen Behandlung der Tiere arbeiten kann, das zeigt am besten meine eigene Praxis. Viele dressierte Tiere und insbesondere viele große Dressurgruppen sind aus meiner Schule in die Welt gegangen, und eigentlich sind in den Vorstellungen, die nach Hunderten oder Tausenden zählen, nur zweimal Unfälle vorgekommen; von diesen zwei muß ich noch einen abrechnen, da er einem Manne aus dem Publikum begegnete, der sich ohne mein Vorwissen und gegen das strenge Verbot in den Raubtierkäfig begeben hatte. Ein junger Engländer fühlte während der Weltausstellung in Chicago im Jahre 1893 das brennende Verlangen, einer Raubtiergruppe im Käfig einen Besuch abzustatten. Da ihm das auf geradem Wege nicht gelang, griff er zur List. Während der Mittagspause machte er es möglich, den Käfig unbemerkt zu öffnen und hineinzuschlüpfen. Der Besuch bekam dem Ärmsten schlecht. Kaum hatte er den Käfig betreten, als er sich in den Klauen eines Löwen sah. Es gab ein großes Geschrei, das glücklicherweise den Dompteur der Gruppe blitzschnell herbeirief, und dieser Umstand rettete den Verunglückten, denn dem Dompteur gelang es, den Löwen von seiner Beute abzubringen. Der junge Engländer mußte seinen Besuch im Raubtierkäfig mit einem dreimonatigen Krankenlager im Hospital bezahlen.

Einen Unfall, der mehr auf unser eigenes Konto kommt, erlitt mein Schwager Heinrich Mehrmann, der bekanntlich einer der ersten und auch der tüchtigsten war, welche die zahme Dressur ausführten. Mehrmann führte während der Berliner Gewerbe-Ausstellung im Jahre 1896 eine gemischte größere Gruppe von Raubtieren vor. In dieser Gruppe befand sich ein schwarzer Bär, der mir bereits als ein etwas unsicherer Kantonist aufgefallen war. Ich war der Meinung und teilte dies auch Mehrmann mit, daß der Bär aus der Gruppe entfernt werden müsse. Sei es nun, daß Mehrmann die Entfernung als unbequem noch etwas hinausschob, oder sei es, daß er meiner Wahrnehmung keinen genügenden Grund beilegte, genug, nach sechs Tagen hatten wir die Bescherung. Der Bär attackierte seinen Herrn und brachte ihm ein paar Wunden bei, an denen er vier Wochen im Hospital daniederlag. Das ist aber auch alles, was an Unfällen bei unseren Dressurvorführungen vorgekommen ist, und manchen Leser, der sich die Sache viel schrecklicher vorgestellt hat, wird dies Bekenntnis wundernehmen.

Mein Bruder Wilhelm Hagenbeck hat die großen Gruppen dressierter Eisbären zuerst im Zirkus eingeführt. Er hat in dieser Beziehung wirklich Bedeutendes geleistet. Durch ihn hat es sich herausgestellt, daß die Eisbären, welche früher als unzähmbar verschrien waren, sich schließlich durch geduldige und gute Behandlung als recht gelehrige Kerle erwiesen.

Ehrlicherweise möchte ich erwähnen, daß ich selbst als eigentlicher Dresseur nicht in Betracht komme. Dagegen sind viele Dresseure, die ihren Beruf mit Glück und Geschick ausüben, aus meiner Schule hervorgegangen; sie haben von der Pike auf bei mir gedient und von mir ihren Unterricht empfangen, wie man die Tiere, ihrer Natur entsprechend, behandelt. Fast immer ging ich selbst mit in den Käfig und gewann Fühlung mit den Tieren. Mir fällt da eine kleine Episode ein, über die ich noch heute in der Erinnerung lächeln muß. In meinem Lokal am Neuen Pferdemarkt erhielt ich an einem schönen Sonntagnachmittag eine Gesellschaft von Offizieren mit ihren Damen zum Besuch, die ich durch den ganzen Tierpark führte. So kamen wir auch an die Manege, die gerade eine Gruppe von zwölf jungen Löwen enthielt. Die Tiere waren für die Chicagoer Weltausstellung bestimmt, aber noch ungeschult. Als ich mich dem Käfig genähert hatte, kamen die Löwen an das Gitter, wie es ihre Gewohnheit war, um sich von mir liebkosen zu lassen. Da meinte einer der Offiziere: „Na, na, mit dem Gitter zwischen Ihnen und den Tieren ist die Geschichte ja nicht weiter gefährlich, aber hineingehen würden Sie doch wohl nicht!“ Lächelnd erwiderte ich: „Dabei wäre auch weiter nichts. Die Tiere sind für eine neue zahme Dressur bestimmt, sie kennen mich und würden mir gewiß nichts tun.“ Ringsumher ungläubige Gesichter, irgendein ungläubiger Thomas in Uniform sagte so etwas wie: „Reden und riskieren ist zweierlei.“ Das war eine Herausforderung, auf die ich nur noch antwortete: „Hätte ich nicht gefürchtet, daß der neue Anzug, den ich gerade auf dem Leibe habe, bei der Geschichte flöten geht, dann wäre ich schon längst im Käfig. Passen Sie mal auf.“

Bei den letzten Worten war ich schon an der Käfigtür, öffnete sie, trat ein und riegelte hinter mir ab. Während draußen vor dem Gitter die Gesichter auf einmal lang wurden, umringten mich meine zwölf Löwen wie ebensoviel Hunde. Ich hatte Mühe, mir ihre plumpen Zärtlichkeiten fernzuhalten, bald hatte ich die Gesellschaft unter Kommando und führte nun mit leeren Händen, wie ich war, einige Tricks mit ihnen aus, Anfangssachen, die den Tieren bereits beigebracht waren. Wie ich es vorausgesehen hatte, bekam meinem Anzug dieser Löwenbesuch sehr schlecht, denn da die Tiere gerade in der Haarung begriffen waren, sah ich selbst bald aus wie ein Löwe. Als ich wieder im Garten anlangte, wurde ich, wie dies so häufig geschieht, mit hundert Fragen über die Tierdressur bombardiert.

Die erste Gruppe verschiedener Tiere stellte ich in den siebziger Jahren zusammen; sie bestand aus zwei gestreiften Hyänen, zwei Hunden, zwei braunen Bären und einem jungen Lippenbären. Schon in ganz jugendlichem Alter wurden diese sieben Tiere zusammengetan, sie kannten das Leben gar nicht anders als in Gemeinschaft miteinander, und bei der Zusammengewöhnung in zartestem Alter kann man ja auch Tiere befreunden, die durch ihre Natur miteinander verfeindet zu sein scheinen.

Auf einem ganz anderen Blatte steht und zu hochinteressanten Experimenten führt Zusammenstellung von Raubtieren mit Haustieren:

Gegensätze, die einander in der Natur ausschließen. Der Löwe, der in der Wildnis den Stier als seine Nahrung betrachtet, muß sein Wesen gänzlich verleugnen, wenn er diesem Tier, das alle seine wilden Instinkte aufregt, freundlich und friedlich begegnen soll. Die friedliche Ziege, die sich von milden Kräutern nährt, soll furchtlos dem blutgierigen Tiger entgegentreten, während alles in ihr sich gegen diese Begegnung sträubt und selbst die Ausdünstung des Raubtieres sie abschreckt. Der wilde Panther und das fromme Schaf sollen Spielgefährten werden, der eine soll seine Gier, das andere seine Furcht vergessen. Und doch hat die zahme Dressur auch diesen Triumph davongetragen. Es ist möglich und geschieht ja auch schon, Raubtiere und Haustiere aneinander zu gewöhnen. Meinen ersten derartigen Versuch machte ich im Sommer 1891. Es war bereits gelungen, zwei Tiger, drei Löwen, zwei schwarze Panther, zwei Leoparden, drei Angoraziegen, zwei schwarzköpfige Somalischafe, ein indisches Zwergzebu, ein Shetlandpony und zwei Seidenpudel aneinander zu gewöhnen, selbstverständlich lauter junge Tiere, teilweise erst im Alter von sechs bis acht Monaten. Die Gruppe war fast fertig, der größte Teil der Raubtiere bereits dressiert, als die Arbeit von einem Unglück fast ganz zunichte gemacht wurde. Die meisten Raubtiere gingen an Brechdurchfall und Krämpfen zugrunde, und was ich schließlich an Überbleibseln noch in der Weltausstellung zu Chicago vorführen konnte, eignete sich nicht mehr für große Effektstücke.

Kaum gibt es ein Tier, das menschliche Intelligenz und Geduld nicht bis zu einem gewissen Grade zu zähmen vermöchte. Hat man doch selbst Alligatoren vorgeführt, zu denen ein Mann hinabsteigt, um sie zu füttern. Ganz großartig haben sich verschiedene Robbenarten in der Dressur bewährt. Man sollte meinen, diese Tiere besäßen einen besonders ausgeprägten Sinn für die Kunst des Jonglierens, jedenfalls nehmen sie es darin mit jedem menschlichen Jongleur auf. Wer hat nicht schon im Zirkus Robben bewundert, die verblüffend gewandt allerlei Gegenstände auf der Schnauze balancieren und mit geradezu mathematischer Sicherheit Bälle emporschnellen und wieder auffangen.

Wie sich zwischen den Tieren einer dressierten Gruppe Freundschaften zu ihrem Dresseur entwickeln, so entstehen dabei auch andererseits solche der Tiere untereinander, und der Dresseur tut gut, wenn er jene Tiere, die eine gegenseitige Zuneigung zeigen, möglichst zusammen arbeiten läßt. Solange solche Freundschaften Tiere verwandter Art umfassen, sind sie für niemanden überraschend. So entsinne ich mich z. B. eines Kronenkranichs und eines Straußes aus Westafrika, die schon im Gehege, nicht etwa während versuchter Dressur, unzertrennliche Freunde geworden waren; dann ein andermal wieder eines Kranichs und einer Gans. Etwas ausfallender und interessanter war schon die Freundschaft, die ein Elefant mit einem Pony geschlossen hatte. Die Gesellschaft dieses Ponys war ein direktes Lebensbedürfnis für den großen Dickhäuter geworden; er verfiel in Melancholie und verweigerte die Nahrungsaufnahme, wenn er von seinem kleinen zierlichen Gefährten getrennt wurde. Die erste gemischte Raubtiergruppe, die noch mein Vater zusammenstellte, bestand aus einem großen Bengaltiger, einem indischen bunten Panther und einem Foxterrier. Diese drei Tiere waren durch innige Freundschaft verbunden, der Terrier fraß an demselben Knochen wie der Tiger, und dieser dachte nie daran, seinem kleinen Kameraden ein Leid anzutun. Sehr viel erstaunlicher ist es nun, wenn man Tiere miteinander „arbeiten“ sieht, die von Natur zu den grimmigsten Gegnern bestimmt sind. Bei Haustieren läßt sich die Unterdrückung dieser angeborenen Feindschaft leichter begreifen. So wird es wohl niemanden geben, der nicht schon im Zirkus oder im Varieté Hunde und Katzen zu gemeinsamen Vorführungen vereinigt gesehen hatte. Viel eindrucksvoller wirkt es aber, wenn man in modernen, großen, gemischten Tiergruppen Tiger und Löwen mit Pferden und Ziegen friedlich zusammen arbeiten sieht. Solche Leistungen gehören denn auch zu den höheren Stufen der zahmen Dressur. Aber auch hier erreichte ich meine Erfolge durch dieselben einfachen, liebevoll auf den Charakter der Tiere eingehenden Mittel und durch Anwendung des maßgebenden Einflusses, nämlich der Gewöhnung.

Noch folgsamer und gewandter als Seehunde sind die kalifornischen Seelöwen. Diese Art ist es auch, von der man im Zirkus die großartigsten Tricks ausführen sieht. Es gewährt ein reizendes Bild, die jungen Tiere mit ihren Müttern im Bassin spielen und sich umhertummeln zu sehen.

Den ersten großen Seelöwen erhielt ich im Jahre 1880 von meinem alten Freund Barnum in Tausch; es war überhaupt der größte Seelöwe, den ich je gesehen habe. Das Tier war über sechs Zentner schwer. Schon als es ankam, war es ganz zahm und befreundete sich bald derart mit meinem Vater, daß es hinter ihm herlief wie ein Hund. Meinem Vater bereitete es großes Vergnügen, sich mit diesem Seelöwen zu beschäftigen, er vertraute ihn auch keinem Wärter an und besorgte die Fütterung selbst. Schließlich kam es aber doch zu einem Eklat. Es war an einem Sonntag. Gerade umstanden einige hundert Besucher das Gehege des Seelöwen und beobachteten die Fütterung. Mein Vater warf dem Tiere die Fische, die er einem Korbe entnahm, in weitem Bogen zu. Als er den Korb zur Hälfte entleert hatte, drehte er sich um und schickte sich an, das Gehege zu verlassen. Während er aber ahnungslos dem Ausgang zuschritt, bereitete sich hinter ihm etwas Entsetzliches vor. Der Seelöwe rutschte blitzschnell hinter meinem Vater her, packte ihn im Rücken und riß ihm mit einem Ruck Rock, Hose und Hemd von einer Stelle seines Körpers weg, die man nicht öffentlich zu zeigen pflegt. Im nächsten Augenblick biß sich der Seelöwe an dem Korbe fest, entriß ihn der Hand meines Vaters und begann nun in aller Gemütsruhe den Rest der Fische zu verzehren, während mein Vater sich schleunigst in eine Eckbude zurückzog, wo ihm anständigerweise nichts weiter übrigblieb, als seinen Rücken der Wand zuzukehren. Ich kam ihm bald mit einem anderen Anzug zu Hilfe, und nachdem er sich in seiner Bude umgekleidet hatte, erschien er zum Gaudium des Publikums wieder auf der Bildfläche. Der Angriff des Seelöwen war durchaus nicht auf eine bösartige Neigung zurückzuführen, sondern hatte seinen Grund in einem Fehler, den mein Vater gemacht hatte. Es war verkehrt, mehr Fische mit ins Gehege zu nehmen, als für den Seelöwen bestimmt waren. Das Tier wollte nichts als die Fische, die es im Korbe bemerkt hatte. Ein weiterer Angriff ist denn auch nicht vorgekommen, es wurden aber auch in Zukunft nie mehr Fische mitgenommen, als verfüttert werden sollten.

VI. Von Zucht und Akklimatisation

Wer hätte es vor wenigen Jahren geglaubt, daß es möglich sei, Strauße im Winter bei jeder Temperatur ins Freie zu lassen? Aber in Stellingen kann man jetzt allwinterlich nicht nur Strauße, sondern Löwen, Tiger, Antilopen und andere tropische Tiere sich im Freien tummeln und Schneebäder nehmen sehen, denn zu allen Jahreszeiten ist es in das Belieben der Tiere gestellt, sich in einem Schutzraum aufzuhalten oder ins Freie zu gehen. Sicherlich besitzt kein Mensch ein so feines Empfinden für Witterungseinflüsse wie die Tiere, die der großen, freien Natur entstammen, und bald wird man es nicht mehr begreifen können, daß man diese Wildlinge, nachdem sie in die Hand des Menschen gefallen, in kostspielige Wärmhäuser und dergleichen einschloß.

Dorkasgazellen bei -6° R. im Schnee.

Als ich dann in der Mitte der sechziger Jahre meine erste Reise nach England machte, sah ich in einer Menagerie deren Eigentümer Day hieß, einen großen Schimpansen mitten im Winter im Freien sich umhertummeln. Das Tier wälzte sich im Schnee auf dem Dache der Leinwandbude. War es ihm schließlich zu kalt geworden, dann zog es sich in die Bude zurück und suchte einen Platz in der Nähe des Ofens. Der Schimpanse handelte nicht anders als ein Mensch, der die Wärme sucht, nachdem er sich freiwillig und mit Lust ordentlich hat durch-

Hagenbeck 1907 auf Helgoland.

frieren lassen, und zwar in dem Gefühle, daß dies seiner Gesundheit zuträglich sei. Diese kleine Episode gab mir zu denken.

Später beobachtete ich in Münster (Westfalen), wie die Insassen des Affenhauses auch im Winter ins Freie hinausgelassen wurden. Die Außenkäfige waren mit den Innenkäfigen durch Klappen verbunden, welche die Tiere selbst aufheben, um nach Belieben den Raum zu wechseln. Im inneren Raum herrschte stets eine Temperatur von zehn bis fünfzehn Grad Reaumur Wärme; die Tiere scheuten sich aber nicht, das Freie aufzusuchen, wenn draußen, wie es einmal vorgekommen ist, zwanzig Grad Kälte herrschte. Zum Nachdenken über die Frage, ob die Tiere wärmerer Länder zu ihrem Vorteil auch unserer winterlichen Temperatur ausgesetzt werden dürften, bin ich von Anfang meiner Laufbahn an angeregt worden. Der Gedanke war schon lange in mir geformt, zum Entschluß aber, zur Ausführung, verhalf mir wieder die liebevolle Beobachtung meiner Tiere und der Zufall. Es war noch in den Anfängen meines Instituts am Neuen Pferdemarkt, als ich eines Tages im September einen Saruskranich aus Indien bekam, diesen schönen, großen, blaugrau gefiederten Vogel, mit seinen lebhaft gefärbten, roten Backen. Das Tier war im offenen Gehege, am sogenannten Seehundsteich, untergebracht und blieb auch dort bis zum Anfang des Winters. Eines Tages mußte ich, wie so oft in meinem Leben, unvorbereitet verreisen. Als ich nach etwa einer Woche zurückkehrte, hatte der Winter begonnen. Es war aber schon spät in der Nacht, ich, müde von der Reise, sehnte mich nach dem Bett und versäumte es einmal, meiner sonstigen Gewohnheit zuwider, die abendliche Revision unter meinem Tierbestande zu halten. Morgens früh weckte mich der unverkennbare charakteristische Schrei meines Kranichs. Ich fuhr aus dem Bett und sah durch die mit Eisblumen bedeckten Fenster zu meinem Schreck in einen kalten Wintermorgen hinaus. Das Thermometer am Fenster zeigte sechs Grad Reaumur unter Null. Mein armer Kranich, dachte ich, er wird zu einem Eisklumpen erstarrt und mit abgefrorenen Beinen auf dem harten Boden liegen. Ich stürzte notdürftig bekleidet hinaus, und man denke sich meine freudige Verwunderung, mein Erstaunen über den Pfiffikus von Kranich, der mich wegen meiner Sorge und meines Mitleids gewissermaßen auszulachen schien. Froh herumspringend und tanzend, seine lauten Kriegsrufe in die klare Winterluft schmetternd und mit den Flügeln flatternd, begrüßte er mich. Siehe da, dachte ich mir, mein lieber Kranich, wenn dir's bei sechs Grad Kälte so gut geht, wollen wir nicht so törichtes Mitleid haben, dich wegen unseres Winters deiner schönen Freiheit zu berauben und dir nicht die stärkende Kur frischer Winterluft entziehen! Ich richtete ihm in seinem Gehege eine windgeschützte, aber nach der Südseite offene Ecke zum Lager ein, die mit Stroh beschüttet wurde. Der Winter blieb andauernd kalt und streng, meinem Kranich fiel es aber nicht einmal ein, die Windschutzecke zum Quartier zu nehmen. Ob Wind und Sturm, ob Schnee, Regen oder Hagel, mein Kranich blieb draußen und gedieh dabei ganz prachtvoll. Diesem Kranich verdanke ich den ersten Anstoß zu meinem jetzt systematisch ausgebauten System der Freiluft.

Nach diesen Beobachtungen begann ich meine eigenen Akklimatisationsversuche, die inzwischen einen großen Umfang angenommen und bei der Gründung des Tierparks in Stellingen erst mit Erfolg zur Ausführung kamen. Die Kunst des Akklimatisierens fremdländischer Tiere ist zwar als eine Grundbedingung des Tiergeschäfts schon vom ersten Import wilder Tiere an geübt worden, wenn auch zuerst nur tastend und ohne bestimmte Systeme. Die praktische Tierpflege mußte darauf bedacht sein, Mittel und Wege zu finden, die in eine fremde Umgebung versetzten Geschöpfe an die neuen Lebensverhältnisse, an das veränderte Klima und an das künstlich bereitete Futter zu gewöhnen. Es ist sehr schwer, sich die ungeheure Umwälzung zu veranschaulichen, die mit der Gefangensetzung und Verpflanzung wilder Tiere aus Urwald und Steppe einhergeht. Draußen schweift das Raubtier frei durch den unbegrenzten Raum, und in seinem Wesen entfalten sich Mut, Verschlagenheit und Kraft, denn täglich oder nächtlich muß es die Beute aufspüren und anschleichen und sie im Kampfe überwinden. Für die Betätigung seiner hauptsächlichsten Wesenseigenheiten ist plötzlich kein Raum mehr, selbst die Bewegungsfreiheit, die es für seine Gesundheit am dringendsten bedarf, ist eingeschränkt. Der Pflanzenfresser der Steppe oder des Waldes, die Giraffe, der Elefant, die leichte Gazelle, gewohnt, in Rudeln zu leben und weite Strecken zurückzulegen, sieht sich plötzlich von der freien Natur getrennt und zur Einzelhaft verurteilt. Alle Lebensgewohnheiten erleiden eine Störung, die Willensfreiheit wird gehemmt. Es ist klar, daß durch diesen Wechsel von natürlichen Verhältnissen sich leicht Körperschwäche, Krankheiten und Lebensunfähigkeit einstellen. Häufig macht sich bei frischgefangenen Tieren eine durch die ungewohnte Umgebung hervorgerufene seelische Depression bemerkbar, die der Gegenmittel bedarf. Hoch entwickelte Tiere, besonders die Gorillas, gehen ja ersichtlich zuweilen direkt an Heimweh zugrunde.

Allen diesen feindlichen Kräften hat die Akklimatisation entgegenzuarbeiten. Die Akklimatisationsfähigkeiten der einzelnen Tierarten sind grundverschieden, und in jeder Art reagieren wieder die einzelnen Individuen verschieden auf die mit ihnen gemachten Versuche, wenn sich auch allgemeine Grundzüge nicht verkennen lassen. Am leichtesten gewöhnen sich die Tiere großer kontinentaler Flächen an ein anderes Klima, da sie von vornherein durch die Differenz in der Temperatur von Tag und Nacht abgehärtet sind. Je nachdem es sich um Kontinentaltiere, Hochgebirgstiere, Bewohner der Steppen oder Meerestiere handelt, ist der Grad der Anpassungsfähigkeit an neue Verhältnisse anders.

Schon in den siebziger Jahren begann ich in meinem Tierpark auf dem Neuen Pferdemarkt mit Akklimatisationsversuchen an Giraffen und Elefanten. Schon damals machte ich die Erfahrung, daß niedrige Temperaturgrade den Tieren keinen Schaden zufügen. Der Winter war damals so hart, daß trotz angestrengten Heizens die Temperatur im Giraffenstall eine Wärme von vier Grad Reaumur nicht überschreiten wollte. Während der Nacht ging die Temperatur auf drei Grad zurück. Die Giraffen litten aber durchaus nicht. Die Geschöpfe eines heißen Klimas entwickelten Winterhaare, die Natur paßte sich also den neuen Lebensbedingungen an, und gegen Ende des Winters waren die Haare etwa eineinhalbmal länger geworden, als sonst Giraffenhaare zu sein pflegen.

Die Erfahrungen und Beobachtungen, die ich im Laufe der Jahre sammelte, und die Gedanken und Ideen, die sich aus ihnen entwikkelten, in die Praxis umzusetzen, blieb aber jener Zeit vorbehalten, in welcher ich an die Gründung meines Tierparadieses gehen konnte. Ja, einer der Hauptzwecke meines ganzen Stellinger Unternehmens war

Strauße im Schnee.

die Ausführung von Akklimatisationsversuchen sowie die Schöpfung von Neueinrichtungen für Zoologische Gärten. Ich ließ mich dabei von dem Grundsatz leiten, daß vor allem das Tier in den Vordergrund treten müsse, während den zur Beherbergung und zum Schutze nötigen Aufenthaltsräumen und Gehegen nur eine Nebenrolle zuzufallen brauche. Der Hauptnachdruck wurde auf die Herstellung solcher Parkanlagen gelegt, die den Tieren die Ausübung ihrer Lebensgewohnheiten, soweit es nur zu erreichen war, ermöglichte.

Vor drei Jahren gelangte im Herbst, Anfang Oktober, ein Import junger Strauße aus Afrika in Stellingen ein. Diese Tiere wurden aber nicht, wie sonst wohl um diese Jahreszeit üblich, in geschlossene und geheizte Raume gebracht, sondern direkt ins Freie gesetzt. In einem großen Laufraum stand ihnen zum Schutz eine Holzhütte zur Verfügung, in die sich die Strauße des Nachts zurückziehen konnten. Die Vögel wurden während des ganzen Winters auf diese Weise gehalten und überstanden Temperaturen, die einige Male unter zehn Grad Reaumur sanken, sehr gut. Am 1. Januar 1906 gelangten die Strauße bei einer Kälte von vierzehn Grad Reaumur ins Freie, wo sie von zehn Uhr vormittags bis drei Uhr nachmittags verweilten, zwölf Exemplare, und mit Staunen beobachtete ich, wie einige dieser afrikanischen Vögel in dem zwanzig Zentimeter tiefen Schnee ein Bad nahmen.

Selbstverständlich ist es notwendig, daß die Tiere Gelegenheit haben, sich in jedem Augenblick ganz nach Belieben in ihr Schutzhaus zurückziehen zu können. In diesem Schutzraum wurde eine zehn Zentimeter dicke Schicht von Torfmull gestreut und darüber reichlich Stroh. Zum Zwecke der Luftzufuhr waren die Fenster der Holzhütte Tag und Nacht offen, so daß es auch während der Nacht darin empfindlich kalt blieb. Während des ganzen Winters mußten die Tiere nur acht Tage lang im Stall bleiben, und zwar des Glatteises halber, das die Gefahr des Ausgleitens und Stürzens der Tiere mit sich brachte. Während dieser Zeit ging ein Exemplar zugrunde, nachdem es sich in der Hütte beim Umherspringen ein Bein gebrochen hatte.

Wie ich es vor langer Zeit schon bei den Giraffen beobachtet hatte, so versah die Natur auch die Strauße mit einem Winterkleid. Die einzelnen Federn der fast nackend eingelieferten Tiere entwickelten sich außerordentlich, sie wurden auffallend breit und lang, wobei sich die einzelnen Fiederchen besonders stark ausbildeten und den Federn ein äußerst dichtes Gepräge verliehen. Man sieht, daß sich zum Zwecke der Federproduktion auch in unserm Klima Strauße halten lassen, und es ist nach meiner Überzeugung für einen Landwirt, der große Weiden zur Verfügung hat, ein dankbares Unternehmen, eine Straußen-

Tiger und Löwin, auch im Winter im Freien.

farm einzurichten. Außer der wirtschaftlichen Seite werden Straußenfarmen vielleicht noch eine ideale besitzen, indem sie den Mord der Ziervögel eindämmen. Sie werden in allen Weltteilen erbarmungslos zu Millionen hingeschlachtet. Der Ausrottung mancher Arten der in Betracht kommenden Vögel wird vielleicht die vermehrte Produktion von Straußenfedern nach meinen Plänen ein Ziel setzen.

Um alle Akklimatisationsversuche mit Aussicht auf Erfolg durchführen zu können, wurden die Anlagen in meinem Tierpark von vornherein zweckentsprechend durchgeführt. Akklimatisationsstallungen wurden geschaffen, die mit mancherlei Schutzvorrichtungen ausgestattet sind. Hierher gehören freistehende Dächer, unter denen die Tiere draußen in der Luft auf trockenem Lager liegen können, ohne durch Regen und

Känguruhs im Schnee.

Schnee belästigt zu werden; einige Häuser besitzen winkelig angelegte Zugänge, in denen sich der Wind fängt, um auf diese Weise die direkte Zugluft von den im Stalle ruhenden Tieren abzuhalten. Die Türen liegen seitwärts, führen erst in einen Gang und von hier aus in den eigentlichen Stallraum. Diese Stallungen sind nicht heizbar, die Türen bleiben Sommer und Winter, Tag und Nacht offen, und es ist den Tieren selbst überlassen, nach eigenem Bedürfnis ins Freie zu treten oder im Stalle zu bleiben. Eine natürliche Wärmevorrichtung ist aber dennoch vorhanden. In diesen Akklimatisationskammern läßt man den Mist der Tiere etwa einen Fuß hoch liegen und bedeckt ihn täglich mit trockener Streu. Die durch die Zersetzung des Mistes entstehende Wärme gewährt den Tieren ein warmes Lager, und die frische Lust, welche durch den Stall streicht, hält die obere Streuschicht stets trocken.

Auch mit Raubtieren wurden die gleichen Versuche angestellt. Dabei zeigte es sich, daß die Löwen und indischen Königstiger die Kälte in freier Umgebung, wie sie ihnen durch die Raubtierschlucht des Tierparkes geboten wurde, vortrefflich ertrugen. Es befindet sich allerdings in dem hinter der Schlucht gelegenen Raubtierhaus eine Heizvorrichtung, die aber nur an den kältesten Tagen dazu benutzt wurde, den Raum zu erwärmen, das heißt frostfrei zu halten; die Tiere gingen täglich ins Freie und liefen bei Schnee und Regen im Freien umher. Ein indischer Leopard hatte sich derart an die Kälte gewöhnt, daß er nur selten seinen Schutzraum aufsuchte, sondern die größte Zeit des Tages im Winter auf einem Baumast im Freien liegend zubrachte. Auffallend war der Einfluß des Aufenthalts im Freien bei zwei jungen Löwen, die zuerst im geschlossenen Raum untergebracht waren, hier aber andauernd kränkelten und nicht gedeihen wollten. Sie wurden in einen geräumigen Kasten gebracht und ins Freie gestellt; eine einfache Kiste diente ihnen als Schutzraum. Von Stund an erholten sich die Tiere und haben sich sehr prachtvoll entwickelt. Es ist meine Absicht, mit den Jahren auch Schluchten für Leoparden, Panther, Pumas und Tiger in meinem Tierpark anzulegen.

Diese Versuche werden sich auf ein hochinteressantes Gebiet begeben, wenn der Bau mehrerer großer, zweckentsprechender Affenhäuser fertiggestellt ist. Bisher liegen hier noch keine nennenswerten

Resultate vor, mit Ausnahme von Versuchen an zwei Orangs, die bereits in hohem Grade akklimatisiert sind. Als diese Tiere, die von der Westküste Borneos stammen und bereits drüben sechs Jahre lang in der Gefangenschaft gehalten wurden, nach Stellingen gelangten, wurden sie ohne weiteres in einem großen, nach Süden offenen Wagenkäfig untergebracht, in welchem ihnen nur ein Kasten als Schutzraum zur Verfügung stand. Täglich gingen die Affen mit ihrem Wärter im Park spazieren und blieben bei ungetrübter Gesundheit.

Die Reihe der Tiere, welche sich unseren Gewöhnungsversuchen geneigt zeigen, ist mit diesen Beispielen noch lange nicht erschöpft. Der Winter in meinem Tierpark zeigte eine fast ebenso lebhafte Bewegung wie der Sommer. Saruskraniche, Kronenkraniche, numidische Kraniche, viele ausländische Fasanen, australische Trauerschwäne laufen während des ganzen Winters im Freien umher. Marabus und Ibisse halten Temperaturen von fünf Grad Kälte aus. Australische Gangakakadus und Araras halten es noch nicht für nötig, sich in ihre Innenkäfige zurückzuziehen, wenn die Temperatur auf acht Grad Kälte sinkt. Selbstredend wird es nicht möglich sein, viele kleine aus den Tropen stammende Säuger und Vögel, namentlich aber Reptilien und Amphibien, zu akklimatisieren, dennoch wird bei fortgesetzten Versuchen noch manche Überraschung zu gewärtigen sein.

Als Grundgesetz der Akklimatisation hat mir stets die Forderung zu gelten, daß den Tieren große, geräumige Gehege und Zwinger geboten werden, in denen sie sich Bewegung verschaffen können. In Stellingen habe ich versucht, den einzelnen Tiergattungen Aufenthaltsplätze zu schaffen, die den Lebensgewohnheiten und der Herkunft der Tiere entsprechen und ihnen die Freiheit vortäuschen. Hierbei ist auf die seelische Stimmung der gefangenen Geschöpfe Rücksicht genommen. Tiere, welche mit ihresgleichen zusammen oder mit andersgearteten Geschöpfen in großen Gehegen gehalten werden, bleiben munter und gewöhnen sich an unser Klima weit schneller und besser, als wenn man sie in Einzelhaft hält. Die Langeweile ist auch bei gefangenen Tieren der schlimmste Feind der Gesundheit. Die Necklust und Spiellust wird angeregt, durch Bewegung wird der Appetit gefördert, und der Körper behält seine Elastizität. Neben großen Laufplätzen, welche den flüchtigen

Tieren des Waldes und der Steppe Raum bieten sich auszutoben, sieht man deshalb in Stellingen auf wellig erhöhtem Gelände Wiesenanlagen,

Löwen im Schnee.

auf denen zahlreiche Tiere verschiedener Art vereinigt sind, obschon alle bei ungünstiger Witterung ihre Schlupfwinkel vorfinden; daneben steigen Felsenanlagen in die Luft empor, belebt von Gebirgstieren des Südens und Nordens; auf einem Felsplateau sieht man ein Rudel von Rentieren stehen, von ihrer Heimat her daran gewöhnt, sich dem Winde auszusetzen; Eisbären klettern auf einem Gestein umher, das dem Eisgeschiebe nachgebildet ist, und große Teichanlagen mit zahlreichen Unterschlupforten bieten den Stelz- und Schwimmvögeln, den Robben und Pinguinen Gelegenheit, sich zu akklimatisieren.

Nach den praktischen Erfahrungen der neuen Zeit läßt sich ein Zoologischer Garten heute viel billiger herstellen, als dies früher der Fall war. Die großen, kostspieligen massiven Häuser und die ebenso kostspieligen Heizungsanlagen sind überflüssig geworden. Viel einfacher und, was die Hauptsache ist, viel praktischer lassen sich die Bauten bei unvergleichlich geringeren Kosten anlegen. Ich hoffe, daß es gar nicht mehr lange dauern wird, bis man in allen Städten, die etwa eine Einwohnerzahl von hunderttausend Menschen haben, auch einen zoologischen Garten im Verhältnis zur Einwohnerzahl errichtet, da dies bei praktischer Anlage ohne jedes Risiko unternommen werden kann.

Sibirischer Rehbock.

Bei den Schilderungen der Akklimatisationsversuche bin ich zu einem Gebiet gelangt, welches mit jenem in engster Verbindung steht, dem der Zucht und Rassenkreuzung, das in meinem Etablissement einen großen Raum einnimmt und in Zukunft noch einen größeren beanspruchen wird. Außerordentlich hat sich in den letzten Jahren als besonderer Zweig unseres Etablissements der Handel mit jagdbarem Wild zur Blutauffrischung für unsere Forsten, sowie der Import und Export von Haus- und Nutztieren entwickelt. Neben Fragen der Akklimatisation spielen demgemäß Fragen der Zucht eine erste Rolle. Die an wilden Tieren in der Gefangenschaft gemachten Erfahrungen in Pflege, Zucht und Akklimatisation kommen auch den Haustierrassen zugute. Der Blick für die Auswahl der Rassen schärft sich, wenn über das Wesen der Akklimatisation durch Versuche an wilden Tieren Erfahrung eingesammelt ist. Neben der Heranziehung wildlebender Tiere, die sich unseren Haustierrassen zugesellen lassen, sollte man in hohem Maße auf das einheimische Vieh der Eingeborenen unzivilisierter Länder achten. Diese trotz der Zucht der Menschen mehr oder minder im Naturzustand befindlichen Tiere sind, weil sie lange nicht in dem Maße wie unser einheimisches Vieh aus dem Zusammenhang mit der Natur gerissen wurden, weit widerstandsfähiger dem Klima gegenüber. Das Studium ihrer Produktionsfähigkeiten und eine richtige, den gewünschten landwirtschaftlichen Zwecken entsprechende Auswahl einheimischer Haustierrassen wird durch Kreuzung sicherlich ein brauchbares Viehmaterial liefern. So wird unter anderem in Stellingen der Einfuhr von indischen Zebus für Kreuzungszwecke nach Argentinien und Brasilien besondere Aufmerksamkeit geschenkt. Durch die Kreuzung mit Zebublut wird die Zugtüchtigkeit vermehrt und werden gute Arbeitstiere erzeugt. Alle diese Fragen sind für die Landwirtschaft von großem Interesse, und besonders auch für die Tierzucht in unseren Kolonien. Eine der brennendsten Fragen auf diesem Gebiete ist die richtige Auswahl der für die einzelnen Kolonien und deren spezielle Aufgaben geeignetsten Haustierrassen.

Seit Jahren werden Versuche von mir gemacht, die riesigen Wildschafe, welche in Innerasien vorkommen, zum Zwecke der Kreuzung mit unseren Hausschafen in Europa einzuführen. Wiederholt war es mir gelungen, große Wildschafe, von denen einzelne ein Gewicht von fünfhundert Pfund erreichten, sowie auch Schafe kleinerer Rassen zu importieren, doch sind die Versuche leider nur mit den kleinen Arten geglückt. Die Vertreter der großen Arten gingen stets bald ein, weil sie sich unserm Klima und den veränderten Verhältnissen nicht mehr anzupassen vermochten. Diese Überzeugung brachte mich vor fünf Jahren zu dem Entschluß, ebenso wie die Wildpferde auch diese Wildschafe in ganz jugendlichem Alter einfangen zu lassen. Zu diesem Zwecke entsandte ich verschiedene Expeditionen nach Innerasien; unter ungeheuren Schwierigkeiten wurden auch junge Tiere erbeutet, aber alle gingen auf dem Transport zugrunde.

Die Erfahrung ist freilich nicht neu, sie hat sich vielmehr bei allen Importen von Wild aus Innerasien wiederholt. Aber ebenso, wie es schließlich gelang, Wildpferde, Hirsche, Rehe, Steinböcke und so weiter einzuführen, so wird es auch gelingen, das Wildschaf lebend und gesund zu importieren. Die ersten Rehe, welche von meinen Reisenden aus Sibirien geholt wurden, waren ausgewachsene Exemplare, die man während des Winters im Schnee gefangen hatte. Sie kamen freilich lebend in Norddeutschland an, ebenso die großen sibirischen Maralhirsche, große, herrliche Tiere, aber innerhalb eines Jahres gingen diese Tiere größtenteils zugrunde. Nach diesen Erfahrungen lasse ich jetzt Hirsche sowohl als Rehe nur noch in jungen Exemplaren bringen, und zu meiner Freude mit so gutem Erfolg, daß unsere Jagdliebhaber in nicht allzu ferner Zeit eines großen Vorteils gewärtig sein dürfen. Sehr gut vorwärts kommen auch die sibirischen Rehe, die nur noch in jungen Exemplaren eingeführt werden, sich in einem befriedigenden Prozentsatz gut halten und auch fortpflanzen. Verschiedentlich sind diese Tiere auch mit Erfolg mit unserem einheimischen Rehwild gekreuzt worden.

Als enorm fruchtbringend hat sich bereits der Import der Mongolfasanen erwiesen. Durch die Kreuzung von Mongolfasanen mit dem gewöhnlichen Jagdfasan hat man ganz wunderbare Erfolge erzielt, denn die Bastarde sind um reichlich dreißig Prozent schwerer an Gewicht als die bisher gezüchteten Jagdfasanen. Wenn man zu Rate zieht, daß in England alljährlich Hunderttausende von Fasanen geschossen werden, so kann man es sich beinahe herausrechnen, welchen enormen Vorteil diese Kreuzung der Jagdfasanenzucht gebracht hat und fortwährend bringt.

An dieser Stelle wäre noch der Kreuzungsprodukte zwischen Zebra und Pferd, sowie Pferd und Esel, der Zebroiden und Maultiere Erwähnung zu tun, die weit mehr Aufmerksamkeit verdienen, als ihnen in Deutschland gewidmet wird. Die Zebroiden sind sehr leistungsfähig und jedenfalls ebenso ausdauernd wie Maultiere, die sich in Deutschland auch mehr einbürgern sollten. Die Amerikaner verstehen die Maultierzucht besser zu würdigen, denn nach statistischen Angaben, die mir vor einigen Jahren zu Gesicht kamen, werden alljährlich über eine Viertelmillion dieser Tiere in den Vereinigten Staaten gezüchtet.

VIII. Kranke Tiere

Selbstverständlich läßt es sich nicht verhüten, daß bei einem Bestande von Tausenden von Tieren Krankheiten aller Art auftreten. Nicht immer brauchen sie so gefährlich zu sein, wie beispielsweise die Vorboten der Cholera es waren, die, wie ich schon früher erzählte, in kurzer Zeit meinen Tierbestand geradezu vernichteten, und wo sich nicht nur meine aus der Praxis entstandene Kunst, sondern auch die der geschultesten Tierärzte als hilflos erwies. Ich rechne auch zu den besonderen Krankheitserscheinungen nicht die, welche bei den Tieren auftreten, nachdem sie die anstrengenden Transporte aus dem Innern ferner Kontinente und über die Weltmeere hinüber zu meinem Tierpark durchgemacht haben. Schon der Fang selbst hat ja für die meisten Geschöpfe etwas derart Erschütterndes, daß es wohl begreiflich ist, wenn das junge Tier schwere Nachteile für seine Gesundheit davon zurückbehält. Kommt ein solches Geschöpf an seinen Bestimmungsort, so ist es die Aufgabe seines Pflegers, zunächst seine Nerven zu beruhigen und ihm durch konzentrierte, wohlabgewogene Nahrung die Wiederherstellung seines normalen Gesundheitszustandes und die Angewöhnung an das neue Klima zu erleichtern. Ich habe deshalb bei der Tierpflege und bei der Verteilung der Rationen stets den Grundsatz befolgt, daß frisch ankommende Tiere anders zu behandeln sind als akklimatisierte und durchgefütterte. Bei den ersteren lasse ich die Nahrungsaufnahme in mehrere kleine Portionen verteilen und innerhalb kürzerer Zwischenräume erfolgen. Frische Ankömmlinge unter den Raubtieren erhalten deshalb fast stets zweimal täglich ihre Fütterung. Sind die Tiere erst einmal aufgefüttert und akklimatisiert, so lassen sich im allgemeinen feste Regeln für ihre Ernährung innehalten. Der ausgewachsene Löwe beispielsweise muß durchschnittlich zwölf bis fünfzehn Pfund Fleisch täglich aufnehmen mit einem Fasttag wöchentlich. Ich pflege dreimal mit Pferdefleisch und dreimal mit Rindfleisch in der Woche zu füttern, und zwar von diesem letzten mit die Köpfe und Herzen der Rinder. Dies tue ich nicht nur aus Ersparnisrücksichten, ich habe vielmehr gefunden, daß reichliche Knochenfütterung auch die Knochenbildung unterstützt, und ich bekenne mich zu der Richtigkeit des Sprichworts: Knochen schafft Knochen. Ferner ist die lebhafte Beanspruchung des Gebisses für jedes Tier, und besonders für die Raubtiere, nützlich. Die Zähne bleiben dabei gesund, die gründliche Beanspruchung der Kauwerkzeuge befördert die Verdauung, und infolgedessen wird auch das Temperament des Tieres lebhafter. Es ist übrigens erstaunlich, wie viele Knochenmassen ein Raubtier aufnehmen kann: von einem etwa dreißig Pfund wiegenden Pferde- oder Rinderkopfe bleibt schließlich kaum ein Drittel des Gewichts übrig. Diese starke Knochenfütterung findet auch in vielen Krankheitsfällen gute Verwendung. Ich erwähnte schon, daß die Dresseure ihren jungen Zöglingen in der Periode der Zahnung besonders kräftige Knochenfütterung geben, damit das Gebiß sich rascher erneuert. Aber auch da, wo es sich bei erwachsenen Raubtieren um Erkrankungen der Zähne handelt, ist solche Knochenfütterung oft zweckmäßig. So hatte ich beispielsweise einmal einen hervorragend schönen Berberlöwen, der an schwerer Zahnfistel an den Fangzähnen und den beiden Zahnreihen des Oberkiefers litt. In solchen Krankheitsfällen, wo die Krankheitsursache bei richtiger Beobachtung gleich erkannt werden kann, habe ich mich meistens von der Hilfe der Tierärzte freigemacht. Diesem Löwen zum Beispiel gab ich zunächst Nahrung, welche die Entzündung nicht weiter durch Beunruhigung forderte. Er erhielt Milch, Eier, gehacktes und geschabtes Fleisch. Die dick angeschwollenen Lippen traten auf diese Weise wieder in die normale Form zurück, das Tier kräftigte sich wieder – es war vorher vollkommen abgefallen – und gelangte in einen Zustand, der es ermöglichte, allmählich zu kräftigerer, hauptsächlich zur Knochenfütterung überzugehen. Dabei wurde das Tier selbstverständlich genötigt, sein Gebiß kräftiger und häufiger zu gebrauchen, und die schadhaften Zähne brachen schließlich ganz von selbst aus. Der Löwe ist jetzt einer der schönsten meines gesamten Tierbestandes, und ich habe überdies die Genugtuung, daß ich ihn nicht der immerhin mit Lebensgefahr verbundenen

Narkose ausgesetzt habe, welcher man ihn hätte unterwerfen müssen, um die Zähne auf operativem Wege zu entfernen.

Besonders interessant ist die Krankheitsgeschichte eines Elefanten, den ich am 9. März 1904 erhielt. Er hatte damals 1,39 Meter Schultermaß, befand sich in sehr schlechtem Futterzustande, war wie ein Skelett abgemagert und versagte fast völlig bei der Nahrungsaufnahme. Er wog am:

8. Juli	347 ½ kg
18. Juli	350 kg
7. August	375 kg
28. August	485 kg

Man sieht, daß die Pflege ihm ausgezeichnet bekam, er hatte im Zeitraum von zirka fünf Wochen ungefähr 140 Kilogramm zugenommen. Ein Elefant kann eben mit anderen Gewichtsveränderungen rechnen als ein Mensch. Leider bekam er, wie der Fortgang in der Tabelle zeigt, Mitte September Kolik mit so schweren Folgen, daß er innerhalb zweier Tage zirka 85 Kilogramm Gewichtsverlust zu verzeichnen hatte. Auch diese Krisis wurde überstanden, und die Gewichtszunahme ging in folgenden Schritten vorwärts:

18. September	400 kg
26. September	450 kg
9. Oktober	500 kg
21. Oktober	645 kg
1. November	660 kg
17. November	720 kg
4. Dezember	750 kg

Ich bemerke, daß ich diese ganze Kur ohne Medikamente durchgeführt habe, und daß ich während meiner langjährigen Praxis überhaupt immer mehr zu der Überzeugung gekommen bin, es sei das beste bei Tieren (ob bei Menschen, will ich als Nichtfachmann nicht entscheiden), die Natur sich selbst helfen zu lassen und sie nur zu unterstützen, ihr aber nicht vorzugreifen.

Einen der interessantesten Fälle aus den Krankheitsgeschichten meiner Tiere erlebte ich mit einer indischen Büffelkuh, die vor der Einschiffung noch in ihrer Heimat erkrankte. Bei dieser hatte sich aus nicht aufgeklärten Gründen eine eiternde Entzündung an der Schnauze gebildet, die stark erhöhte Temperatur zur Folge hatte und dem Tier infolge der Schmerzen die Nahrungsaufnahme im höchsten Maß erschwerte. Eine Untersuchung ergab, daß das eiternde Geschwür von einer Unzahl von Schmarotzerwürmern angefüllt war. Die arme Kuh wurde zunächst auf wissenschaftliche Methode gequält, eine Heilung wollte aber nicht eintreten. Eines Tages kam ein alter Hindu hinzu, besah sich das kranke Tier und nahm Interesse an dem Fall. Als ihm mitgeteilt wurde, wie viele Versuche zur Heilung schon vorgenommen waren, schmunzelte er und meinte, er wolle die Kuh innerhalb eines Tages kurieren. Die Krankheit war so weit fortgeschritten, daß wir das Tier als verloren betrachteten und nichts dagegen einzuwenden hatten, den Hindu seine Versuche anstellen zu lassen. Er verschwand und kehrte nach einigen Stunden mit einem Bündel blütentragender Zweige eines uns unbekannten Strauches zurück. Ich weiß heute noch nicht, zu welcher Gattung diese Pflanze gehört, und kann nur sagen, daß die Blüten einen ziemlich durchdringenden Geruch verbreiteten. Wir glaubten nun, er würde aus dieser Pflanze eine Abkochung bereiten und damit die Wunde des Tieres waschen. Das tat er aber nicht. Er band die Zweige an der Schwanzquaste der Kuh fest. Das Tier wurde natürlich davon beunruhigt und schlug sich mit dem Schwanze um den Kopf, versuchte auch die Zweige vom Schwanz loszureißen und brachte sie dabei beständig mit Maul und Schnauze in Berührung. Nach nicht allzu langer Zeit fielen die Würmer von selbst aus der Nase heraus; ob sie durch den Geruch der Pflanze betäubt waren oder sich entfernten, um dem Geruch zu entgehen, vermag ich nicht zu sagen. Das Geschwür wurde nun ausgewaschen, und nach kurzer Zeit trat eine gründliche Heilung ein. Dies ist einer der Beweise für die mannigfache Verzweigung meines Geschäfts.

Einfach, wie dieses Heilmittel ist, wenn man es erst kennt, sind alle jene Kuren, die ich auf Grund eigener Erfahrungen herausgefunden und mit der Zeit in ein ziemlich geordnetes System gebracht habe. Ich habe mein ganzes Leben lang versucht, mit altbewährten Hausmitteln zu arbeiten, wo es sich um Erkrankungen handelte, die nicht besondere Infektionserscheinungen zeigten, mit anderen Worten, jene Krankheiten, zu deren Verständnis keine besondere wissenschaftliche Vorbildung gehört. Es ist ja auch geradezu ausgeschlossen, jedesmal, wenn einer von meinen Tausenden von Schützlingen aus dem Tierreiche einen Schnupfen oder einen kranken Fuß hat, tierärztlichen Rat und Hilfe in Anspruch zu nehmen.

Als eines der Beispiele, wie ich mir in solchen Fällen durch eigene Beobachtung und Nachdenken stets zu helfen suchte, möchte ich noch die Geschichte eines Eisbären erzählen, den ich vor jetzt wohl ungefähr vierzig Jahren im Kopenhagener Zoologischen Garten kaufte. Das Tier, ein ungewöhnlich schönes und großes Exemplar, war schon mehrere Jahre dort und mochte ein Alter von zwölf Jahren besitzen. Man hatte den ihm angewiesenen Raum wohl nicht mit der genügenden Sachkenntnis eingerichtet, und dem Bären waren die Krallen an den Hinterpranken nicht nur ins Fleisch hinein, sondern völlig durch dasselbe hindurchgewachsen und aus der Oberfläche wieder herausgetreten. Dieses Übel tritt häufig bei Eisbären ein, bemerkenswerterweise jedoch nur an den Hinterpranken. Der Eisbär hat, wie sich jeder Beobachter im zoologischen Garten überzeugen kann, die Gewohnheit, bei allen Wendungen, die er macht, sich kurz auf dem Hinterteil herumzudrehen. Sowohl hierdurch, als durch seine anderen Bewegungen kommen die Hinterpranken fast gar nicht in Tätigkeit, so daß die Krallen an diesen Zeit haben, ins Ungemessene zu wachsen, während sie an den Vorderpranken durch ständigen Gebrauch abgenutzt werden. Ich übernahm also diesen Patienten, dessen Heilung der Zoologische Garten in Kopenhagen für ziemlich aussichtslos hielt, und überlegte mir lange, wie ich ihn am besten kurieren könnte. Endlich entschloß ich mich für folgende Methode: Ich ließ einen großen Umsatzkasten bauen, etwa eineinhalb Meter hoch, zwei Meter lang, aber nur einen halben Meter breit, und nötigte den Eisbären, aus seinem größeren Käfig in diesen schmalen hinüberzuwandern. Der Umsatzkasten hatte vorn Gitterstäbe, die ihn in der ganzen Höhe abschlossen. Mir war nun darum zu tun, den Eisbären zu zwingen, sich mit seinen Füßen auf diese Stäbe zu stellen, um an die Füße heranzukönnen, ohne das Tier fesseln oder narkotisieren zu müssen. Mit Hilfe zweier Leute – über mehr verfügte ich damals nicht – kantete ich den Kasten um, der mit dem Eisbären drin wohl an tausend Pfund wog. Der Bär stand nun mit seinen Füßen auf dem Gitter. Jetzt wurde der Kasten mit Schraubenböcken und Tauen etwa achtzig Zentimeter hochgehoben und auf kräftige Blöcke gesetzt. Der Rest der Arbeit war verhältnismäßig leicht. Ich kroch unter das Gitter und schnitt von unten her die Nägel mit einer kräftigen Eisendrahtzange aus. Natürlich hatte ich vorher das betreffende Bein des Bären, an welchem ich arbeiten wollte, befestigt, so daß er es mir nicht wegziehen konnte. Nun hatte ich es verhältnismäßig leicht, die abgeschnittenen Nägelstümpfe aus dem entzündeten und faulen Fleisch herauszuziehen, und ich konnte jetzt hoffen, meinen Bären wieder zu einem gesunden Tier zu machen. Er siedelte in einen andern Käfig über, dessen eine Hälfte mit Zink ausgeschlagen war, und die ich, sobald das Tier den Käfig beschritten hatte, mit eiskaltem Wasser füllte, während ich den andern Teil des Käfigs etwa eineinhalb Meter höher kantete. Der Bär war auf diese Weise gezwungen, mit seinen Hinterpranken im Wasser zu liegen. Dieses wurde beständig erneuert, neu gekühlt und ganz klar und rein gehalten. Nach vierzehn Tagen war der Bär vollkommen geheilt; er wurde wieder ein tadelloses Exemplar seiner Rasse und wanderte gegen einen hohen Preis in eine Menagerie.

Jedermann, der einiges Interesse für die Tierwelt besitzt, hat wohl schon erfahren, wie weitverbreitet die Vorliebe für Alkohol und Zucker auch unter den Tieren ist. Mit dem Hinweis darauf, daß man Rennpferden vor dem Start Sekt zu trinken gibt respektive ihnen mit Sekt die Nüstern wäscht, sage ich wohl nur den wenigsten etwas Neues. Daß Affen gern Wein und Alkohol auch in anderer Form trinken, ist vielfach verbürgt. Ich selbst sah mich einmal genötigt, einem Elefanten, der des Guten etwas zuviel bekommen hatte, noch eine weitere größere Ration zu geben, damit der angeheiterte Bursche mir nicht den ganzen Transport in Unordnung brächte, sondern lieber wirklich einen schweren Rausch bekäme und, von diesem überwältigt, einen ruhigen Schlaf täte. Die Anwendung des Alkohols auf Bären, und zwar in einer recht grausamen, uns empörenden Absicht, erfuhr ich gelegentlich eines Verkaufs von mehreren großen europäischen Bären an den Menageriebesitzer Malferteiner. Dieser betrieb eine Wanderschaustellung und bemerkte erst, als er die Bären von mir übernommen hatte, daß die Käfige, die er besaß, für die ungewöhnlich großen und starken Tiere nicht widerstandsfähig genug waren. Die Gefahr lag vor, daß die Bären mit Nagen, Kratzen und Brechen sich ihre Freiheit bald erringen würden. Zu dieser Zeit tauchte eine Zigeunerbande auf, die sich für die Bären sehr interessierte. Malferteiner stellte fest, daß die fahrenden Burschen über einige Barmittel verfügten, und schloß deshalb den Verkauf der Bären mit ihnen ab. Mit großer Neugier sah er der Übernahme der Bären entgegen. Die Zigeuner hatten keinerlei Gerät und keine Käfige bei sich, um die Tiere zu befördern. Auf die Frage, wie sie das auszuführen dächten, hatten sie verschmitzt gelacht und Herrn Malferteiner versichert, er möge das nur ihre Sorge sein lassen. Das Unternehmen der Leute schien ihm umso gewagter, als die Bären keineswegs gezähmt oder abgerichtet waren. Das erste, was die Zigeuner taten, als die Bären in ihren Besitz übergegangen waren, war, daß sie sie hungern ließen. Zwei Tage lang bekamen die armen Tiere nichts zu fressen. Darauf schleppten die Zigeuner ein Faß gesalzener Heringe herbei. Der Widerwille gegen diese Nahrung half dem Meister Petz nichts, der Hunger war stärker als die Abneigung. Am dritten Tage waren die Heringe aufgefressen. Nun stellte sich natürlich ein jämmerlicher Durst bei den Tieren ein; Wasser bekamen sie aber nicht. Dagegen stellten ihnen die grausamen neuen Besitzer einen Bottich vor die Nase, der mit stark versüßtem Spiritus gefüllt war. Gierig stürzten sich die Bären über die wohlschmeckende Flüssigkeit und betranken sich vollkommen. Sie sanken in einen todähnlichen Schlaf. Jetzt stiegen die Zigeuner furchtlos zu ihnen in den Käfig, die großen Raubtiere waren völlig ungefährlich; man konnte mit ihnen umgehen wie mit einem Sack Mehl. Die Zigeuner brachen ihnen die Fangzähne mit Zangen ab und kniffen ihnen die Krallen an den Tatzen weg; es kam ihnen nicht darauf an, wenn sie bei dieser Operation tief ins Fleisch der Pranken rissen, die Bären erwachten nicht davon, und Mitleid kannten die Zigeuner nicht. Darauf wurden den beiden Raubtieren Ringe durch das Nasenbein gezogen und eine Kette um den Hals, eine andere durch den Nasenring gelegt. Die so gefesselten und wehrlos gemachten Geschöpfe luden die Zigeuner auf einen Wagen und fuhren mit ihnen fort. Nach mancher Stunde der Fahrt wachten die armen Tiere auf, fielen vom Wagen herunter und mußten nun, von der Kette gehalten, hinterhertraben. Zum Überfluß hatten ihnen die Zigeuner noch Maulkörbe vorgelegt, die aber völlig unnötig waren, denn die noch immer halbbetäubten, vom Schmerz geschwächten Tiere dachten gar nicht an einen Angriff.

Ein ganz besonderes Gebiet von Krankheiten der Tiere in der Gefangenschaft ist das der Selbstverwundung der Tiere; man könnte sich auch krasser ausdrücken und von Tieren sprechen, die sich selbst auffressen. Solche Fälle traten stets nur bei Raubtieren ein, bei diesen aber wohl ohne Unterschied der Gattung. Zweimal erlebte ich es, daß gefleckte Hyänen, die bis zu diesem Augenblick durchaus wohl waren und sich normal verhielten, plötzlich mit lautem Geschrei, ich möchte sagen, über sich selbst herfielen und sich ganze Stücke aus dem eigenen Körper herausrissen. Dieser grauenhafte Vorgang ereignete sich so schnell und unerwartet, daß es unmöglich war, helfend einzugreifen. Beide Tiere hatten sich so entsetzliche Wunden beigebracht, daß sie unrettbar einem schnellen Tode verfielen. Vor einigen Jahren brachte sich ein großer Jaguar an der Tatze des linken Hinterlaufes derartige Wunden bei, daß er trotz sorgfältiger Pflege vier Monate lang ans Krankenlager gefesselt und erst nach sechs Monaten wieder geheilt war. Männliche Löwen haben solche unerklärliche Selbstverstümmelungen nie vorgenommen, dagegen erlebte ich zweimal Ähnliches mit Löwinnen, die sich ihren Schwanz geradezu abkauten und abfraßen, soweit sie nur heranreichen konnten. Beide Tiere mußten wegen ungeheuren Blutverlustes und großer Schwäche getötet werden.

Veranlaßt mich mein Beruf und die Größe meines Betriebes auf diese Weise zu einem Seitensprung in das Gebiet der Tierarzneikunde und der Pharmakologie, so liegt es noch näher, daß ich häufig die Grenzgebiete der bekannten Zoologie streifen muß. Man kann sich denken, daß meine Expeditionen zum Tierfang in dem unbekannten Innern der großen Kontinente häufig Berichte von Eingeborenen mitbringen, die von Tierarten Kunde geben, welche uns unbekannt scheinen. Nicht so oft, wie man vielleicht anzunehmen geneigt ist, sind solche Berichte der Eingeborenen Übertreibungen oder gar bewußte Lügen, vielmehr führt eine gewissenhafte Prüfung ihrer Berichte häufig zu neuen Entdeckungen. Berühmt geworden ist ja in der gesamten Tierkunde unserer Tage die Auffindung der Überbleibsel des Riesenfaultieres in Südamerika; in aller Erinnerung ist auch noch das Aufsehen, welches die Entdeckung des Okapi machte. Häufig aber geben auch die primitiven Überlieferungen aus dem Kunstleben der Eingeborenen Fingerzeige über das Vorhandensein unbekannter Tierarten. So erhielt ich beispielsweise vor einigen Jahren aus ganz verschiedenen Quellen Berichte über solche Malereien auf Felsen und in Höhlen im Innern von Rhodesia. Der eine Bericht stammte von einem meiner Reisenden, der andere von einem hochgestellten Engländer, der zur Jagd auf großes Wild hinausgezogen war. Der erste hatte sich dem Innern des Kontinents vom Südwesten aus, der andere vom Nordosten aus genähert. Beide Berichte stimmten merkwürdigerweise darin überein, daß ihnen die Eingeborenen von dem Vorkommen eines Ungeheuers erzählt hätten, das, halb Elefant, halb Drache, in den unzugänglichsten Sümpfen hauste. Ja, vor mehreren Jahrzehnten brachte mir mein vortrefflicher Reisender, Herr Menges, der im Jahre 1871 mit Gordon-Pascha die Expedition am Weißen Nil hinauf mitgemacht hatte, schon Berichte über ein ähnliches sagenhaftes Geschöpf. Auch Zeichnungen dieses Tieres, von den Eingeborenen auf die Wände von Höhlen gemalt, finden sich im Innern Afrikas. Nach allem, was mir davon bekannt geworden ist, kann es sich nur um eine Art Brontosaurus handeln. Die Berichte, von so verschiedener Seite kommend und trotzdem so übereinstimmend, bringen mich fast zu der Überzeugung, daß dieses Tier heute noch existieren muß. Ich habe auch unter Aufwendung erheblicher Kosten eine Expedition in jene Länder hinausgeschickt, sie mußte aber unverrichteter Sache heimkehren. Trotzdem gebe ich die Hoffnung noch nicht auf, unserer Zoologie den Beweis der Existenz dieses Geschöpfes zu erbringen und damit vielleicht zu weiteren Entdeckungen Anlaß zu geben. Denn wenn man sich erst überzeugt, daß tatsächlich ein solches Tier heute noch lebt, das man seit Jahrtausenden für ausgestorben hält, so wird die Suche nach weiteren, zur Zeit noch unbekannten Tierarten neuen Ansporn erhalten.

Stellinger Kindergarten.

XI. Stellinger Notizen

Wo vor wenigen Jahren nichts zu sehen war als weite Kartoffeläcker und ein ungepflegtes, von Gestrüpp bedecktes Feld, erhebt sich heute eine blühende Landschaft, deren Charakter zwar nicht mit demjenigen der Norddeutschen Tiefebene übereinstimmt, aber dem Zwecke entspricht, für den sie geschaffen wurde. Gebirgsformationen und Felsschroffen steigen in die Luft empor, zu ihren Füßen grünen weite Triften und schimmern blaue Gewässer, über die sich zierliche Brücken spannen.

Berge, Triften und Gewässer aber sind mit einem eigenartigen Leben angefüllt, das sich in unaufhörlicher Bewegung befindet und dem Blick immer neue Aussichten eröffnet. Die Tierwelt der ganzen Erde ist, und zwar unter neuen Bedingungen des Gefangenenlebens, in den Umkreis dieses Parkes eingeschlossen. Wenn man die Schritte nach jenem großen Gebäudekomplex lenkt, der das Hauptrestaurant des Gartens enthält, und, diesem Gebäude den Rücken zugekehrt, den Blick geradeaus schweifen läßt, eröffnet sich ein seltsames und gewaltiges Panorama: das Tierparadies.

Ganz im Vordergrund, in der Ferne von niedrigen Felsen abgeschlossen, blinkt das Wasser eines großen Vogelteiches, eingesäumt von einer weiten Laufbahn, auf welcher sich Flamingos und Kraniche, Pelikane und Ibisse tummeln, während das Wasser von unzähligen Schwänen, Enten, Gänsen der verschiedensten Art belebt ist. Darüber hinaus umfaßt das Auge mit Befremden einen weiten, ebenfalls von Felspartien eingesäumten Platz, auf welchem sich so viele Pflanzenfresser verschiedener Art ergehen, daß hier wirklich eine kleine Ecke des Paradieses abgezweigt erscheint. Schafe, Ziegen und Antilopen klettern gemächlich über die sanft geformten Felsen, unten schreiten bedäch-

Erst Bitte, Bitte machen!

tig prächtige indische Brahma-Zebus neben struppigen Yaks aus der Mongolei, hochbeinigen Guanacos aus Südamerika und wolligen Lamas aus Peru. Mit wiegendem Gange folgt ein Dromedar dem bunten Zebra, das an seinen Verwandten, dem Esel und Pferd, vorüberschreitet. Hirsche aus fernen Ländern haben sich hier ein Stelldichein mit den deutschen Vertretern ihrer Art gegeben, gewaltige Büffel und winzige Zwergziegen grasen friedlich nebeneinander – in unablässiger Bewegung, aber in ungestörtem Frieden wogen die einer täuschenden Freiheit zurückgegebenen Tiere über den Platz hin und her.

Was aber das Auge jenseits der Grenze dieser Trift erfaßt, erscheint aus der Entfernung ganz unwirklich und traumhaft. Nur um wenige Schritte vom Gehege der Pflanzenfresser entfernt, tummelt sich in einer offenen, ganz frei gelegenen Felsengruppe eine Anzahl von Löwen, und noch weiter hinaus wächst ein breiter Gebirgsstock kühn zur Höhe, dessen Felsvorsprünge bis zum Gipfel mit Bergtieren belebt sind. Unbeweglich steht auf hohem Grat ein Markhorbock, dessen Schraubengeweih sich prächtig vom blauen Hintergrund der Luft abhebt; jetzt beugt das Tier sich zurück, um im nächsten Augenblick gleich einem Vogel im Fluge über eine Kluft hinwegzuschnellen. Wie unten auf der Trift die Heufresser, so finden sich auch auf diesem Hochgebirge im kleinen die verschiedensten Tiere zusammen. Mähnenschafe aus Nordafrika und die berühmten sibirischen Wildschafe, Himalaya-Wildziegen in ganzen Familien und mannigfache andere Tiere führen auf allen Seiten der Felspartien ihre Kletterkünste aus.

Die Freiheit, welcher sich alle diese Geschöpfe erfreuen, ist Schein und Wahrheit zugleich. Die Löwen in ihrer Grotte können zwar ihre Kräfte frei entfalten, kein Gitter schließt sie von der Umgebung ab – wohl aber ein breiter Graben, der durch die ganze Terrainanlage und durch eine mit Gewächsen bepflanzte Barriere unsichtbar gemacht ist. Die Illusion ist so vollkommen erreicht, daß die meisten Besucher sich erst durch eine Besichtigung des Grabens von der Tatsächlichkeit der Anlage überzeugen lassen.

Meine ersten Versuche, Tiere auf diese Art in Freiheit vorzuführen, machte ich im Jahre 1896 auf der Ausstellung in Berlin, später auch in Leipzig und einigen anderen Plätzen, hauptsächlich aber 1904 auf der

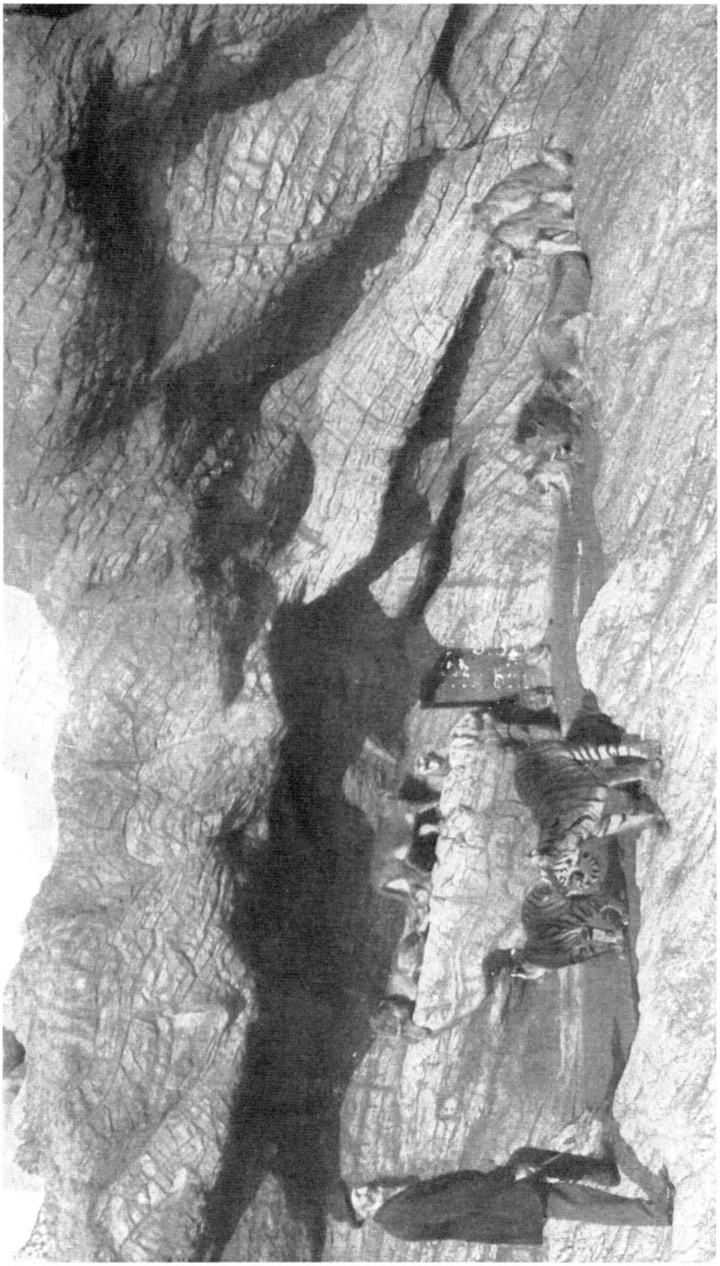

Hagenbeck in der Löwengrube.

Weltausstellung in St. Louis. Ehe diese Anlagen ins Leben traten, habe ich Versuche darüber angestellt, wie weit das Sprungtalent verschiedener Arten von Tieren reicht. Katzenartige Raubtiere wurden auf die Fähigkeit hin schon in meinem großen Außenkäfig am Neuen Pferdemarkt geprüft. Um zunächst festzustellen, wie hoch diese Tiere in senkrechter Richtung zu springen vermögen, wurde an einem drei Meter über dem Erdboden ragenden Palmenzweige eine ausgestopfte Taube befestigt. Die in den Käfig eingelassenen Löwen, Tiger, Panther und Leopalden bemerkten die Taube bald und bemühten sich um die Wette, die Beute vom Baum herunterzuholen. Löwen und Tiger brachten es mit ihren Sprüngen kaum über zwei Meter hoch, die schwarzen Panther und Leoparden brachten es auf Sprunge von drei Metern Höhe, so daß sie wohl den Palmenzweig packen, aber die Taube, welche auf dem höchsten Punkt des Zweiges befestigt war, trotz aller energischen Versuche nicht herunterholen konnten.

Frisch angekommene Pinguine werden gefüttert.

Der Weitsprung wurde häufig in der Arena mit Tieren ausprobiert, die durch Dressur noch extra zum Springen abgerichtet waren. Der größte Weitsprung, den Leoparden ohne Anlauf machen konnten, betrug drei Meter, ich bin indes überzeugt, daß bei der Möglichkeit eines großen Anlaufs vier bis viereinhalb Meter erzielt würden. Unter den Löwen und Tigern brachte es ein Königstiger ohne Anlauf zu einem Sprung von drei Metern, bei großem Anlauf wird man auch hier einen bis eineinhalb Meter zulegen können.

Auf Grund dieser Versuche sind die Einrichtungen in Stellingen getroffen worden. Sollten die Tiere es auch versuchen, mit einem Anlauf von zehn Metern den Graben zu nehmen, so würden sie schon in der Mitte des Grabens auf halber Sprungweite in die Tiefe fallen, denn die äußerste Stelle des Absprungs ist von der entgegengesetzten Seite 8,60 Meter entfernt. Unterhalb der Schlucht befindet sich noch eine Felsleiste, damit die Tiere, sollten sie beim Spielen vom Plateau der Grotte abgleiten, nicht gleich in den tiefen Graben fallen. Wollte nun eins der Tiere von dieser Schutzleiste, natürlich ohne Anlauf, den Sprung wagen, dann müßte es schon sieben Meter weit durch die Luft fliegen, um die gegenüberliegende Seite zu erreichen, denn genau sieben Meter beträgt die Breite des Grabens von einer Mauer bis zur anderen. Die Tiere sind bei dieser Art von Absperrung viel sicherer untergebracht als hinter Gittern. Aus den Gelassen mit vorgelagerten Gräben ist ein Entweichen gänzlich ausgeschlossen, während es mir bekannt ist, daß Gitterverschlüsse schon hier und da durchbrochen worden sind.

Walrosse und Seelöwen.

Der weite Park gleicht einer wohlbevölkerten Stadt, deren Bewohner der Besucher wohl sieht, ohne an ihrem intimen Leben teilzunehmen. Er schaut gleichsam im Vorübergehen durch die Fenster der Gebäude, um einen Blick in das Familienleben der Bewohner des Tierparadieses zu erhaschen. Denn auch hier, wie in der Menschenstadt, bestehen Freundschaft und Feindschaft, Neigungen und Abneigungen, Liebesverhältnisse werden geknüpft und gelöst, es gibt Geburten und Todesfälle, und auch die Botschaft von Haus zu Haus, die von den Menschen, welche der Pflege aller dieser Tiere obliegen, übernommen worden ist. Mit den täglichen Neuigkeiten aus der Tierwelt des Gartens könnte man wohl eine kleine regelmäßig erscheinende Zeitung füllen. Alle Tiere befinden sich unausgesetzt

Fütterung der Walrosse.

unter strenger Beobachtung, und ihre Behandlung ist, auch bei größter Mannigfaltigkeit des Bestandes, eine individuelle.

Allen Tieren ist, wie den Menschen, der Spieltrieb angeboren. Die Lust zum Spiel geht durch den ganzen Garten, und es wird ihr schon jetzt Rechnung getragen, während in Zukunft noch ganz besondere Einrichtungen zur Befriedigung dieses Triebes getroffen werden sollen. Die einzelnen Geschöpfe beanspruchen Spielsachen, die ihrer Figur und ihren Neigungen angemessen sind. Für die Seelöwen, die ein angeborenes Talent zum Balancieren von Gegenständen besitzen, genügt ein ins Wasser geworfener Knüppel, mit dem sie alsbald zu jonglieren beginnen. Das Rhinozeros dagegen ist von Natur ein Athlet und muß mit Apparaten versehen werden, an denen es seine Kraft erproben kann. Durch den Stall von Max, einem unserer Rhinozerosse, wurde eine Latte geschoben und an diese ein stramm mit Heu gefüllter Sack gehängt; das Ganze glich also einem jener Übungsapparate, wie sie die amerikanischen Boxer benutzen. Diese Gebrauchsauffassung schien auch Max zu teilen, denn er begann sofort, sich mit dem Sack herumzuboxen, und ward dieses Spiels gar nicht müde. Die Auerochsen, die ja ebenfalls Kraftgenies sind, erhielten als Spielgegenstand ein Fäßchen, das sie hin und her rollen und mit den Hörnern in die Luft werfen.

Neben Futter und Spiel steht als dritter großer Bewegungsfaktor die Liebe und die Freundschaft, die ja nur eine andere Form der Liebe ist. Gäbe es unter den Tieren auch den Klatsch, der in der Menschenwelt so weit verbreitet ist, der Garten wäre voll davon. Und hauptsächlich würde er sich natürlich um die Liebschaften drehen, die hier ihr Wesen treiben. Was kann es Aussichtsloseres geben als die Neigung zwischen einer riesigen Elefantenkuh und einem Känguruhmännchen. Und doch ist eine solche Freundschaft, die einen geradezu innigen Grad erreicht hat, beobachtet worden. Täglich spielten die beiden Tiere miteinander, der Elefant liebkoste das Känguruh mit seinem Rüssel, und eins mochte nicht ohne das andere sein.

Außerordentlich häufig sind die Neigungsverhältnisse unter Vögeln verschiedener Art. Ein Kronenkranich und ein amerikanischer Strauß gesellten sich zueinander, ebenso ein Enterich und eine Möwe.

Zu den interessantesten Tieren des Gartens gehören die im Nordland-panorama wohnenden drei Walrosse. Mit seinen gewaltigen Hauern hakt sich das Walroß, wenn es gereizt und wütend gemacht ist, am Rand des Bootes fest und sucht es umzustürzen. Den modernen Geschossen gegenüber hat es aber längst seine Gefährlichkeit verloren.

Walrosse.

Die ersten beiden Walrosse, welche ich erhielt, gingen innerhalb weniger Wochen zugrunde. Zwei andere hielten sich annähernd zwei Jahre. Die Tiere sind sehr empfindlich und bedürfen großer Pflege, namentlich erkälten sie sich leicht. Das letzte Walroß, welches damals übrigblieb, zog sich schon im Spätherbst eine Erkältung zu, die wir aber durch Dampfbäder beseitigten. Als das Tier starb, war es etwa drei Jahr alt, besaß aber schon ein Gewicht von reichlich acht Zentnern. Ich nehme an, daß das Walroß etwa mit dem zehnten Jahre ausgewachsen ist und dann ein Gewicht von 2 500–3 000 Pfund erreicht. Die Tiere verbrauchen aber auch ungeheure Quantitäten Nahrung. Die beiden ersten Walrosse, die ich besaß, ganz junge Tiere, fütterte ich anfangs mit je zwanzig Pfund Fischen pro Tag. Entgrätete und in kleine Stücke geschnittene Kabeljaue, Seehechte, Dorsche, Schellfische und Heilbutte wurden im Wasser von den Tieren aufgeschlürft. Die beiden anderen Exemplare fraßen im Alter von zwei bis drei Jahren täglich je achtzig Pfund Fische – ein ungeheurer Appetit, der in Hinsicht auf die ausgewachsenen Tiere Riesenquantitäten von Nahrung voraussetzt.

Nach vielen Mühen und manchen fehlgeschlagenen Versuchen gelang es mir im Oktober 1907 endlich wieder, drei Walrosse meinem Tierpark einzuverleiben. Sie wurden in der Karischen Straße in der

Nähe der Weigatsch-Inseln gefangen. Von dem Walroßfänger, welcher die Tiere gefangen hatte, wurden sie ausschließlich mit Seehundsspeck ernährt, auch in der ersten Stellinger Zeit erhielten sie diese Nahrung. Als der Seehundsspeck indes zu Ende gegangen war, weigerte sich das männliche Tier, irgendeine andere Nahrung anzunehmen, während die beiden Weibchen sich mit Kabeljaufleisch füttern ließen. Alle Versuche, den Bullen zum Fressen zu bewegen, schlugen fehl, und schon sah ich das Ende des kostbaren Tieres vor Augen, als ich aus den Gedanken kam, schließlich noch einen Versuch mit Haifischfleisch zu machen,

Hagenbecks Villa in Stellingen.

welches dann endlich nach einer vierzehntägigen Hungerperiode angenommen wurde. Später hat sich das Tier, wie die beiden Weibchen, herbeigelassen, Kabeljaufleisch zu nehmen, das ihnen in grätenlosem Zustand dargereicht werden muß. Die drei jungen Walrosse fraßen im letzten Monat 5 035 Pfund Kabeljau, Lengfisch oder Seelachs im Werte von zusammen 710 Mark. Etwas teure Kostgänger!

Zu diesen bereits in meinem Tierpark vorhandenen drei jungen Walrossen kamen am 9. September 1908 noch fünf junge Exemplare, zwei weitere Männchen und drei Weibchen, so daß ich jetzt den Besuchern meines Tierparks acht dieser in der Gefangenschaft noch recht seltenen Tiere vorführen kann. Die Walrosse werden von besonders dazu gebauten Boote aus harpuniert. Die Bauart dieser Fangboote, die etwa zwanzig Fuß lang und sieben Fuß breit sind, ist derartig, daß die Bretter nicht übereinanderliegen, sondern aufeinanderstoßen, wodurch die Wand des Bootes ganz glatt wird. Außerdem beschlägt man den Boden des Schiffes mit Blech. Vorn befindet sich eine Plattform von vier Fuß Breite, die einen Pfeiler trägt, der fest im Kiel des Bootes eingezapft ist. An diesem Pfeiler werden die Harpunen mit langen Leinen befestigt, welch letztere, stets zur Benutzung bereit, aufgerollt auf der Plattform liegen müssen. Sechs Zoll vom Bug entfernt, sind an jeder Seite vier Vertiefungen in der äußersten Kante der Schiffswand angebracht. Wird ein Walroß harpuniert, so wird die Leine der Harpune in diesen Ausschnitt hineingelegt, um dadurch zu verhindern, daß sich die Leinen miteinander verwickeln, wenn mehr als eine Harpune benutzt wird. Außerdem wird auf diese Weise ein Kentern des Schiffes verhütet, das unbedingt eintreten müßte, wenn das getroffene Walroß die Leine nach hinten zu längs der Wand des Schiffes ziehen würde. Auf der Plattform steht der Fänger, während drei Mann rudern. Die Harpune wird auf eine Distanz von etwa zweiundzwanzig Metern geworfen; der Rekord, der in dieser Beziehung erzielt wurde, betrug etwa vierunddreißig Meter. Das harpunierte Walroß geht sofort in die Tiefe, kommt aber nach einiger Zeit zum Atemholen wieder an die Oberfläche. Bleibt die Leine schlaff, so wissen die Fänger, daß sie mit ihrem Boot gefährdet sind, denn dann steigt das verwundete Tier ganz in der Nähe des Schiffes aus dem Wasser hervor, um anzugreifen. Harpunierte Weibchen schwimmen gewöhnlich geradeaus und ziehen die Leine straff. Manchmal allerdings muß diese gekappt werden, und zwar, wenn das harpunierte Walroß auf einer Eisscholle lag und den Weg zur Flucht nun jenseits ins Wasser nehmen will. Um die Tiere nach dem Harpunieren möglichst schnell unschädlich zu machen, werden sie mit ganz besonders konstruierten norwegischen Walroßbüchsen erschossen. Wird eine Walroßherde an der Küste lagernd überrascht, so tötet man zunächst die am Rande des Ufers liegenden, damit die weiter am Lande befindlichen durch die Körper der toten am Entweichen gehindert werden.

Um die Jungen lebendig zu fangen, ist es gewöhnlich notwendig, die Mutter zu erlegen. So wurde eins der in Stellingen befindlichen Tiere auf die Weise erbeutet, daß man die getötete Mutter ganz dicht an das Boot heranzog und sich nun vollständig ruhig verhielt. Es dauerte dann gar nicht lange, bis das Junge kam und der toten Mutter auf den Rücken kletterte. Nun war es natürlich nicht schwer, sich des unbeholfenen jungen Tieres zu bemächtigen.

Die Abessinische Gesandtschaft in Hagenbecks Tierpark.

Die Geschlechter der Walrosse halten sich getrennt, Weibchen und Junge leben für sich, ebenso wie die Männchen, und nur die Paarungszeit im September und Oktober vereinigt Männchen und Weibchen am Lande.

Die Nahrung der Walrosse setzt sich hauptsächlich aus pelagischem Auftrieb zusammen, einem aus zahllosen kleinen Organismen bestehenden Tierbrei, in dem winzig kleine Krebse vorherrschend sind. Außerdem lebt das Walroß von Sandwürmern, wie sie in großer Zahl im Magen erbeuteter Tiere gefunden werden. Einmal beobachtete Hansen sogar, wie ein Walroß einen toten Seehund anging; es hatte mit seinen Zähnen Löcher in den Kadaver gestoßen und war nun dabei, den Speck des Seehundes schlürfend in sich aufzunehmen. Es war aber leider nicht festzustellen, ob der Seehund erst von dem Walroß getötet worden oder ob er schon vorher tot war.

Die Stoßzähne des weiblichen Tiers sind um ein Drittel kürzer als die der Männchen, außerdem bei ausgewachsenen Weibchen auch beträchtlich dünner. Das Gebrüll der Walrosse wird in der Windrichtung zwei Seemeilen weit gehört und ist so durchdringend, daß sich die Jäger bei Nebel häufig mit dem Kurs des Schiffes danach richten.

Im langsamen Schritt „Marsch, Marsch".
Der Stab dient als Zügel.

Die ersten beiden gefangenen Walrosse wollten nach dem Fang neun Tage lang nichts fressen, während das dritte Exemplar nur achtundvierzig Stunden die Nahrungsaufnahme verweigerte und durch sein gutes Beispiel dann auch die anderen beiden zum Fressen animierte. Besonders interessant aber war es, als die fünf neuangekommenen Walrosse ihren drei Genossen im Bassin des Stellinger „Eismeerpanoramas" zugeführt wurden. Die fünf Neuankömmlinge waren in Kisten auf Wagen bis in die Nähe von ihren Kameraden gefahren worden. Bei dieser Gelegenheit bewiesen die Tiere ein derartig ausgeprägtes Zusammengehörigkeitsgefühl, wie es ihrer oft beobachteten hohen Intelligenz entspricht. Sei es nun, daß die drei älteren Tiere ihre Nähe durch den Geruch wahrnehmen oder durch das Gehör – jedenfalls gerieten sie in eine mächtige Erregung. Der Bulle kam, gefolgt von den beiden Weibchen, aus dem Wasser heraus, und alle fingen nun laut zu brüllen an. Dabei konnte man beobachten, wie das Tier vor Erregung geiferte und seine Augen sich durch Blutüberfluß rot färbten. Als die jungen Tiere aus ihren Käfigen herausgelassen wurden, nahmen die drei anderen sie unter sichtbaren Zeichen der Begrüßung in Empfang, indem sie sie von allen Seiten zärtlich beschnupperten.

Ich rief nun sofort den Wärter mit Fischfleisch herbei und begann mit ihm die Tiere zu füttern. Als die Neuangekommenen sahen, wie gut es sich ihre älteren Genossen schmecken ließen, begannen auch sie ihre Mahlzeit mit bestem Appetit zu verzehren und benahmen sich nach kurzer Zeit schon so zahm und zutraulich, als ob sie gleich den anderen schon lange im Tierpark gewesen wären.

Den Leser wird es vielleicht interessieren, an dieser Stelle eine kleine Statistik über die Bevölkerung der Tierstadt und ihre leiblichen Bedürfnisse vorzufinden. Der Bestand an Tieren, einschließlich der Dressurgruppen, betrug beispielsweise im August 1908:

91 katzenartige Raubtiere, darunter 49 Löwen, 26 Tiger und 3 Löwen-Tiger-Bastarde, 18 Eisbären und 12 Bären anderer Arten, 40 Hyänen, Wölfe, Hunde in 15 Arten, 15 Schimpansen, Orang-Utans und Gibbons, sowie 109 Affen in 22 verschiedenen Arten, 13 Elefanten, 3 Nilpferde, 2 afrikanische Nashörner, 4 Tapire, 3 Giraffen, 21 Kamele, Dromedare und Lamas, 57 Hirsche und Rehe, 84 Rinder, darunter 2 Wisents, 12 Bisons und 17 Büffel, 84 Wildschafe, Schafe, Steinböcke und Ziegen in 18 Arten, 43 Antilopen, darunter Elenantilopen, Wasserböcke, Leukoryx- und Kudu-Antilopen, ein Warzenschwein, 73 Einhufer, darunter 21 Zebras; als Mitbewohner des Nordlandpanoramas 3 Walrosse, 4 Seelöwen, 1 Seebär und 3 Seehunde in ebenso vielen Arten. An Nagetieren sind 96 Exemplare in 8 Arten vorhanden, ferner 8 Gürteltiere, 12 Känguruhs, 36 Schildkröten, 12 Varane, Leguane usw., 11 Krokodile und Alligatoren, sowie 68 Schlangen. Das Reich der Vögel umfaßt 1 072 Stück, die sich in der Hauptsache zusammensetzen aus 48 afrikanischen Straußen, 18 südamerikanischen Straußen, 11 australischen Straußen und 13 Kasuaren –dazu 295 Schwimmvögel, 273 Stelzvögel, darunter 90 Flamingos und 82 Kraniche, 187 Hühner-Vögel, 116 Singvögel, 69 Papageien, 21 Tukane und 16 Raubvögel. Die gesamte Tierstadt ist demgemäß bewohnt von annähernd 2 000 Stück, die einen Gesamtwert von 1 125 000 Mark repräsentieren.

Was in der Küche dieser Stadt draufgeht, vermag der Leser sich schon einigermaßen vorzustellen, wenn er erfährt, daß ausgewachsene Löwen und Tiger täglich 10–15 Pfund Fleisch verzehren, daß jeder ausgewachsene Elefant, wenn er müßig geht, 10 Pfund Hafer, 5

Pfund Kleie, 40 Pfund Rüben und 60 Pfund Heu zu sich nimmt – die Rationen erhöhen sich, wenn die Tiere arbeiten –, und daß ein Nil-

Die japanische Insel – Wurde auf Befehl von G. M. photographiert.

pferd nicht unter einer Tagesration von 10 Pfund gequetschtem Hafer, 6 Pfund Kleie, 6 Pfund Roggenbrot, 20 Pfund Rüben und 20 Pfund Heu auskommen kann. An Delikatessen sind die unverdorbenen Mägen der Tiere nun freilich nicht gewöhnt, dennoch bietet der Speisezettel eine ziemliche Abwechselung, freilich eine noch größere Fülle, wie man aus der folgenden Futterliste für ein Jahr und bei einem Tierbestande, wie vorher angegeben, ersehen kann.

Durch die Nahrungsmittel-Abteilungen des Tierparks gingen im Laufe eines Jahres:

85 107 kg Pferdefleisch	8 600 kg Pferdekeks
34 945 kg Rindfleisch	7 600 kg Hundekeks
120 St. Tauben	18 300 kg Quetschmais
270 St. Kaninchen	7 000 kg Kartoffeln
150 St. Hühner	850 kg Pferdemelasse
55 128 kg Fische, davon	4 500 kg Wurzeln

28 825 kg für Walrosse	99 555 kg Rüben
18 156 kg Weißbrot	4 300 kg Kohl
15 425 kg Roggenbrot	250 kg Salat
800 kg Leinkuchen	400 kg Johannisbrot
	1 225 kg Hanf
3 000 kg Eicheln und Kastanien	1 205 kg Buchweizen
	975 kg Hirse
210 kg Datteln	1 625 kg Reis
4 500 Eier	60 000 kg Preßstroh
1 140 kg Hafermehl	86 000 kg Preßheu
13 838 l Milch	76 559 kg Wiesen- und Schilfheu
12 100 kg Weizen	
88 837 kg Hafer	15 000 kg Kleeheu
7 600 kg Gerste	6 000 kg Rentiermoos
44 650 kg Kleie	122 400 kg Timotheeheu
800 kg Erbsen	6 850 kg Häcksel
16 700 kg Mais	22 980 kg Haferstroh

Hierzu kommen noch Fleischsuppen, Milch- und Fruchtsuppen, Bickbeerwein, Mehl, Kirschen, Trauben und andere Früchte für die Anthropomorphen, ferner nahezu 50 000 kg Roggen- und Haferstroh, sowie, obgleich es nicht ganz in diese Rechnung paßt, 30 000 kg Torfstreu und etwa 240 000 kg Koks und Kohlen. Die Ausgaben, welche diese Liste beansprucht, betragen rund 150 00 Mark.

Weit drüben, wo sich eine zierliche Brücke über die Landstraße schwingt, ist in diesem Jahre ein zweiter Teil des Parks eröffnet worden, in dem zu Schaustellungen fremde Völker ihre Lager aufschlagen werden, und wo auch eine neue große Dressurhalle errichtet worden ist. Schon bereitet sich für das kommende Jahr die Eröffnung einer dritten großen Abteilung des Tierparks vor. Auf diesem neuen, im Osten gelegenen und annähernd sechs Hektar großen Gelände wird u. a. ein sechzig Meter langes Kaffeehaus mit Parterre und erster Etage errichtet, das im Sommer bei großem Besuch dem Publikum Gelegenheit bieten soll, sich auszuruhen und zu erquicken. Außerdem wird es bei plötzlich eintretendem Unwetter einer größeren Menschenmenge als Zufluchtsstätte dienen können. Dieses Gebäude wird unter Dach reichlich 2 500 Personen beherbergen können, und eine vorgebaute Terrasse wird Sitzplätze für weitere 2 000–3 000 Personen bieten. In der Mitte des Geländes wird ein etwa ein Hektar großer Teich angelegt und an zwei Stellen mit Brückenübergängen versehen. Um den Teich herum wird eine Miniatureisenbahn von reichlich 600 Metern Länge gebaut. Die Züge, die sowohl Kinder als Erwachsene aufnehmen können, werden von einer Lokomotive befördert, die genau einer deutschen Schnellzugslokomotive nachgebildet ist. Zwischen den Gebüschen am Teichufer werden nach und nach in lebensgroßen künstlerisrhen Nachbildungen die Tiere der Vorwelt aufgestellt; bis in die Baumwipfel wird die Donnereidechse, der ungeheure Brontosaurus, dessen Gesamtlänge bis zu vierzig Metern beträgt, seinen Kopf erheben; den Stegosaurus und den Ceratosaurus oder die Horneidechse, die fünfzehn Meter hoch emporragt, alle diese Riesen wird man hier finden und sich in die Vorwelt zurückversetzt glauben. Das noch übrige Terrain ist für ein großes Affenhaus, ein besonderes Gebäude für Menschenaffen, sowie für einige Gelasse zur Aufnahme seltener Rinden und Antilopenarten

Flamingos.

bestimmt, während in südlicher Richtung an der Kaiser-Friedrich-Straße eine umfangreiche Straußenfarm eröffnet wird.

Auch über diese Unternehmungen, die sich zum größten Teil in der Ausführung befinden, greifen schon neue Pläne hinaus, um ein kürzlich angekauftes allerneuestes Terrain von zehn Hektar, das dem Tierpark gegenüber nordöstlich am Lokstedter Weg liegt, zu einer Farm umzugestalten, auf der neue interessante Züchtungen mit Rindern und Einhufern vorgenommen werden sollen. Diese Zuchtversuche nehmen schon jetzt ihren Anfang, doch werden noch einige Jahre vergehen, ehe alles praktisch ausgebaut ist. Die erste Bedingung für solche Unternehmungen größeren Stils ist Geld und immer wieder Geld, und deshalb ist ein besonnenes und systematisches Arbeiten nötig, in ökonomischem Einklang mit den verfügbaren Mitteln.

Bei dieser Gelegenheit möchte ich eine irrtümliche Auffassung richtigstellen, die weite Verbreitung gefunden hat. An dem weitverzweigten Unternehmen, das jetzt in Stellingen zentralisiert ist, sind weder Banken noch sonstige Finanzkreise beteiligt; der Tierpark wie das gesamte Geschäft sind mein alleiniges Eigentum. Dagegen ist das Terrainunternehmen Stellingen, das durch mich gegründet wurde, eine Gesellschaft mit beschränkter Haftpflicht, an der ich mit einem bestimmten Prozentsatz beteiligt bin.

X. Menschenaffen

Die Anthropomorphen-Affen sind schon von jeher meine Lieblinge gewesen, ihnen habe ich stets in der Pflege die größte Sorgfalt angedeihen lassen. Und so war es bei der Schaffung des neuen Tierparks mein Wunsch, diese Affen darin besonders zur Geltung gelangen zu lassen. Wo sich mir nur Gelegenheit bot, habe ich schöne Exemplare angekauft, und ich habe dabei viel Lehrgeld bezahlen müssen, da diese zartbesaiteten Kinder der feuchtheißen Tropen sehr unter dem Klima unserer nördlichen Breiten zu leiden haben. Aber ich habe auch viel Freude an diesen Affen erlebt, namentlich an dem schönen Orangpaar Jacob und Rosa und dem klugen Schimpansen Moritz, die in Hamburg durch ihre vielen lustigen Streiche bekannte Persönlichkeiten geworden sind und täglich zahlreiche Besucher meines Tierparks durch ihre Späße belustigten. Die beiden Orangs erwarb ich von einem Farmer, welcher diese Affen auf Borneo als ganz kleine Tiere erhielt und mit der Flasche aufzog. Sieben Jahre hindurch hielt er drüben diese Affen in der Gefangenschaft. Ihnen wurde volle Freiheit gewährt, sie bildeten Mitglieder der Familie und waren von klein auf stets an den Umgang mit Menschen gewöhnt. Des Mittags aßen sie mit ihrem Herrn am Tisch und erhielten das gleiche Essen wie er und seine Angehörigen, kurz, sie wurden als Kinder gehalten und betragen sich auch gesittet und manierlich bei Tisch. Als sie nach Europa überführt wurden, blieben sie während der Reise die ganze Nacht frei an Bord, sie konnten hingehen, wo es ihnen beliebte, und wurden bald die Lieblinge der ganzen Besatzung des Schiffes, die nicht müde wurde, mit den Tieren zu spielen. Als die Affen in meinem Tierpark anlangten, war es mir sofort klar, daß ich diesen gesunden und durch die lange Seereise abgehärteten Tieren kein

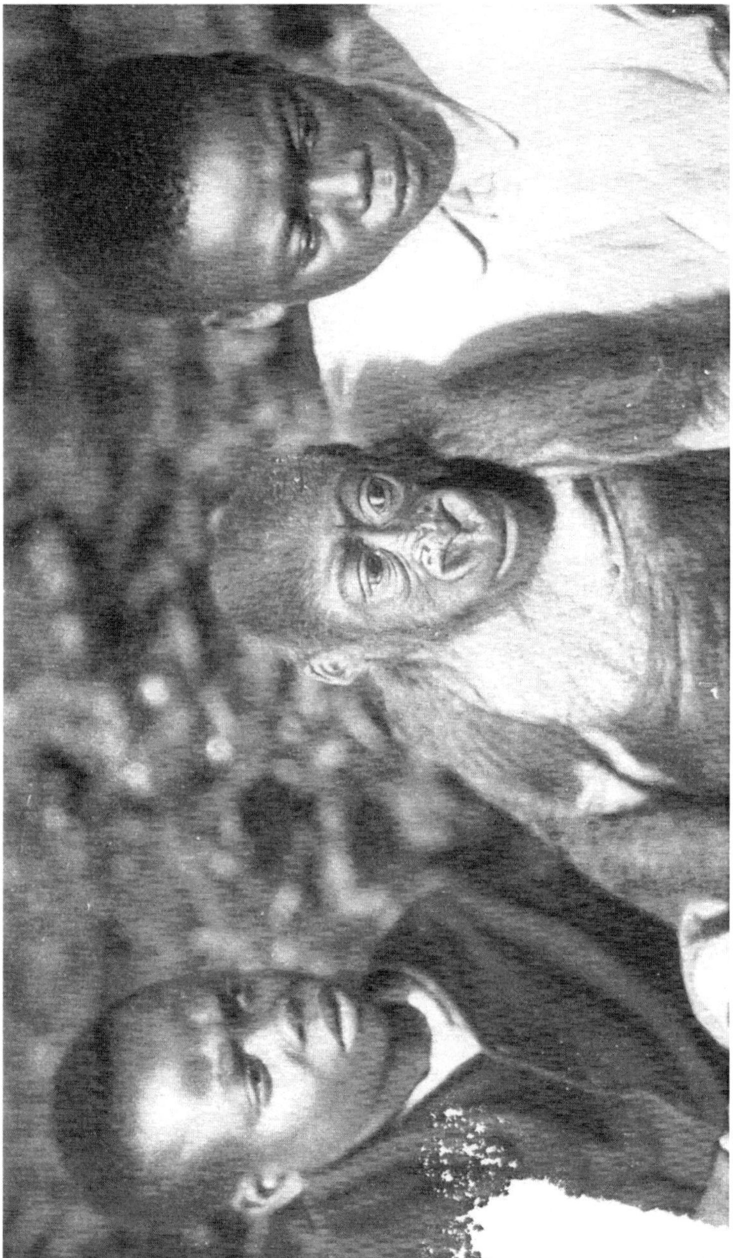

„Prophete links, Prophete rechts, das Weltkind in der Mitten.“

beengtes Obdach in einem ungenügend ventilierten Tierhause bieten durfte, wollte ich sie gesund und längere Zeit am Leben erhalten. Zu

Diogenes.

diesem Zwecke ließ ich einen großen Wagenkäfig herbeischaffen, dessen offene Gitterwandungen nur nach der Ost- und Nordseite durch Segelleinen bedeckt waren. Des Nachts stand den Tieren ein Schutzraum in Form einer allseitig geschlossenen großen Holzkiste zur Verfügung, die dem Wagenkäfig eingefügt war. Auf diese Weise hielt ich die Affen im vorigen Jahr den ganzen Sommer durch. Um ihnen den Mangel an Gesellschaft zu ersetzen, stellte ich einen besonderen Wächter an, dem es ausschließlich oblag, diese Tiere zu pflegen und sich mit ihnen dauernd zu beschäftigen. Dadurch hoffte ich, die Tiere seelisch so zu beeinflussen, daß sie den Verlust der Freiheit verschmerzten und keine Langeweile empfanden. Meine diesbezüglichen Anschauungen sind richtig gewesen; ich erlebte die Freude, daß die beiden Affen nicht nur vortrefflich gediehen, sondern sich auch nach geistiger Seite hin ausgezeichnet entwickelten. Als die kalte Jahreszeit herankam und der Aufenthalt im offenen Gitterwagen den Tieren nicht mehr zuträglich war, ließ ich im Giraffenhaus eine Abteilung für die Affen herrichten, um sie dort überwintern zu lassen. Als ein weiterer neuer Spielkamerad kam zu den beiden Orangs bald ein zirka siebenjähriger männlicher Schimpanse namens Moritz hinzu, welcher bis auf den heutigen Tag als Dritter im Bunde der beiden Orangs das Publikum durch seine Klugheit und tollen Streiche unausgesetzt zu belustigen versteht. Diese drei Anthropomorphen überwintern vorzüglich im Giraffenhaus. Es war darin nie tropisch warm, sondern nur temperiert, denn es wurde stets durch Offenhalten von hochangebrachten Fenstern für ausgiebige Lüftung gesorgt. Als es Sommer wurde, ließ ich von dem Auslauf der Giraffen ebenfalls einen Teil für diese Affen absperren und ihn durch Drahtgitter abgrenzen. Der Ein- und Ausgang aus dem Innenraum ins Freie oder umgekehrt ist den Tieren durch Fallklappen, die durch ihre eigene Schwere die Öffnung schließen, ermöglicht. Die Affen können nach eigenem Ermessen sich die Klappe hochschieben, was sie auch in kürzester Zeit gelernt haben. Innen- und Außenraum sind mit Turngeräten ausstaffiert, damit sich die Affen nach Herzenslust vergnügten können. Ihr Benehmen gab denn auch zu recht interessanten Beobachtungen Anlaß. Dabei möchte ich ausdrücklich hervorheben, daß ihnen eine außerordentlich hohe Begabung innewohnt, die erst durch den intimen Umgang mit den Menschen ausgelöst wird und so recht zur Geltung kommt. Bei allen losen Streichen, welche diese drei Affen ausführten, war der Schimpanse Moritz stets der Tonangebende. Er ist immer der Rädelsführer, der die Gutmütigkeit der Orang-Utans

Kellner, zahlen!

benutzt, um bei seinen Dummheiten zum Ziele zu gelangen. Eine besonders große Freude hat er daran, den Herren und Damen die Hüte vom Kopf zu reißen und mit seinem Raube, den er einer gründlichen Visitation unterzieht, auf eine Turnstange, die im Innern seines Käfigs

Stellinger Kaffeekränzchen. (Man beachte, mit welch strafenden Blicken Fräulein Schimpanse den blasierten Tischherren Orang ansieht.)

angebracht ist, zu flüchten. Um das zu erreichen, gebraucht et stets eine List, deren Ausführung ihm gewöhnlich auch vortrefflich gelingt. Harmlos sitzt er, sobald Besucher, namentlich Damen mit großen Hüten herannahen, an der Seite der Gitterfront auf einer großen hölzernen Schlafkiste und beobachtet gespannt das Herannahen seiner ahnungslosen Opfer. Die beiden Orangs, die mit Vorliebe am Gitter sitzen, haben die Gewohnheit, den Leuten zur Begrüßung die Hände aus dem Käfig heraus entgegenzustrecken. Sobald nun ein Herr oder eine Dame dem Orang die Hand gibt, beugt sich die betreffende Person unwillkürlich gegen die Gitterwand – blitzschnell schießt der Schimpanse von seiner

Kiste herab, greift mit sicherer Hand nach dem Gegenstand seiner Wünsche, und flugs geht es mit seinem Raub auf die Turnstange. – Da es gerade keine angenehmen Szenen waren, die dadurch entstanden, und ich nicht Lust hatte, täglich Hüte zu bezahlen, sah ich mich genötigt, die Affen von dem Publikum durch eine Barriere abzusperren. Schließlich war ich sogar gezwungen, die Affen durch eine Glaswand vom Publikum zu trennen, da die kostbaren Tiere von den Besuchern wiederholt Futtermittel erhielten, die ihnen nicht zuträglich waren, so daß zweimal das Leben eines Affen gefährdet war. – Sobald der Wärter bei den Affen nicht anwesend ist, langweilt sich Moritz und sucht durch allerlei Schabernack sich seine Langeweile zu vertreiben. Mit Vorliebe sucht er sich hierbei den Orang Jakob als Opfer seiner Scherze aus und springt demselben, ohne daß dieser vorher eine Ahnung davon hat, auf den Kopf, um ihn umzuzerren. Dann gibt es eine tüchtige Balgerei, wobei aber Moritz stets Herr der Situation wird, indem er sich den Umarmungen Jacobs geschickt zu entwinden weiß und mit einigen Sprüngen aus dessen Nähe flüchtet.

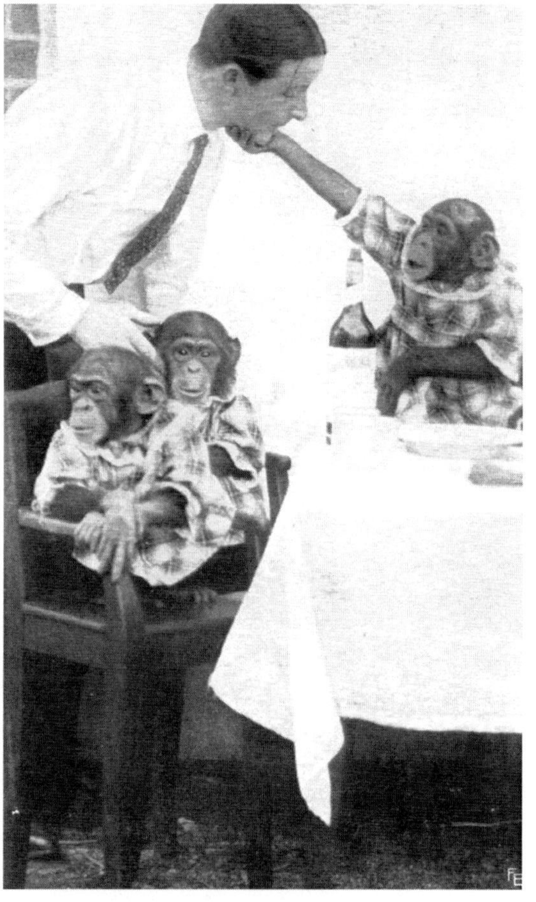

Ei, ei, lieber Onkel!

Heimwehkranke Gorillas.

Obwohl der Orang gleich hinter dem Flüchtling hereilt, gelingt es ihm doch nur selten, seiner habhaft zu werden, denn der Orang springt niemals und ist in seinen Bewegungen weit bedächtiger und weniger flink. Außerordentlich erfinderisch zeigt sich der Schimpanse Moritz bei seinen Versuchen, das Freie zu gewinnen. Da das Giraffenhaus, in dessen abgetrennter Abteilung die drei Affen untergebracht sind, sehr hoch ist, so hatte man die trennende Holzwand nicht bis zur Decke hinaufgeführt, da man annahm, daß es für die Affen unmöglich wäre, bis auf die freie Kante dieser Holzwand und somit ins Freie zu gelangen. Moritz war aber anderer Ansicht. Er simulierte hin und her, wie er die Freiheit erreichen könnte. Es spricht nun für die tatsächlich sehr weitgehende Verständigung dieser Affen unter sich, daß Moritz seine Freundin, den weiblichen Orang Rosa, so zu beeinflussen wußte, daß sie mit ihm vereint einen Befreiungsversuch ausführte, bei dem aber nur Moritz, nicht Rosa profitierte. In dem Käfig der Affen befand sich schon vor längerer Zeit eine große hohle Blechkugel. Moritz veranlaßte seine Freundin nun eines Tages, mit ihm zusammen diese große Kugel auf die in der Ecke befindliche große Schlafkiste der Affen hinaufzupraktizieren. Sodann mußte sich Rosa auf diese Kugel stellen und sich an der Wand des Käfigs aufrichten. Moritz sprang nun auf Rosas Rücken – und mit einem tüchtigen Satz und geschickten Griff hatte er das Freie erreicht. Einmal auf diese Weise aus dem Käfig gelangt, dauerte es nicht lange, und Moritz befand sich mit ein paar gewandten Sprüngen zwischen den Giraffen. Diese nahmen merkwürdigerweise so gut wie gar keine Notiz von dem Schimpansen. Kamen sie Moritz zu nahe, so erhielten sie einen wohlgezielten Schlag von ihm. Als der Wärter in das Haus trat und den Affen in Freiheit sah, konnte er sich zuerst keinen Begriff davon machen, wie dieser aus seinem Käfig gekommen war. Nicht lange danach konnte er Moritz und Rosa bei einem zweiten Versuch dieser Art überführen, und die Folge davon war, daß die Trennungswand erhöht wurde. Der erfinderische Moritz wußte aber dennoch Rat. Nicht umsonst hing ein dickes Tau im Käfig auf den Boden herab. Moritz wußte

Zwei Orangs als Feinschmecker.

es, indem er daran turnte, so in Schwingungen zu versetzen, daß es nur eines geschickten Sprunges zur rechten Zeit bedurfte, um wiederum die Höhe der Wand und damit das Freie zu erreichen. Schließlich wurde ihm aber durch Schließung sämtlicher offenen Stellen seines Behälters die Möglichkeit genommen, sich auf solche Weise zu befreien. Nun hatte Motiv schon lange den Wärter beobachtet, wenn dieser mit den Schlüsseln im Schloß herumhantierte, auch von ihm manchmal die Schlüssel scherzweise zum Spielen erhalten. Eines Tages überraschte Moritz nun den Wärter damit, daß er, als ihm die Schlüssel gegeben wurden, den Versuch machte, die Schlüssel der Reihe nach durchzuprobieren, welcher wohl zum Öffnen des Schlosses der geeignetste sein möge. Schließlich hatte das Tier den richtigen gefunden, und es gelang ihm auch mit einiger Anstrengung, die Tür des Käfigs aufzuschließen. Als ich zufällig hinzukam und mir dies erzählt wurde, fragte ich unwillkürlich: „Moritz! Wie hast du das fertiggebracht?“ Und als ob der Affe den Sinn meiner Worte begriffe, glitt über sein Gesicht ein schlaues Lächeln, und

Such is life.

er wies mir den Schlüssel, als ob er sagen wollte: „Mit dem da habe ich es ausgeführt."

Für die hohe Intelligenz der Tiere spricht auch die Tatsache, daß Jakob ein Stück Eisenstab als Hebel zu verwenden wußte, um das Hängeschloß durch Einsetzen des Hebels in den Henkel zu sprengen. Die Tiere hatten ein Stück Eisen von ihren Turngeräten losgebrochen und benutzten mit vereinter Kraft tatsächlich dieses Eisen als Werkzeug, die geschilderte Manipulation auszuführen, so daß die Tür ihres Käfigs aufging und sie alle drei ins Freie gelangten. Gewiß ein Beweis von der Denkkraft dieser Tiere! Auch der aus Drahtumzäunung konstruierte Außenzaun dieser Affen hielt ihren Befreiungsversuchen nicht stand. Rosa weiß äußerst geschickt den Draht an seinen Befestigungsstellen zu brechen und zu lösen, so daß dadurch eine Öffnung entsteht, durch die sie bequem ins Freie gelangen kann. Wiederholt hat sie der Wärter an den Haupteingang geführt und ihr dort etliche Bananen gekauft. Diesen Weg hatte sich der Affe wohl gemerkt. Als er auf die geschilderte Weise das Freie erlangt hatte, lief er spornstreichs dem Haupteingang zu, wahrscheinlich zu dem Zweck, sich dort die geliebten Bananen zu holen.

Eine geradezu außerordentliche Freude bereitet jedem Tierfreund zuweilen die Beobachtung des Affendiners. Die drei Affen erhalten außer saftigen Früchten, wie Bananen, noch Milch und Brot zum Frühstück; als Mittagessen aber ganz dieselben Speisen, die in meinem Privathause auf den Tisch kommen. Sie sind keine Kostverächter und haben sich an gute Hausmannskost gewöhnt, die ihnen vortrefflich mundet. Auch guten Rotwein, mit Wasser vermischt, erhalten sie zeitweise zur Mahlzeit. Dabei erweist sich Jacob als besonderer Weinliebhaber, während Rosa als Affendame dem Alkohol weniger Geschmack abgewinnt. Der Wärter hat die drei Affen bei Tisch so sehr an Manieren gewöhnt, daß es eine Freude ist, den Tieren zuzusehen. Moritz funktioniert dabei als „Ober"! Er muß die Speisen herbeischleppen, ein Geschäft, das er mit großem Ernst besorgt. Nach der Mahlzeit muß er auch abräumen. Während des Essens sitzen die Affen geduldig vor dem gedeckten Tisch auf Stühlen und warten der Dinge, die da kommen werden. Die Suppe wird geschickt mit dem Löffel ausgeschöpft. Sehen sich die Tiere unbeachtet, dann vergißt sich dieses oder jenes einmal und benutzt anstatt des

Löffels seine Mundlippen, die ihm die Natur in besonders ausgebildeter Weise auf die Welt mitgegeben hat. Ein Wort des Wärters, und der aus seiner Rolle gefallene Kulturaffe greift schleunigst nach seinem Löffel. Es spielen sich jeweilen bei diesem Mittagsmahl interessante Szenen ab, die die Lachmuskeln der Beschauer beständig in Aktion versetzen. Der Wärter versteht es meisterlich, sich mit den Tieren zu verständigen;

„Ein Kuss, geküsst von Lippen...."

sie achten genau auf seine Worte, verstehen, was er von ihnen will, und handeln dementsprechend sehr verständig. Während Jacob und Rosa gegen tadelnde Worte oder gar gegen Bestrafung mit Schlägen sehr empfindlich sind, ist Moritz es in dieser Hinsicht weit weniger. Will der Wärter daher von ihm etwas erreichen – soll er zum Beispiel photographiert werden –, dann muß der Stock in nächster Nähe sein, sonst kann der Wärter sich darauf gefaßt machen, daß er sich die Kamera des Photographen etwas in größerer Nähe besieht. Den phlegmatischen Orangs gegenüber ist der Schimpanse der gebotene Sanguiniker, bei dem Freude und Schmerz in rascher Folge wechseln. Kaum hat er diesen Gedanken gefaßt, so läßt er ihn auch schon wieder fallen und greift einen neuen auf, ohne irgendeinen ganz auszuführen. Die neueste Errungenschaft bei seiner Ausbildung bildet die Erlernung des Radfahrens. Moritz hat es in wenigen Wochen erlernt, so daß er jetzt schon auffallend sicher fährt. Die Sache macht ihm augenscheinlich großen Spaß, er ist eifrig dabei, die Pedale zu treten, und fährt oft so schnell durch den Tierpark, daß ihm der begleitende Dompteur kaum zu folgen vermag.

Der letztere, anerkannt geschickt in seinem Fach, ist von mir engagiert, um sich mit der Ausbildung von Menschenaffen zu beschäftigen. Ich habe die Überzeugung gewonnen, daß mann durch systematische Erziehung und Behandlung junge Menschenaffen, namentlich die Schimpansen, entschieden bis zu einem gewissen Grade an menschliche Manieren gewöhnen kann. Ich will daher versuchen, einmal festzustellen, wie weit es durch den Einfluß des Menschen gelingt, diese Affen zu erziehen. Die Tiere müssen dabei alle individuell behandelt werden, denn diese hochorganisierten Tiere zeigen deutlich, wie verschiedenartig sie inihren Charakteranlagen sind. Wie der Lehrer auf die Eigenschaften seiner Schüler beim Unterricht eingehen muß, so muß auch der Dompteur auf die verschiedene Veranlagung seiner Zöglinge Rücksicht nehmen. Durch große Umsicht und Geduld gelingt es auch hierbei, zu ersprießlichen Resultaten zu gelangen, und hoffe ich, bald den Tierliebhabern Leitungen solcher vierbeiniger Zöglinge vor Augen führen zu können, die bisher nicht für möglich gehalten wurden.

Von großem Einfluß auf die Gesundheit und das Wohlbefinden der Tiere ist das Zusammenhalten mit ihresgleichen oder mit andersartigen Spielgenossen. Auf diese Weise fühlen die Tiere sich niemals vereinsamt, sind zu Spiel und Scherz geneigt und werden stets in Bewegung gehalten. Dadurch entwickeln sich die jungen Tiere sehr gut, ihr Appetit wird angeregt und ihre Verdauung gefördert. Die Anthropomorphen-Affen sind sehr für den seelischen Einfluß des Menschen empfänglich. Je mehr sich der Mensch mit diesen Tieren abgibt, umso weniger empfinden sie ihre Gefangenschaft und umso besser gedeihen sie. Bisher will es nicht gelingen, die Gorillas längere Zeit am Leben zu erhalten. Kaum daß diese Tiere nach ihrer Ankunft in Europa einige Wochen in der Gefangenschaft überstehen, so werden sie von Tag zu Tag teilnahmsloser gegen ihre Umgebung, verweigern schließlich alle Nahrung und liegen eines Morgens, ohne vorher eigentlich körperlich krank gewesen zu sein, entseelt in ihrem Käfig. Ich glaube annehmen zu dürfen, daß es seelische Leiden sind, welche die melancholisch veranlagten Geschöpfe dahinraffen. Wohl sind ab und zu Gorillas längere Zeit in der Gefangenschaft gehalten worden, doch bilden solche Fälle Ausnahmen.

Somali-Kind mit Orang.

Vielleicht gelingt es auch mir noch später, den richtigen Weg zu ihrer Erhaltung zu finden. Meiner Ansicht nach scheiterte die Sache bisher nicht an der äußeren Pflege, die diesen Affen zuteil wird, sondern an der seelischen Behandlung. Ich glaube bestimmt, daß die Gorillas an Heimweh zugrunde gehen. Als einen Beweis, wie sehr das Erinnerungsvermögen bei den Anthropomorphen ausgeprägt ist, führe ich folgende Tatsachen an: Als nach Jahresfrist der frühere Besitzer der beiden geschilderten Orangs meinen Tierpark wieder einmal betrat und die beiden Affen besuchte, erkannten sie ihn sofort an der Stimme und ließen deutlich in ihrem Benehmen Zeichen der Freude erkennen. Übrigens sind bei diesen Tieren die Anfänge des Lachens deutlich in ihrem Gesichtsspiel nachzuweisen. Sie ziehen dabei die Mundwinkel auseinander und lassen die Zähne zwischen den Lippen hervortreten. Das Mienenspiel ist namentlich bei dem Schimpansen Moritz lebhaft. Der Wärter kann aus dem ausdruck seiner Augen seine Sinnesart ablesen. Moritz zeigt auch ein ausgeprägtes Erinnerungsvermögen. Als ich einmal längere Zeit verreist war und zum erstenmal nach meiner Rückkehr das Affenhaus wieder betrat, zeigte Moritz stürmlich seine Freude. Er empfing mich mit lauten Zurufen und ruhte nicht eher, als bis ich zu ihm in den Käfig trat und ihn auf den Arm nahm, um ihn zu liebkosen.

Eine geradezu einzigartige Szene war es, als im Juni dieses Jahres Herr Oberleutnant Heinicke von der Schutztruppe in Kamerun einen jungen Gorilla mitgebracht hatte und dieser den beiden Orangs und dem Schimpansen vorgestellt wurde. Dem Gorilla, der sich die drei Kumpane nur genau ansah, konnte man äußerlich nicht viel Aufregung anmerken, wohl aber den anderen drei Affen. Der Schimpanse drückte zunächst sein Erstaunen durch laute Rufe aus und versuchte dann durch Ausstrecken der Arme durch das Drahtnetz des Gitters den Gorilla an sich heranzuziehen. Als ihm dies nicht gelang, wurde er unwillig und bewarf ihn mit Sand und Steinen. Auch die Orangs zeigten das größte Interesse für den neuen Ankömmling und gaben sich Mühe, seiner durch die Drahtwand des Gitters habhaft zu werden. Der Orang Jacob ahmte dem Schimpansen das Bewerfen mit Steinen nach, während Rosa in der Erregung zu speien anfing, was geradezu spaßhaft aussah. Überhaupt war es ein seltener, einzig in der Welt dastehender Anblick, die drei Vertreter der Anthropomorphengeschlechter versammelt zu sehen!

Herr Oberleutnant Heinicke, der den jungen Gorilla in Begleitung von zwei Negerboys nach Europa gebracht hatte, gab sich der Hoffnung hin, das seltene Tier, welches drüben in Kamerun über ein Jahr lang in seinem Besitz war, sich dort stets guter Gesundheit erfreute und der Liebling der ganzen Station war, länger am Leben zu erhalten. Er hoffte dadurch, daß er ihm seine beiden Spielkameraden, die Negerboys, mitgegeben hatte, dem Heimweh des Tieres begegnen zu können. Als der Gorilla im Tierpark ankam, war er zuerst durch die lange Seereise sehr abgespannt und teilnahmslos gegen seine Umgebung. Später erholte er sich sichtlich und saß. und spazierte anscheinend in bester Gesundheit und Stimmung mit seinen Spielkameraden auf dem Rasen vor dem Goldfischteiche umher. Auffallend war seine große Vorliebe für die Blätter der Rosenblüten, welche er in größeren Mengen mit sichtlichem Wohlbehagen verzehrte. Sollte er forttransportiert werden, so nahm ihn der eine der Negerboys auf den Rücken, was einen komischen Anblick gewährte.

Dritter Abschnitt

I. Menschen

Wie der Weg meines Hauses seinen Ausgang vom Jahrmarktstrubel des Hamburger Doms genommen und über das ambulante Wesen reisender Schausteller, über Menagerie- und Zirkusleben hinweg bis zum zoologischen Park in Stellingen gegangen ist, so hat mich mein eigener Pfad durch die Kreise des fahrendes Volks aufwärts geführt durch das Lager der Wissenschaft und vielfach bis zu den Stufen der Throne. Auf den weitverzweigten Feldern meiner Arbeit in allen Ländern der Erde bin ich vielen Menschen begegnet, manche Hand hat sich mir vertraulich entgegengestreckt und das große Glück ist mir zuteil geworden, unter Menschen aller Stände und jeder Farbe Freunde und Förderer zu finden.

Wenn ich jetzt alle die, deren Erscheinung sich in meiner Erinnerung eingegraben hat, im Geiste vorüberziehen lasse, bin ich selbst erstaunt über die Fülle der Gestalten. Gekrönte Häupter, die Gewaltigen der Erde, und Häuptlinge wilder Völkerstämme, Gelehrte und Tierbändiget, Weltreisende und Artisten, Philosophen und Gaukler sind, mitbestimmend in mein Leben getreten, und alle haben sich, wie man einen Erinnerungsspruch in ein Buch schreibt, mit ihrem Wiesen in das Buch meines Gedächtnisses eingezeichnet. Eine unvergeßliche Begegnung meines Lebens hat leider nur in übertragenem Sinne stattgefunden, nur aus der Entfernung, trotzdem aber stelle ich sie an die Spitze dieser Schilderung, da sie zu meinen liebsten Erinnerungen gehört. Als ich im Jahre 1878 meine Eskimotruppe in Berlin vorführte, führte das Interesse an den in zivilisierten Ländern nie gesehenen Fremdlingen aus dem Norden auch den alten Kaiser Wilhelm in den Zoologischen Garten. Eine eigene Scheu, die mir sonst keineswegs eigen ist, hielt mich davon ab, dem Kaiser die Truppe selbst vorzustellen. Ich hatte, ganz offen muß ich es bekennen, dummerweise nicht die Courage dazu. So stand ich denn in einiger Entfernung als stiller Beobachter und nahm die weltbekannten Züge des guten alten Kaisers in mich auf. Sein Charakter stand auf seinem Antlitz geschrieben und sollte sich im Verlaufe der Vorstellung noch aufs Schönste offenbaren. Mit lebhaftem Interesse nahm der Monarch sowohl die Eskimos, als auch ihre Geräte und Waffen in Augenschein, seine hinreißende Leutseligkeit machte fast die unendliche Kluft Vergessen, die zwischen ihm, dem großen Kaiser eines mächtigen Reiches, und jenen armen Robbenjägern aus dem Eislande gähnte. Der Mensch fühlte Teilnahme mit den Menschen, wie anders geartet er auch war und auf wie tiefer Kulturstufe er auch stehen mochte. Der Jäger Ukubak führte sein Eskimokunststück im Wasser vor. Er ließ den Kajak, in welchem er saß, umkippen, so daß der Boden des Fahrzeuges aus der Wasserfläche schwamm, während der Körper des Jägers tief im Wasser senkrecht über dem Grund hing. Die meisten Anwesenden kannten diesen Trick, der Kaiser mochte von ihm gehört haben, als aber der Eskimo geraume Zeit unbeweglich unter dem Wasser blieb, wurde der Kaiser sehr besorgt und sprach die Befürchtung aus, dem Manne möge ein Unglück zugestoßen sein. Seine Augen sahen gespannt auf die Wasserfläche, in seinem guten, würdevollen Antlitze war ein Zug herzlicher Teilnahme nicht zu verkennen und er schüttelte ganz leise den Kopf. Im nächsten Augenblick tauchte der Eskimo empor, ruderte ans Land und das Gesicht des Kaisers erhellte sich. Als der greife Herrscher sich zum Gehen wandte, umringte ihn die ganze Eskimogesellschaft, und leutselig streckte der Kaiser die Hände aus, sich von den Fremdlingen zu verabschieden. Die ganze Szene hat sich mei-

Kaiser Wilhelm I. bei den Eskimos.
(1878.)

ner Erinnerung tief eingeprägt, in jenen Augenblicken habe ich einen Blick in das Gemüt des alten Kaisers getan.

Ganz anders erging es mir bei einer Begegnung mit dem Kaiser Franz Joseph von Österreich. Dieser ließ mir keine Erwägung, ob ich ihm gegenübertreten wolle oder nicht. Im Jahre 1884, als ich meine große Singhalesentruppe in der Rotunde des Praters in Wien ausstellte, kam eines Tages die Nachricht, daß Se. Majestät der Kaiser innerhalb einer halben Stunde eintreffen würde, um sich die Singhalesen anzusehen. Ich war eben von Hamburg angekommen und befand mich noch im Reiseanzug, zum Wechseln der Kleidung war gar keine Zeit, ich mußte so bleiben, wie ich war. Nach kurzer Zeit fuhr denn auch der Kaiser mit einigen Herren seines Gefolges vor, wurde vom Inspektor empfangen und hereingeführt, während ich der Dinge harrte, die da kommen sollten. Alsbald wurde ich dem Kaiser vorgestellt, der sich so einfach und leutselig gab, daß ich ganz vergaß, mit wem ich sprach und völlig unbefangen meine Singhalesen vorführte. Verschiedene Tänze wurden dargestellt, Elefanten arbeiteten, ethnographische Gegenstände wurden gezeigt und für alles bewies der Kaiser das lebhafteste Interesse. Er fragte mich förmlich aus nach Details aus dem Leben der Ceylonesen und kam schließlich auch auf den Tierhandel zu sprechen. Ich mußte ungefähr alles, was mir im Augenblick über den Tierhandel einfiel, erzählen, auch hier war der Kaiser nicht eher befriedigt, bis er sich über alle Einzelheiten unterrichtet hatte. Fast zwei Stunden dauerte der Besuch, dann verabschiedete sich der Kaiser mit freundlichem Dank. Eine Begegnung mit dem alten König Albert von Sachsen ist mit der Erinnerung an ein eigentümliches und ergötzliches Vorkommnis verknüpft. Ende der siebziger Jahre war ich einmal vorübergehend in Dresden, um meine dort befindliche Nubierkarawane zu inspizieren, und bei dieser Gelegenheit stellte mich mein alter Freund, Direktor Schöpf, dem König vor. Die hohe Ehre wurde mir zuteil, wohl über eine Stunde lang von Se. Majestät zur Unterhaltung herangezogen zu werden. Auch einige Prinzen, die sich in Begleitung des Königs befanden, beteiligten sich an der Unterhaltung. Ich habe den König in meiner Erinnerung als einen guten, recht gemütlichen, liebenswürdigen Plauderer, der mit einem stark merklichen Anflug des sächsischen Dialektes sprach, wenn er sich gehenließ. und

König Friedrich August von Sachsen in Stellingen.

das tat er hier, denn die Stimmung wurde nach und nach recht heiter. Zuerst drehte sich das Gespräch natürlich um die Nubier, um wilde Tiere, um Dressur und Zähmung und ähnliche mit meinem Geschäft zusammenhängende Dinge. Später nahmen die Vorführungen der Nubier alles Interesse in Anspruch, besonders aber erregte viel Heiterkeit ein Trick, den sie ausführten. Sie versteckten nämlich allerlei Gegenstände, die dann von angeblichen Zauberern, Gedankenlesern usw. aus ihrer Mitte gesucht und auch regelmäßig gefunden wurden. Während des Suchens spielte die Musik allerlei mystische Weisen. Einem der Prinzen wurde ein Schlüssel auf den Kopf gelegt und darüber der Hut gestülpt, so daß niemand annehmen konnte, dieses Versteck würde gefunden. Erstens war es ja ganz unsichtbar und außerdem geschützt durch die Unnahbarkeit der Person des Prinzen. Die Musik begann zu spielen, der Künstler wurde hereingelassen, und es dauerte gar nicht lange, bis er sich dem Prinzen näherte, ihm den Hut vom Kopfe nahm und triumphierend den Schlüssel in die Höhe hielt. Alle Anwesenden waren erstaunt, am meisten der Prinz, der ein ganz betretenes Gesicht machte.

Während die Vorstellung weiterging, befragte mich der König nach dem Trick, der doch jedenfalls diesem Zauberkunststück zugrunde läge. Ich erklärte nun Se. Majestät, daß die Musik sozusagen der Führer des suchenden Singhalesen sei. Ungefähr so, wie es die Kinder bei ihren Spielen machen, wenn sie „Es brennt" rufen, sobald der Suchende sich dem gesuchten Gegenstand nähere. War nun hier der Zauberkünstler weit ab von seinem Objekt, dann spielte die Musik ganz laut, kam er indes näher, so wurde sie ganz leise und immer leiser, so daß der Suchende ganz genau darüber orientiert war, wann er bei dem Versteck angelangt sei. Der König amüsierte sich sehr über diese Erklärung. Das Interesse an fremden Völkerschaften und auch an exotischen Tieren scheint alle Menschen in gleichem Maße zu beherrschen, ganz gleich, ob hoch oder gering. An einfachen Leuten wie an Fürstlichkeiten habe ich immer wieder die Beobachtung gemacht, daß die Beschäftigung mit dem Leben der Tiere für die meisten Menschen etwas geradezu Faszinierendes haben muß. Einen Beweis davon erhielt ich eines Tages im Jahre 1895. Der Prinzregent von Bayern, der anläßlich der Eröffnungsfeier des Kaiser-Wilhelms-Kanals ganz vorübergehend auch in

Prinz und Prinzessin Heinrich in Stellingen.

Hamburg weilte, besuchte mein Etablissement, hatte aber, wie er von vornherein erklärte, gar keine Zeit – zwanzig Minuten, höchstens ein halbes Stündchen. Als ich aber den hohen Gast im Garten herumführte und ihm die interessanten Tiere zeigte, die ich damals beherbergte, vertiefte sich der Fürst dermaßen in Besichtigung und Gespräch, daß eine halbe Stunde im Nu dahin war. Ganz respektvoll und gewissermaßen von ferne wurde der Prinzregent durch seinen Adjutanten darauf aufmerksam gemacht, daß. die Zeit um sei und daß auch anderweitig noch Besuche angezeigt seien. Aber es verging eine weitere Viertelstunde und der Mahner mußte ganz deutlich werden, ehe der Gast sich zum Abschiednehmen bequemen konnte. Seufzend nahm er meine Hand, drückte sie kräftig und sprach: „Sehen Sie, lieber Herr Hagenbeck, so geht es, wenn man Königliche Hoheit ist. Da kann man nicht einmal über seine eigene Person verfügen. Leben Sie wohl. Ich wäre zu gern noch länger bei Ihnen geblieben.“ Seitdem der Tierpark in Stellingen eröffnet ist, wurde mir verschiedentlich die hohe Ehre zuteil, den Besuch der Kaiserlichen Prinzen zu empfangen, die alle mit der gleichen Begeisterung die Sehenswürdigkeiten des Parks in Augenschein nahmen. Auch Se. Kaiserliche Hoheit der Kronprinz war mit seiner Gemahlin im letzten Sommer in Stellingen zu Gast, kurze Zeit nachdem Se. Majestät der Kaiser uns mit seinem Besuche überrascht hatte. Infolge eines kleinen Automobilunfalls gelangte der Kronprinz erst eineinviertel Stunde nach der festgesetzten Zeit in den Garten und ein Teil der kostbaren Zeit war verloren, trotzdem ließ der hohe Gast keinen Teil des Parkes unbesichtigt und zeigte für alles Sehenswerte eine außerordentliche Teilnahme. Kronprinz und Kronprinzessin, jedes mit einem jungen Tiger auf dem Arm, ließen sich zuletzt photographieren, ein Beweis der fröhlichsten Laune. Beim Abschied versprach der Kronprinz, bald und mit mehr verfügbarer Zeit zurückzukehren. Zu meinen liebsten Erinnerungen wird immer der Besuch Se. Königlichen Hoheit des Prinzen Heinrich von Preußen gehören. Zu meiner Freude wurde ich im verflossenen Sommer eines Morgens durch Brief und dann per Telefon davon benachrichtigt, daß der von mir verehrte Prinz beschlossen habe, meinen Tierpark in Stellingen in Begleitung seiner hohen Gemahlin am nächsten Morgen um zehn Uhr zu besuchen. Zur festgesetzten Zeit traf das Fürstenpaar, sowie ein Adjutant denn auch per Automobil in Stellingen ein. Der Prinz ist ein lebhafter Herr mit außerordentlichem Interesse für alles Wissenswerte. Daß dazu auch der Tierpark gehörte, wurde dadurch bewiesen, daß der Besuch sich weit über die vorgesehene Zeit ausdehnte. Die hohen Herrschaften wollten nur bis elfeinhalb Uhr verweilen, befanden sich aber Nachmittags um vier Uhr noch in Stellingen. Beim Frühstück im Restaurant, wobei der Prinz mir und meinen beiden Söhnen die Ehre erwies, uns zur Teilnahme einzuladen, wurden sehr angenehme Stunden verlebt. Manche der kleinen Erlebnisse, die in diesem Buch aufgezeichnet sind, wurden da zum Besten gegeben und erregten die lebhafte Teilnahme des Prinzen. „Hagenbeck," rief er einmal, „Sie müssen Ihre Erlebnisse unbedingt niederschreiben." Das Manuskript meiner Erinnerungen befand sich aber bereits unter der Feder. Vor kurzem erst wurde ich auch mit dem Besuch Se. Königlichen Hoheit des Großherzogs von Oldenburg beehrt, welcher sich ebenfalls mehrere Stunden in Stellingen aufhielt und sich das ganze Unternehmen genau erklären ließ. Selbst bis auf den neuen, noch nicht ganz ausgearbeiteten Teil des Gartens erstreckte sich das Interesse des hohen Gastes, der eine baldige Wiederholung des Besuches in Aussicht stellte.

Zu den wirklichen Tierliebhabern unter meinen fürstlichen Gästen gehört Se. Kaiserliche Hoheit, der Prinz Alexander von Oldenburg, der sich seit Jahren beinahe regelmäßig im Frühling und Herbst aus Rußland einfindet und für alle Neuerscheinungen auf dem Gebiete der Zoologie und der Tierhaltung überhaupt eine erstaunliche Anteilnahme besitzt. Der Prinz kennt mein Unternehmen in- und auswendig. Seit einigen Jahren unterhält er selbst in Gagry, seiner Besitzung im Kaukasus, einen kleinen Zoologischen Garten. Dieser Garten wartet eigentlich auf mich, denn Se. Kaiserliche Hoheit haben mich schon verschiedene Male eingeladen, nach Gagry zu kommen und den Garten, nach meinem System weiter auszubauen, bis jetzt ist es mir aber nicht möglich gewesen, diesen Wunsch zu erfüllen, weil meine eigenen Geschäfte mich nicht freiließen. In ein bis zwei Jahren, wenn mein Unternehmen ganz ausgebaut sein wird und ich noch am Leben bin, hoffe ich diese Reise in den Kaukasus doch noch auszuführen. Manche Persönlichkeiten von hohem Rang besuchen mein Etablissement inkognito und nie-

Der Kronprinz und die Kronprinzessin in Stellingen.
Vor dem Pflanzenfressergehege.

mand erfährt davon, auch ich selbst nicht, manchmal kommt es aber doch dabei zu hübschen Zwischenfällen. Den schönsten dieser Art, der mir eine liebe Erinnerung fürs ganze Leben ist, spielte sich auf die folgende eigentümliche Weise ab. Ich saß noch in meinem Lokal am Neuen Pferdemarkt und war eines Tages im Reptilienhaus damit beschäftigt, eine Anzahl großer Schlangen einzufangen, die nach Amerika versandt werden sollten. Wie immer bei solchen Gelegenheiten, war ich mit einem langen Leinenkittel bekleidet und so beschäftigt, daß ich nicht viel auf meine Umgebung achten konnte. Während ich nun im Käfig saß, betraten zwei Herren und drei Damen das Reptilienhaus und sahen meiner Arbeit zu. Sie warteten, bis ich die Schlangen eingefangen und in Säcke gesteckt hatte, und dem Käfig dann wieder entstieg. Von dem älteren der beiden Herren wurde ich nun gefragt, ob ich nicht fürchte, von einer Schlange gebissen zu werden. Kurz und schlichtweg antwortete ich, da meine Zeit knapp war, daß ich bereits Tausende dieser Reptilien gehandhabt und nur wenigemal gebissen worden sei, was übrigens ziemlich ungefährlich wäre. Ohne mich weiter aufzuhalten, wandte ich mich nun wieder der Arbeit zu und half, die Kasten versandgemäß zurechtzustellen, denn draußen wartete schon der Wagen, der den Transport zum Schiff bringen sollte. Die Herrschasten entfernten sich und gingen in den Garten, während ich selbst mich ins Kontor begab, mich dort wusch und meinen Kittel auszog, um in die Wohnung zum Nachmittagstee zu gehen. Unterwegs stieß ich wieder auf die Herrschaften, die mit großem Interesse das Raubtierhaus besichtigten. Ich blieb stehen und wir kamen ins Gespräch. Als ich merkte, wie die Fremden eine wirkliche, außerordentliche Anteilnahme zeigten, ergab es sich ganz von selbst, daß ich für kurze Zeit die Führung übernahm und die Herrschaften auf verschiedene Seltenheiten, die sich im Garten befanden, aufmerksam machte. Dabei konnte ich nicht umhin, durch eine diesbezügliche Frage dazu veranlaßt, mich vorzustellen. Da blieb der ältere Herr stehen und sagte: „So? Dann sind Sie ja jetzt auch im zoologischen Garten in Kopenhagen mitbeteiligt." Ich bejahte das und erzählte gleichzeitig ganz ahnungslos, daß es sich mit den alten Herren, die damals dort am Ruder waren, schwer arbeiten ließe. Mit einem eigentümlichen Lächeln meinte darauf der Fremde: „Zufällig kenne ich diese Leute und weiß, daß sie sehr altmodisch sind. Ich glaube Ihnen wohl, daß Sie einen schweren Stand haben."

Als ich mich von den Gästen verabschiedet hatte und in der Wohnung meinen Tee einnahm, erzählte mir meine Frau, sie habe gerade in der Zeitung gelesen, daß der Kronprinz von Dänemark mit Familie von einem Besuche aus England zurückgekommen sei und sich zurzeit in Hamburg aufhielte. Da schwante mir schon etwas, besonders als meine Frau ganz unvermittelt denselben Gedanken aussprach, der Herr, der zufällig im Zoologischen Garten in Kopenhagen so gut Bescheid wisse, könne wohl gar der Kronprinz selbst gewesen sein. Es sollte aber noch besser kommen. Der Zufall fügte es, daß ich an dem gleichen Abend in Geschäften nach Kopenhagen abreisen mußte. Mein jüngster Sohn begleitete mich. Als ich nun am nächsten Morgen in Korsör ans Land stieg, traf ich einen mir bekannten Herrn vom Zirkus in Kopenhagen, der mir mitteilte, der Kronprinz nebst Familie würde gerade erwartet, der Dampfer sei schon in Sicht, ich möge mich nur am Eingang zum Bahnhof aufstellen, da könne ich die Herrschaften aus der Nähe sehen. Das tat ich denn auch, und brauchte nicht lange zu warten, schon nach fünf Minuten trafen die Fürstlichkeiten ein und mein Staunen war trotz meiner Vorahnung nicht gering, als ich in der Tat dieselben Herrschaften wiedererkannte, mit denen ich mich am vorhergehenden Tage in meinem Tierpark so lange unterhalten hatte. Im Vorübergehen erblickten mich die Prinzessinnen, die ihren Vater aufmerksam machten und alle grüßten nun mit freundlichem Lächeln zu mir herüber. Gleich darauf entsandte der Kronprinz seinen Adiutanten und ließ mir seinen Dank abstatten für die interessante Stunde, wie er sich ausdrückte, die ich ihm bereitet habe. Bei diesem einmaligen Besuche ist es nicht geblieben. Später ist Se. Königliche Hoheit noch zweimal in meinem Tierpark gewesen, aber nicht inkognito, vielmehr hatte ich beide Male die Ehre, den hohen Herrn im Garten herumzuführen. Bei seinem letzten Besuche erhielt ich das Versprechen, mein neues Unternehmen bei nächster Anwesenheit in Hamburg mit einem Besuche zu beehren. Der Besuch Se. Majestät, des nunmehrigen Königs von Dänemark, wird, abgesehen von der hohen Ehre, die meinem Etablissement damit widerfährt, in mir selbst liebe Erinnerungen auslösen an die erste, eigenartige und unvergeßliche Begegnung.

In einer doppelten Eigenschaft als hochgeehrter Gast und als Kunde besuchte meinen Garten in Stellingen vor zwei Jahren König Ferdinand von Bulgarien, damals ja nur Fürst. Dieser Besuch erstreckte sich über zwei Tage, während welcher Se. Königliche Hoheit das ganze Tiermaterial in Augenschein nahm und auch einer Dressurprobe beiwohnte. Der Fürst hält in Sofia einen eigenen zoologischen Garten und machte für diesen größere Ankäufe. Das Interesse des leutseligen Herrn erstreckte sich bis in alle Einzelheiten unseres Betriebes. Da der hohe Gast zufällig erfuhr, daß am nächsten Tage mein Geburtstag sei, ließ er mir beim Abschied den bulgarischen Hausorden überreichen.

Vor zwei Jahren besuchte den Tierpark eine alte, silberhaarige Dame, deren Antlitz noch die Spuren einstiger großer Schönheit zeigte. Diese Dame gehört zu den interessantesten Persönlichkeiten der gegenwärtigen Welt. Ein tragisches Geschick hat sich an ihr erfüllt. Aus dem größten Glanze den die Welt zu bieten vermag, mußte sie hinabsteigen in ein kaltes Exil. Sie hat einen Thron verloren und, was ihrem Herzen vielleicht eine tiefere Wunde geschlagen, einen blühenden, hoffnungsvollen Sohn. Es war die Exkaiserin Eugenie von Frankreich. Mit Ehrfurcht habe ich die alte Dame im ganzen Tierpark, der damals noch bei weitem nicht fertig war, umhergefahren und alles erklärt, was bereits zugegen war und was noch kommen sollte. Die hohe Frau schien gar nicht genug von all diesen Dingen hören zu können und versprach schließlich aus eigenen Stücken, nach Fertigstellung des Gartens jedenfalls wiederzukommen und alle meine Pläne auch in ihrer Verkörperung kennen zu lernen. Von Herzen wünsche ich, daß es der Fürstin vergönnt sein möge, ihr Versprechen noch auszuführen.

Als mich im Jahre 1905 Ihre Majestät die Königin Margherita von Italien in Stellingen aufsuchte, bekam die hohe Frau ebenfalls nicht viel zu sehen, denn der Garten war noch weit zurück. Ich selbst war verreist, doch ließ sich die Königin durch meinen Sohn Heinrich alles erklären und nahm an dem noch in der Entstehung begriffenen Werk das regste Interesse. Aus der Zahl der Fürstlichkeiten und hohen Personen, die meinen Tiergarten besucht haben, ragt auch die Gestalt des eisernen Kanzlers. Fürst Bismarck hat indes den großen Stellinger Park nicht kennenlernen können, er beehrte mich am Neuen Pferdemarkt mit seinem Besuch, den ich schon an einer anderen Stelle meines Buches geschildert habe.

Zu meinen ältesten Bekannten zählen naturgemäß die Direktoren der Zoologischen Gärten, mit denen ich schon in jugendlichem Alter in Verbindung trat, denn man wird sich erinnern, daß ich bei Übernahme des Tiergeschäfts von meinem Vater erst etwa fünfzehn Jahre zählte. Ich war aber erst zwölf Jahre alt, als ich meine erste Bekanntschaft in diesen wissenschaftlichen Kreisen machte, und zwar seine solche, die zu den freundlichsten Erinnerungen meines Lebens gehört. Der liebe, gute, alte Dr. Westermann vom Zoologischen Garten in Amsterdam kam damals, es war im Jahre 1856, zu uns nach Hamburg, um verschiedene Tiere zu kaufen. Da mein Vater alle Hände voll mit seinem Fischgeschäft zu tun hatte, so machte ich die Honneurs und war während der zwei Tage des Aufenthalts des alten Herrn fast ständig mit ihm zusammen. Dabei gefiel ich dem alten Gelehrten so gut und meine Liebe zur Tierwelt, die er wohl bemerkte, drang ihm so ins Herz, daß er meinen Vater bat, mich doch, nachdem ich die Schule verlassen, auf ein Jahr nach Amsterdam zu senden, damit ich mich im dortigen Tiergarten unter der Leitung Westermanns mit dem Studium der Zoologie befasse. Daraus ward allerdings nichts, die Verhältnisse erlaubten es nicht. Praktische Zoologie studierte ich ja aber in einem fort, und nach Amsterdam kam ich auch, wenn auch erst einige Jahre später, als ich bereits selbständig geworden war. Als Siebzehnjähriger besuchte ich den Amsterdamer Garten zum ersten Male, er war damals der schönste und am besten besetzte nächst dem Londoner. Der alte Herr hatte es ganz vorzüglich verstanden, seine Tiere so unterzubringen, daß sie stets genügend Luft und Licht hatten. Seine schönen, großen, langen Galerien für Stelzvögel und auch, seine verschiedenen Fasanen-Polieren waren so gut angelegt, daß, derartige Gebäude in vielen Zoologischen Gärten später fast alle mehr oder weniger nach dem Muster im Amsterdamer Garten gebaut worden sind. Die Freundschaft, die ich als Knabe geschlossen und die von meiner Seite mehr Verehrung war, hielt stand; ich war bei dem Gelehrten gut angeschrieben und fast alles, was der Garten an Tieren gebrauchte, wurde bei mir bestellt.

Als einer sehr interessanten Erscheinung unter den Direktoren Zoologischer Gärten erinnere ich mich des Antwerpener Direktors Vekemans, mit dem ich im Anfang der sechziger Jahre zuerst in Berührung kam. Er war ein sehr großer, schlanker Mann mit einem riesigen, grauen Vollbart. Für ihn gab es nur eins in der ganzen Welt: seinen Garten. Andere Interessen schien er nicht zu besitzen –doch halt, er besaß, doch noch eins, Vekemans betrieb damals einen bedeutenden Tierhandel, in der Hauptsache mit kleinen, exotischen Ziervögeln, von denen er viele, viele Tausende von Paaren in jedem Jahre nach allen Teilen Europas versandte. Wer diesen alten Herrn in seinem Garten sah, würde ihn, falls er ihn nicht kannte, kaum für den Direktor gehalten haben. Ein Stutzer war Vekemans nicht. Fast den ganzen Tag lief er in großen, holländischen Holzpantoffeln im Garten umher, um nachzusehen, ob alles in Ordnung sei. Mit großer Freude entsinne ich mich meiner vielen Gespräche mit dem durch sein großes Werk „Tierleben“ weltberühmt gewordenen Dr. Alfred Brehm. Der Gelehrte wurde bekanntlich 1863 als erster Direktor in den neugegründeten Zoologischen Garten nach Hamburg berufen. Hier habe ich, und auch in unserm alten Heim am Spielbudenplatz, manche Stunde mit dem interessanten Manne verplaudert, den seine Reisen, noch ehe er die Universität besuchte, nach Ägypten, Nubien und den östlichen Sudan, später, nachdem er in Jena und Wien Naturwissenschaften studiert hatte, nach Spanien, Norwegen, Lappland und Abessinien geführt hatten. Brehm war eine rührige Natur, stets beschäftigt mit Problemen und Versuchen aller Art. Eines Tages kam er auf den Gedanken, der ihm wahrscheinlich bei Besuchen in unserer Tierhandlung gekommen war, ebenfalls eine Tierhandlung anzufangen, natürlich, nicht für eigene, sondern für Rechnung der Zoologischen Gesellschaft in Hamburg. Zunächst wurde der Vogelhandel in Angriff genommen, dauerte aber nicht lange. Der Gelehrte sah bald ein, daß das Tiergeschäft nicht so leicht zu betreiben sei, als er geglaubt hatte. Er hatte die Nase voll und gab den Versuch schleunigst auf. Lange hielt sich ja Brehm nicht in Hamburg auf, er siedelte vielmehr schon 1867 nach Berlin über, um hier das Aquarium zu gründen. Mit dem ersten Direktor des Kölner Gartens, Dr. Bodinus, wurde ich schon im Eröffnungsjahre 1860 bekannt. Noch ehe der Garten seine Pforten öffnete, kam Dr. Bodinus zu uns nach Hamburg, um eine größere Anzahl von Tieren einzukaufen, um die noch leeren Häuser zu füllen. Dieser Gelehrte war ein sehr tüchtiger und energischer Mann, auch verstand er es, sich gehörig in Szene zu setzen. Dabei entwickelte er häufig einen leicht satirischen Zug. So sagte er mir einmal: „Sie werden noch mal der Mann der Zukunft“ Jedenfalls habe ich Dr. Bodinus, als er im Jahre 1870 als Direktor nach Berlin berufen wurde, für sein dortiges Institut gute Dienste geleistet. Der neue Direktor hatte es verstanden, die zoologische Gesellschaft zu bewegen, neue großartige Bauten aufführen zu lassen, als aber die Gebäude fertig waren, fehlte es an den nötigen Tieren, denn mit gähnender Leere konnte man die schönen neuen Baulichkeiten doch unmöglich eröffnen. Hagenbeck mußte schleunigst daran und hat denn auch prompt dafür gesorgt, daß die Gebäude bei der Eröffnung mit den hauptsächlichsten Tieren besetzt waren. So war ich wenigstens in diesem bescheidenen Sinne also doch der Mann der Zukunft für Dr. Bodinus geworden. Zu den größten Tierfreunden, die ich kennengelernt habe, gehörte der alte Martin vom Zoologischen Garten in Rotterdam. Dieser Herr war Besitzer einer großen Menagerie gewesen, die als Grundstock diente, als man den Zoologischen Garten gründete, und als Direktor hatte man den früheren Menageriebesitzer gleich mit übernommen. Als ich Martin zu Ende der sechziger Jahre in Rotterdam kennenlernte, war er bereits kein Jüngling mehr, er mußte schon so ziemlich in die Siebziger hineingeraten sein. Aber wie sein Jüngling lief der alte Herr in seinem Garten, dem er seit 1854, dem Gründungsjahr vorstand, umher, und es war ein Vergnügen, zu sehen, wie er mit seinen alten, bekannten Löwen, Tigern und Panthern verkehrte. Alle kannten ihn und waren so anschmiegsam wie Hauskatzen. Auch Martin war, genau wie der alte Bekemans, immer an irgendeiner Stelle seines Gartens anzutreffen. Später, als die Kräfte des Greises nicht mehr für die Geschäftsführung ausreichten, trat der Direktor Van Bemlen an seine Stelle. Martin lebte noch lange, er ist annähernd neunzig Jahre alt geworden, aber bis zuletzt besuchte er den Garten und die Tiere, die von seinem ehemaligen Bestande noch übriggeblieben waren.

Phineas Taylor Barnum.

Manche nützliche und belehrende Stunde verdanke ich dem Professor Peters, welcher in den sechziger Jahren wissenschaftlicher Direktor des Berliner Gartens war. Wie oft habe ich, wenn ich in Berlin weilte, im Museumszimmer des Professors gesessen, und alles, was uns auf dem Gebiete, wo unsere Interessen sich berührten, Revue passieren lassen. Handelte es sich um den Verkauf von Tieren, so war Professor Peters stets gleich bereit, mit mir zu zwei gewissen Herren zu gehen, ohne deren Genehmigung keine Ankäufe abgeschlossen werden durften. Diese beiden Herren waren der alte Geheimrat Knerk und der Kommerzienrat Brunzlow, der letztere Besitzer einer großen Tabak- und Zigarrenfabrik in Berlin. Die Geschäfte gingen stets mit größter Schnelligkeit vor sich, da die Vorschläge des Professors ohne weiteres angenommen wurden.

Schließlich muß ich mit Dank meines guten, alten Freundes Geoffroy Saint-Hilaire gedenken, mit dem ich zuerst Anfang der sechziger Jahre bekannt wurde. Bewundert habe ich diesen Mann, als ich 1867 bei meiner ersten Anwesenheit in Paris dem „Jardin Zoologique d'Acclimatisation" in Neuilly einen Besuch abstattete. Es war das schönste aller ähnlichen Institute, die ich bis dahin gesehen hatte, und die ganze bewunderungswürdig praktische Anlage rührte von Geoffroy her. Zoologie und Botanik kamen in schönster Vereinigung zur Geltung. Trotzdem keine Raubtiere in diesem Garten gehalten wurden, machte er doch einen ganz herrlichen Eindruck. Schon die Großartigkeit und Vielseitigkeit der Kindervergnügungen nötigte mir Staunen ab. In langen Zügen sah man, nicht nur mit Kindern, sondern auch mit Erwachsenen beladen, Elefanten, Kamele, Dromedare, Ponys, Zwergesel, Strauße, Lamas und Ziegen schreiten. Dazwischen mischten sich allerliebste Gespanne.

Herr Geoffroy Saint-Hilaire war es auch, der die ersten Eskimos, welche ich für meine Völkerschau-Ausstellungen hatte aus dem Norden holen lassen, für seinen Garten in Paris engagierte, der Gelehrte kam selbst nach Hamburg und war von der Familie Ukubak so entzückt, daß er sofort den Entschluß faßte, auch Paris mit den Eskimos zu beglücken. Geoffroy bewies mit dieser Entscheidung einen guten Blick. Die Eskimos wurden in Paris einfach zu einer Sensation. Trotzdem sie im Winter dort gezeigt wurden, was für die Eskimos angenehm, für die Pariser aber weniger verlockend war, brachte der erste Sonntag gleich über 30 000 Besucher.

Dieses Resultat wurde mir damals telegraphisch nach Hamburg Übermittelt. Bis Ende der achtziger Jahre habe ich dann unter der Leitung Geoffroy Saint-Hilaires noch verschiedene Völkerschaften ausgestellt, und alle fanden bei den Parisern außerordentlichen Beifall.

Über das fahrende Volk der Schausteller, Menageriebesitzer usw. hat man sich im großen Publikum von jeher ganz falsche Vorstellungen gemacht. Der zwischen seinen vier Pfählen sitzende Bürger kann es nicht recht begreifen, daß ein unstet durch die Welt wandernder Mensch, der heute hier, morgen dort sein Zelt aufschlägt, dieselben Tugenden entwickeln sollte wie der seßhafte Bürgsersmann. Und doch ist auch in jener Welt, wo Klappern zum Handwerk gehört, Treue und Ehrlichkeit zu Hause, und ein ebenso starker Hang nach ruhigem Lebensgenuß, als nur in irgendeinem anderen Kreise. Seltsam und abenteuerlich freilich müssen diese Leute demjenigen erscheinen, der ruhig seinen Kohl baut, die Bedingungen ihrer Existenz sind andere als die, welche die bürgerlichen Gewerbe mit sich bringen. Der richtige Schausteller muß ein feines Gefühl für das besitzen, was die Menge anzieht und Sensation erregt, im übrigen freilich darf er keine Feinheit besitzen, denn die große schaulustige Menge ist ein Ambos, der grobe Hammerschläge erfordert. Der König aller Schausteller und zugleich der größte und interessanteste war mein alter Freund, der weltberühmte Barnum. Dieser Weltgroßmeister des Humbugs Phineas Taylor Barnum war in seiner Art ein bedeutender Mann, ein wahrer Odysseus der Erfindung und Verschlagenheit. Barnum begann bekanntlich seine Laufbahn damit, daß er die angeblich 161 Jahre alte Negeramme Washingtons ausstellte und damit in den Vereinigten Staaten ungeheures Aufsehen erregte. Die Geschichte hatte nur zwei kleine Fehler. Erstens war das Niggerweib erst 75 Jahre alt, und zweitens war sie überhaupt nie die Amme Washingtons gewesen. Später erfand der Brave das Meerweibchen, das noch heutigen Tages auf Dorfjahrmärkten spukt, begleitete Jenny Lind, die schwedische Nachtigall, durch die neue Welt und gründete endlich seine „Show“, jene amerikanische Verschmelzung von Zirkus, Raritätenkabinett und Tierarena. Als er hier eines Tages den angeblich ersten, nach Amerika gebrachten Orang-Utan ausstellte und damit einen ungeheuren Volkszulauf erzielte, erklärte ein Gelehrter in den Zeitungen, daß das gezeigte Tier gar kein Orang-Utan sei, da es einen Schwanz habe, vielmehr handele es sich um einen Mantelpavian. Vom nächsten Tage ab annoncierte Barnum in riesenhaften Affichen: „Wunderbares Naturschauspiel! In meiner Sammlung befindet sich der einzige Orang-Utan der Welt, der einen Schwanz besitzt!!“ Man sieht, gegen einen solchen riesigen Humbug, auf den viele Tausende aus Unkenntnis hereinfielen, war das als Lama gezeigte Reh meines Vaters nur ein Baby.

Und dieser unübertroffene Meister der Schaustellung entstieg an einem Novembermorgen dies Jahres 1872 auf St. Pauli einer Droschke, übergab mir, der ich vor der Tür unseres Emblissements auf dem Spielbudenplatz stand, seine Karte und ersuchte mich, sie dem Herrn Carl Hagenbeck zu übergeben. Das war leicht geschehen, ich hielt sie ja schon in der Hand. Als Barnum entdeckte, mit wem er es zu tun habe, sah er mich erstaunt über meine Jugend an. Er hatte sich eine ganz andere Vorstellung von mir gemacht und mich für wesentlich älter gehalten. Wenn es ihm um einen älteren Herrn zu tun sei, erwiderte ich, so möge er nur nähertreten, ich würde ihm dann den Gründer des Geschäfts, meinen Vater vorstellen, welcher sich eben im Vogelladen befand. Barnum selbst war um jene Zeit bereits ein älterer Herr, ein angehender Sechziger, mit intelligentem Gesicht und leicht ergrautem, aber vollem Lockenkopf. Bald war ein animiertes Gespräch im Gange. „Viel habe ich schon von Ihnen gehört“, sagte Barnum, „und ich weiß, daß die meisten Tiere, die nach Amerika kommen, von Ihnen stammen. Jedenfalls wollte ich Sie also kennenlernen, muß Ihnen aber zu gleicher Zeit sagen, daß ich nur wenig kaufen werde, denn der Hauptzweck meiner Europareise ist der, nach neuen Ideen auszuschauen, die ich nach Amerika verpflanzen kann, woselbst ich im nächsten Frühling, und zwar im Madison Square Garden zu New York, ein römisches Hippodrom zu eröffnen gedenke.“

An neuen Ideen war bei mir kein Mangel, und ich schlug dem Gaste sofort allerlei Neuigkeiten vor, die er in sein Notizbuch, mit dem er stets zur Stelle war, niederschrieb. „Ich sehe schon“, sagte er lächelnd, „daß ich meinen Plan, morgen abzureisen, aufgeben muß. Einige Tage werde ich also jedenfalls verweilen, um mich mit Ihnen zu unterhalten, und nun lassen Sie uns einmal Ihre Tiere besichtigen.

Finde ich etwas für mich Brauchbares, dann bin ich gewillt, Ihnen einen anständigen Preis zu zahlen, doch möchte ich Sie ersuchen, nicht mehr zu fordern als das, was Sie haben müssen, um einen anständigen Verdienst zu erzielen, denn, offen gesagt, ist mir nichts mehr zuwider als langes Handeln." Als wir unsern Rundgang beendeten, hatte Barnum bereits für etwa 4000 Dollar Tiere gekauft.

Am nächsten Morgen holte ich den berühmten Mann im Hotel de l'Europe ab, um ihm Hamburg ein wenig zu zeigen. Wir waren indes kaum eine Stunde unterwegs, als der ganz von seinen Geschäften ausgefüllte Barnum unruhig wurde und mich bat, mit ihm ins Hotel zurückzukehren. Er wäre begierig auf die weiteren Vorschläge, die ich ihm für sein New Yorker Hippodrom zu machen hätte. Als ich Barnum fragte, ob er schon einmal etwas über die Elefantenwettrennen in Indien gehört habe, oder ob er schon einmal gesehen hätte, wie man den Strauß als Reittier benutzte, gestand er, niemals dergleichen gehört oder gesehen zu haben, und erklärte ganz aufgeregt, diese Neuheiten nach Amerika bringen zu wollen. Im Handumdrehen erteilte Barnum mir seinen Auftrag auf zehn starke Strauße und vier bis sechs Elefanten, die den geschilderten Zwecken dienen sollten. Nachdem ich Barnum einige Abbildungen von Elefantenrennen in einer englischen illustrierten Zeitschrift und auch einige Schilderungen von Straußenrennen gezeigt hatte, nahm er meine Hand in die seine und sagte ernsthaft und eindringlich zu mir: „Hagenbeck, Sie sind just der Mann, den ich gebrauche. Kommen Sie mit nach Amerika. Ich mache Sie zu meinem Kompagnon und sichere Ihnen ein Drittel am Verdienst meiner Show zu." Als ich ihm erwiderte, daß ich dazu kein Geld hätte, rief er wegwerfend: „Ich brauche kein Geld von Ihnen, Ihr Talent schätze ich höher ein als Geld." So wäre ich denn bald nach Amerika gekommen. Später kam ich ja mehr als einmal dorthin, aber auf eigenem Fuß. Ich dankte Barnum für seine Liebenswürdigkeit, sein Vertrauen und sein ehrendes Angebot, doch zog ich es vor, in Hamburg zu bleiben und mein Geschäft weiter auszubauen. Als Barnum nach vierzehn Tagen abreiste, hatte er zwei dicke Notizbücher vollgeschrieben, aber auch für mich war diese Begegnung von weittragender Bedeutung. Dem Auftrag im Werte von 15 000 Dollar, den Barnum bei seinem ersten Besuch hinterließ, folgte eine feste Verbindung. In der Folge deckte Barnum seinen ganzen Bedarf an Tieren ausschließlich bei mir, und auch sein Nachfolger, Mr. Bailey, hat diese Verbindung bis 1907, als das Geschäft verkauft wurde, respektiert. Barnum war, wie man sich schon nach allem, was von diesem Mann bekannt ist, denken kann, ein außerordentlich lebhafter Mensch und ein Geschäftsmann comme il faut. Nie wurde er müde, nach Neuheiten zu fragen, und stets war sein Notizbuch zur Stelle, denn alles, was sich etwa an Ideen verwerten ließ, wurde sofort niedergeschrieben. In Deutschland und auch verschiedentlich in Amerika habe ich manche interessante Stunde mit ihm zusammen verlebt. Als Barnum 1889 seinen ganzen Zoo und die Zirkus-Show mit Bailey zusammen nach London brachte, besuchte ich ihn auch hier. Erstaunlich war es, wie er das Publikum kannte. Er war wirklich, wie man so oft gesagt hat, der Mann des Humbugs. Sein Prinzip war es, so viel wie möglich von sich reden zu machen. Mit Vergnügen erinnere ich mich noch daran, wie er bei seinem Besuch in der Olympia in London sich zur Begrüßung des Publikums stets bei Eröffnung der Vorstellung in einem vierspännigen Wagen zeigte, der dann viermal um die Manege herumgefahren wurde. Natürlich war dafür gesorgt worden, daß recht viele Stimmen von allen Seiten Hurra und Bravo schrien. Als ich ihn am Eröffnungstage in seiner Lage aufsuchte, sagte er recht vergnügt: „Haben Sie gesehen, mein lieber Hagenbeck, wie begeistert ich begrüßt wurde? Ich glaube, die Leute werden sich heute abend, wenn sie nach Hause gehen, darüber einig sein, daß ich doch die interessanteste Sehenswürdigkeit war, die sich heute abend hier produziert hat. Hier können Sie so allerhand kleine Sachen beobachten, die Ihnen eine Lehre werden können. Man muß es verstehen, das Publikum fortwährend zu beschäftigen. Die Hauptsache ist, daß alle recht viel von einem hören und nach mehr von einem sprechen. Dann ist man seines Erfolges ziemlich sicher.“ Auch in Deutschland verstand man sich in Schaustel-

Der alte Kreutzberg.

lerkreisen auf derbe Reklame. Der alte Menageriebesitzer und Tierbändiger Robert Daggesell, dem so nach und nach bei den verschiedensten Rekonters mit Tieren drei Finger der rechten Hand mehr oder weniger abgebissen und verstümmelt waren, steckte sich auf die Fingerstümpfe dicke goldene Ringe mit großen, auffälligen Steinen. Nicht fein, aber eine in die Augen springende Geschäftsreklame. Niemand konnte umhin, die abgebissenen Finger zu sehen. Man wurde sozusagen mit der Nase darauf gestoßen. Dieser Daggesell, ein Tierbändiger der alten Zeit, kam einst in sehr enge Berührung mit mir. Mit einer Tierlieferung an den Menageriebesitzer Pianet nach Italien hatte ich diesen Tierbändiger sozusagen mitverkauft, und zwar auf zwei Jahre. Nachdem dieses Engagement erledigt war, tauchte Daggesell wieder bei mir auf, und nun rüstete ich ihm eine kleine Menagerie aus, die er mit meiner Unterstützung nach und nach zu einem großen Unternehmen ausbaute. Daggesell führte seine Tiere selbst vor und war ein kühner Mensch, der manchen Strauß mit Löwen und Tigern ausfocht. Einmal hatte ein Tiger ihn derartig in den Kopf gebissen, daß vier tiefe Narben auf dem Schädel zurück blieben. Auch verstand er es, wie man schon an seinem Fingerschmuck sieht, die Menge durch allerlei auffällige Mittel zu fesseln. Auf dem Grunde der Seele dieses Zugvogels schlummerte aber doch die Sehnsucht nach einem ruhigen Leben an Familienherd. Auch in seiner Brust wohnten zwei Seelen, die eine strebte in die Weite, die andere empfand als Ideal das Leben eines großstädtischen Spießbürgers.. Sehr schnell hatte Daggesell sein Ziel erreicht. Schon nach acht Jahren des Menagerielebens hatte der joviale Mann so viel Geld verdient, daß er sich in Berlin als mehrfacher Hausbesitzer zur Ruhe fetzen konnte.

Zu den bekanntesten Menageriebesitzern gehörte der Vorgänger Daggesells, nämlich Gottlieb Kreutzberg, der in der alten Zeit als Tierbändiger in ganz Deutschland einen Ruf besaß. Der alte Kreutzberg, ein kleiner, untersetzter, recht korpulenter Herr mit einem Backen- und Schnurrbart war ein Original. Er verstand es, aus einem Nichts durch schreiende Reklame ein welterschütterndes Abenteuer zu machen. Einmal kaufte er von meinem Vater einen jungen, ganz zahmen Leopard, den Kreutzberg zur Dressur verwenden wollte, und gleich mitnahm. Wer aber später auf meterhohen Affichen die Riesenreklame las, die

Kreutzberg für den armen Leopard machte, mußte meinen, ein entsetzliches, blutdürstiges Ungeheuer sei frisch aus dem Urwald angekommen. Kreutzberg zeigte dem zitternden Publikum an, daß er in der und der Vorstellung und um die und die Stunde zum allerersten Mal sich in den Käfig dieses furchtbaren Raubtieres wagen würde, um einen Dressurversuch zu unternehmen. Jeder mußte meinen, der alte Kreutzberg würde nie und nimmer lebendig aus dem Käfig entrinnen können. Dabei war der kleine Leopard in Wirklichkeit froh, wenn ihm keiner was tat. Kreutzberg aber machte sein Geschäft. Als ich ihn zuerst im Jahre 1856 in Hamburg mit seiner Menagerie sah, führte er einige schöne, große Löwen und auch einige Tiger vor. In seiner Begleitung befand sich eine schwedische Schönheit, Fräulein Cäcilie, die er zur Dompteuse ausgebildet hatte. Diese Schwedin, die in einem größeren, sogenannten Zentralkäfig verschiedene junge Tiere, wie Löwen, Tiger, Bären, Wölfe und Hyänen vorführte, erntete überall in Deutschland, auch in Hamburg, riesigen Beifall. Damals, als Kreutzberg den Leoparden von uns kaufte, war ich mit beim Einpacken des Tieres tätig. Da klopfte der alte Tierbändiger mir auf die Schulter und sagte zu meinem Vater: „Der Junge kann noch mal ein würdigster Nachfolger von mir werden, denn er scheint Courage und auch Lust und Liebe zu den Tieren zu haben.“

Der alte Kreutzberg war später sehr befreundet mit mir. Zwölf, sechzehn Jahre später machte ich noch häufig Geschäfte mit ihm, aber auch ohnedies stattete er mir seinen Besuch ab, so oft er in Hamburg war. Ich war damals bereits verheiratet und hatte eine kleine Wohnung am Spielbudenplatz. Die Kost bei uns, überhaupt die Hamburger Hausmannskost, schmeckte dem alten Schausteller ganz vorzüglich. Er entwickelte stets einen solchen Appetit, daß er auch diesen für Geld hätte sehen lassen können, jedenfalls bin ich selten Menschen mit ähnlichem Appetit begegnet. Eines Abends hatte er sich. dermaßen vollgepackt, und zwar mit Kieler Bücklingen, wozu er sechs Flaschen Bier hinuntergoß, daß er über Leberdrücken klagte und sich erst einige Stunden auf meinem Sofa von der Arbeit erholen mußte, ehe er in sein altes Logis, Wagners Hotel am Spielbsudenplatz, zurückkehren konnte• Aber das muß ich sagen, der alte Kreutzberg war ein braver, treuer und ehrlicher Mensch; in den vielen Geschäften, die ich mit ihm machte, habe ich ihn nie anders gefunden. Ein Schüler des alten Kreutzberg war der Tierbändige Carl Kaufmann. Als Menageriebesitzer tauchte Kaufmann aber erst nach Daggesell auf. Wie dieser arbeitete er sich aus kleinen Anfängen in die Höhe und besaß schließlich wohl die schönste Menagerie, welche je auf Reisen war. Er hatte eine wundervolle Kollektion von Löwen und Tigern und sonstigen dressierten Tieren. Kaufmann stellte unter den Menageriebesitzern eigentlich schon einen höheren Typ dar. Nicht nur aus Geschäfts-, sondern auch aus persönlichem Interesse war er stets bemüht, neue und interessante Tiere herbeizuschaffen; außer seiner schönen Raubtiersammlung hielt er schließlich auch Elefanten, Nilpferde, Rhinozerosse, Giraffen und andere kostspielige Seltenheiten. Einmal kaufte er für vieles Geld sogar einen jungen Gorilla von mir, der aber leider, wie alle diese Tiere, schon nach kurzem Aufenthalt in der Menagerie das Zeitliche segnete. Kaufmann hat sich sein schönes Stück Geld mit seiner Menagerie erworben. Er ist noch am Leben und wohnt als Privatier in Hamburg, wo er sein Erworbenes auf hochherzige Weise dazu verwendet, nach besten Kräften seine früheren Standesgenossen, die reisenden Künstler, zu unterstützen.

Von den älteren deutschen Zirkusbesitzern, mit denen ich in Verbindung getreten bin, kann ich eigentlich nur den alten Renz erwähnen. Er hat viele Tiere von mir bekommen, auch diejenigen, welche seinerzeit zur Ausstattung der großen Pantomime „Das Fest der Königin von Abessinien“ gehörten. Es waren Giraffen, Antilopen, Büffel und viele andere Geschöpfe. Mit der Pantomime wurde damals ein Bombengeschäft gemacht. Der alte Renz konnte ein sehr liebenswürdiger Herr sein, wenn er wollte, aber er vermochte auch eine hanebüchene Grobheit zu entwickeln, besonders wenn jemand Geld von ihm haben wollte. Nicht, daß es ihm daran gefehlt hätte, er war ja ein reicher Mann, doch hatte er die Gewohnheit, sich nicht von seinem Gelde trennen zu können. Eines Tages, als ich ihn besuchte, um einen größeren Posten Geld einzukassieren, wurde er recht unangenehm und drohte schließlich, mich hinauswerfen lassen zu wollen. Als er jedoch merkte, daß er keinen Bangbüx vor sich habe, zog er nach und nach andere Saiten auf, und es kam zu einem Vertrag, wonach die Zahlung in einem Monat erfolgen sollte. Nach dieser etwas aufgeregten Episode, die sich noch in dem alten Zirkusgebäude an der Friedrichstraße in Berlin abspielte, war der alte Renz später wieder sehr freundlich. Als er sechs Monate danach mit

Schilling mit Löwe-Tiger-Bastarden.

seinem Zirkus nach Hamburg kam, besuchte er mich am Neuen Pferdemarkt und gab mir durch die Blume zu verstehen, daß ihm seine Grobheit leid sei. Diese Blume bestand in einer Flasche Sekt, zu welcher Renz mich einlud. Da ich aber kein Liebhaber dieses Getränkes bin, lehnte ich dankend ab und schlug Herrn Renz vor, die entsprechende Summe lieber zum Besten irgendeines bedürftigen Menschen zu verwenden. Ob er's getan hat, weiß ich nicht, wir waren aber von da ab ganz gute Freunde und manches Geschäft habe ich noch mit dem alten Renz abgewickelt.

Daß ich fast alle Dresseure meiner Zeit mehr oder weniger kennengelernt habe, ist nur natürlich. Ich will mich aber hier auf wenige und unter diesen nur auf solche beschränken, die zu meiner Schule gehören. Der erste Tierbändiger, den ich in die zahme Dressur einweihte, war der Hannoveraner Deierling, den ich zu Ende der siebziger Jahre in London kennenlernte. Damals ging es ihm hundsmiserabel. Von einem Löwen bösartig zerfleischt, hatte er wochenlang im Spital gelegen, und als er endlich geheilt entlassen wurde, wollte sein früherer Herr ihn nicht wieder engagieren. Deierling stand mittellos auf der Straße. Da hörte er, daß ich in London sei, suchte mich auf und klagte mir sein trauriges Los. Ich habe ihn dann mitgenommen und meinen Entschluß nicht zu bereuen gehabt. Deierling war natürlich noch an die wilde Dressur, wie sie in englischen Menagerien vorgeführt wurde, gewöhnt, und es war nicht leicht, ihn mit der neuen Art der Tierbehandlung bekannt zu machen. Immerhin vergingen zwei volle Jahre, bevor ich ihm eine Gruppe zur Dressur anvertrauen konnte. Vielfach habe ich bei der Dressur selbst mitgeholfen und hatte schließlich auch die Genugtuung, daß Deierling vier schöne männliche Löwen zu einer ausgezeichneten Dressurgruppe ausbildete, die zuerst mit ganz außerordentlichem Erfolg im „Nouveau Cirque“ in Paris gezeigt wurde. Von Paris aus zog Deierling auf eigene Faust weiter und trat in den verschiedensten Ländern Europas, später auch in Amerika mit größtem Erfolge auf. Überall erregten seine vier Löwen Aufsehen. Für mich selbst war der Besitz dieser Gruppe ein großer Vorteil, denn der Verdienst, der mit ihr erzielt wurde, half mir über schwere Zeiten hinweg, da der Tierhandel damals in eine flaue Episode eingetreten war. Nachdem Deierling sieben Jahre in meinen Diensten gewesen war, mußte er sich infolge eines alten Nierenleidens in Hamburg einer Operation unterziehen, die sein Tod wurde. Deierling starb in der Narkose. Von meinem Schwager Heinrich Mehrmann ist schon häufig die Rede gewesen. Als Dresseur ist er sozusagen von mir entdeckt worden. Mehrmann zeichnete sich in seiner Eigenschaft als Dresseur durch seine große Ruhe und Kaltblütigkeit aus, er war, wenn man so sagen kann, ein vorzüglicher Lehrer seiner Tiere, denen er die zahme Dressur spielend beibrachte. Der Zoologische Zirkus, mit welchem Mehrmann für mich reiste, fand überall den größten Beifall. Mehrmann selbst wurde in beiden Welten, hauptsächlich in Amerika, ungeheuer gefeiert. Der Zulauf zu seinen Vorstellungen war enorm.

Joseph Menges.

Einer meiner jetzigen Dresseure ist der bekannte Richard Sawade, dessen große Raubtiergruppe aus Löwen, Tigern, Eisbären, schwarzen Bären und Hunden in den letzten sechs Jahren in ganz Europa Aufsehen erregte. Diese Sawadesche Tiergruppe ist die beste, welche je in einem Zirkus gezeigt worden ist. Sawade ist einer von jenen, die von der Pike auf gedient haben. Man kann von ihm sagen, daß er Karriere gemacht hat, denn als einfacher Wärter hat er bei mir angefangen. Er war aber oder ist vielmehr ein wirklicher Tierliebhaber, und überhaupt mit ganzem Herzen bei der Sache, so daß er wohl als einer der besten Tierbändiger des modernen Systems gelten kann.

Ihm an die Seite stellt sich ein anderer zurzeit zu meinem Etablissement gehöriger Dresseur, dies ist Fritz Schilling, der im letzten Jahre mit seinen Löwen und Eisbären in meinem Stellinger Zirkus großen Erfolg gehabt hat. Schilling ist ein guter Arbeiter, dem der Vorzug geworden ist, Humor zu besitzen. Wer ihn gesehen hat, erinnert sich mit Vergnügen auch der beiden Eisbären „Hans und Gretel“, deren drollige Possen stets die Lachlust des Publikums weckten.

Unter den Weltreisenden, die für mich hinausgezogen sind in ferne Länder, befinden sich Leute mannigfacher Art, wirkliche Männer der Wissenschaft, die mit dem Forscherdrang zugleich praktischen Geschäftssinn verbanden, und abenteuerliche Existenzen, die ein Zufall in die Welt des Tierhandels verschlagen hatte. Viele dieser Männer, besonders der zuerst genannten Kategorie, haben Gegenden bereist, wohin nie zuvor der Fuß eines Europäers gedrungen war, sie trugen ihr Leben auf der Hand und scheuten weder Gefahren, noch Schwierigkeiten und Abenteuer um neue Tierarten oder ethnographische Merkwürdigkeiten ausfindig zu machen und durch die Wildnis fortzuschaffen. Mancher Forscher, der durch seine Bücher berühmt geworden ist, hat weder die Fülle der Abenteuer erleben, noch die Beobachtungen machen können, die manchen meiner Reisenden vorbehalten waren. Aber wenige dieser Männer sind an die breite Öffentlichkeit getreten und nur einzelne von ihnen haben ihre Erlebnisse in Büchern niedergelegt. Sie gehörten dem Berufe an, in welchem sie tätig waren und der ihre Kräfte fast ganz absorbierte. Auch lag ihr Ehrgeiz vor allen Dingen in dem Bestreben, im Berufe Erfolge zu erringen. Doch gab es auch geniale Naturen unter ihnen, die den Beruf mit wissenschaftlichen Bestrebungen sehr geschickt zu verbinden wußten. Ein solcher Mann ist Josef Menges, der unter den vielen Reisenden, die für mich tätig waren, den ersten Platz einnimmt. Als sich Menges im Jahre 1876 meinem Hause verband, hatte er bereits eine interessante Reisezeit hinter sich und war für seinen Beruf gestählt.

Casanova.

Mit Gordon war Menges zu Anfang der siebziger Jahre den weißen Nil hinaufgezogen und hatte nicht nur jene Gegenden, ihre Bevölkerung und ihre Fauna gründlich kennengelernt, sondern sich auch klimatisch erprobt. Auf jener Expedition ging die Mehrzahl der Europäer am Fieber und an den Folgen der Strapazen zugrunde, aber Menges hatte sich vorzüglich gehalten und kam bis zu einem gewissen Grade immunisiert zurück. Von 1876 bis in die neunziger Jahre bereiste Menges für unsere Zwecke Afrika und Indien, sein besonderes Feld war lange der ägyptische Sudan, zu dessen besten Kennern er gehört, später unternahm Menges eine Expedition in das Somaliland und gelangte in Gegenden, wo vor ihm nie ein Weißer gewesen war, auch brachte er eine Karawane seltener und interessanter Tiere heim, unter denen sich damals der erste echte Somali-Wildesel befand, der nach Europa gelangte. Etwas später war der rührige Mann für mich in Ceylon, bereiste hier die inneren Distrikte und sandte eine Anzahl wundervoller Berichte, in denen alles niedergelegt war, was seine scharfe Beobachtungsgabe ihm über Land und Leute enthüllt hatte. Leider sind diese Berichte verloren gegangen. Menges hat aber einen großen Teil seiner Beobachtungen und Entdeckungen in Dr. U. Petermans Mitteilungen niedergelegt, u. a. erschien sein Ausflug

in das Somaliland damals als Sonderabdruck, wird aber jetzt wohl längst vergriffen sein. Menges blickt auf große Erfolge zurück. Ihm ist das Talent angeboren, mit exotischen Völkerschaften umgehen zu können, ihr Vertrauen zu gewinnen und sie seinen Zwecken dienstbar zu machen. Außer ungezählten Tieren brachte Menges aus dem ägyptischen Sudan ein großes Menschenmaterial, u. a. die Hamraner Jäger, für meine Völkerschaustellungen nach Europa. So viel mir bekannt, ist Menges aus allen seinen Zügen niemals ein ernster Unfall zugestoßen.

Später hat Menges noch einmal auf eigene Hand das Somaliland bereist und ist in Deutschland mit einer Somalitruppe erschienen, seit einigen Jahren befindet sich mein Haus jedoch wieder in engerer Geschäftsverbindung mit Herrn Menges, und manches schöne Tier befindet sich augenblicklich in meinem Tierpark, welches ich der Intelligenz und Energie des alten Freundes verdankte. Lorenzo Casanova war einer meiner ersten Reisenden. Ein außerordentlich tüchtiger Mann, gehört er doch mehr in die Kategorie der abenteuerlichen Geister. In seinen jungen Jahren war Casanova „Direktor" eines Affentheaters, mit dem er zuerst sein Vaterland Italien, dann Deutschland und später auch Rußland bereiste. Als er des Affentheaters müde war, verkaufte er das ganze Institut und begann einstweilen zu privatisieren, dabei nach neuem Gelderdienst, der zugleich seine Phantasie reiste, ausschauend. Die Gelegenheit kam. Ein paar Nilpferde, die ein gewisser Dr. Ratterer meinem Vater zum Kauf anbot, dem sie aber zu teuer waren, fanden in Casanova einen neuen Herrn oder vielmehr Direktor. Denn Casanova nahm sein altes Wanderleben wieder auf und reiste mit seinen beiden Nilpferden durch ganz Deutschland, schließlich landete er auch mit seiner Nilpferdbude auf dem Hamburger Dom, wo die Tiere ziemliches Aufsehen machten. Des armen Casanova harrte aber eine unabwendbare Schicksalstücke, oder besser gesagt, Schicksalsdicke, denn die Nilpferde wurden bald so dick und groß, daß man sie nicht mehr so ohne weiteres von einem Ort zum andern transponieren konnte. Da hieß es also Abschied nehmen und Casanova verkaufte die beiden Tiere an den zoologischen Garten in Amsterdam, den damals Dr. Westermann leitete.

Und hier erst beginnt die Laufbahn Casanovas als Tiersammler. Von Dr. Ratterer hatte er vernommen, daß die Jäger im ägyptischen Sudan

große Tierfänger seien, und daß man diese Tiere billig kaufen, in Europa aber teuer verkaufen könne, und so hieß es denn bei dem rührigen Italiener bald: Auf in den Sudan. Welch ein geschickter und umsichtiger Mann dieser Casanova war, bewies sein erster, vom Glück begünstigter Versuch. Von seiner ersten Reise, die er 1863 unternahm, brachte er gleich eine ausgezeichnete Sammlung damals noch seltener Tiere heim, unter andern den ersten afrikanischen Elefanten, der bis dahin überhaupt nach Europa gekommen war, außerdem fünf Giraffen, einen echten Kaffernbüffel, sowie eine große Menge von Leoparden, Hyänen, jungen Löwen, Antilopen und manchen anderen Tieren. Zuerst versuchte der Heimgekehrte es mit seiner Ausstellung in Wien, die aber nicht einschlug, dann bot er den ganzen Transport den zoologischen Gärten an, hatte aber auch damit kein Glück, und leider konnte auch mein Vater die Tiere nicht kaufen, weil wir auf so große Transporte in jener Zeit noch nicht eingerichtet waren. Schließlich ging der ganze Tierbestand an den alten Menageriebesitzer Kreutzberg über, welcher sich damals in Leipzig befand. So machte denn Casanova schließlich doch noch ein gutes Geschäft und kaum fühlte er die große Summe Geldes in seiner Tasche, als er sich auch schon wieder auf den Weg nach Afrika machte.

Diesmal ging es ihm aber schlecht, sein abenteuerliches Leben machte seine jener Zickzackbewegungen, die für die eingeborenen Mitglieder des fahrenden Volks charakteristisch sind. In Kairo geriet Casanova in eine Spielhölle und verlor auf einmal das ganze Geld, welches er sich durch eine mühselige, afrikanische Reise verdient hatte, und seine Auslagen dazu. Casanova hatte nicht nur die Mittel zum neuen Einkauf von Tieren eingebüßt, sondern war mit einem Schlage ein armer Mann geworden. Tief betrübt ging er zum italienischen Konsul, um sich wenigstens das Geld zur Rückreise in seine Heimat zu beschaffen, aber man beschied ihn abschlägig. Trotz dieses Fehlschlags schien die Glücksgöttin doch nur mit Casanova gescherzt zu haben, denn in der nächsten Minute schon lächelte sie ihn an. Casanova besaß einen langen, schönen Schnurrbart und der italienische Konsul besaß eine Haushälterin. Ein Roman entspann sich, eine Liebe, die auch Folgen hatte, nämlich u. a. das Faktum, daß die Dame den guten Casanova mit ihren kleinen Ersparnissen betraute, die sie ihm leihweise zu Geschäfts-

zwecken übergab. Mit diesem Geld kaufte Casanova dann eine Anzahl von Tieren, die durch Karawanen aus dem Innern gebracht worden waren, und mit dieser kleinen Sammlung langte der Reisende nach einiger Zeit in Europa an. In Dresden traf ich mit Casanova zusammen und der ganze Transport ging in meinen Besitz über. Casanova hat dann noch manche Reise nach Afrika unternommen, bis er unterwegs, im Dienst, gestorben ist. Eine interessante Erscheinung war auch der Ungar Eßler, der nach einer sechsjährigen Gefangenschaft beim König Theodor von Abessinien endlich durch die Engländer von seinen Ketten befreit wurde. Als der abessinische Feldzug der Engländer beendet war, schloß Eßler sich unserm Casanova an, der eben mit einem Tiertransport nach Europa zurückkehrte. Für seine Hilfe beim Transport erhielt er freie Reise und gelangte endlich wieder nach Europa, nichts in seinem Besitz als die intime Kenntnis Abessiniens. Nachdem er mit Casanova gereist war, lag die Ausbeutung seiner Kenntnisse in der Richtung des Tierfanges sehr nahe. Eßler machte mir den Vorschlag, in Abessinien Exemplare der größeren Pavianarten für mich einzufangen, über die Bedingungen waren wir bald einig und ehe nach der nächste Frühling ins Land zog, war Eßler mit einer Anzahl großer, alter und auch junger Hamadrias oder Mantelpaviane schon wieder zur Stelle. Diese Tiere waren damals sehr selten und begehrt, und fanden reißenden Absatz. Nach kurzem Aufenthalt ging Eßler zurück nach Afrika, diesmal um die großen, dunkelschwarzbraunen Geladapaviane zu erjagen, die mehr im Landinnern leben. Auch von diesen seltenen Tieren brachte Eßler im folgenden Frühjahr eine größere Anzahl herüber. Nach einigen weiteren Reisen ist Eßler in Hamburg leider erkrankt und gestorben.

Aus der Zahl der originellen Gestalten muß ich unbedingt noch den alten Kohn herausgreifen, einen gebotenen Bayern, der mit Waren nach dem ägyptischen Sudan reiste, hauptsächlich nach Kassala, wo er seine Artikel absetzte. Kohn reiste sicher schon lange in jenen Gegenden, er war hager und dürr geworden wie eine ausgegrabene Mumie, und in seinem Gehaben war er mehr Araber als Europäer. Wer sein Brot zu Hause findet, ahnt nicht, auf wieviel seltsamen, gefährlichen und abenteuerlichen Wegen die Menschen um ihre Existenzen kämpfen. Als mir der alte Kohn zum ersten Male vorkam, war er ein starker

Sechziger. Die Erfolge Casanovas, den er kannte, hatten es ihm angetan, und er pfuschte nun diesem ins Handwerk. Sein erster Transport bestand aus fünf Giraffen. Zu vier verschiedenen Malen, wenn Kohn aus dem Sudan zurückkehrte, habe ich ihm seine Tiere abgekauft, einmal hat er auch Tiere von mir bekommen, die er an den Khedive von Ägypten mit gutem Nutzen wieder verkaufte. Der arme Kerl ist leider während des Mahdistenaufstandes in Kassala ermordet worden. Diese Gelegenheitsmitarbeiter erwähne ich nur ihres originellen Charakters wegen, eigentlich in Betracht kommen jedoch lediglich jene ernsten und gebildeten Männer, die, wie Menges und Jacobsen, von welchem noch die Rede sein wird, auf ihren Reisen mancherlei wissenschaftliche Interessen vertreten. Aus der Zahl der Weltreisenden, die zurzeit für mich die Erde durchstreifen, möchte ich nur noch die folgenden drei erwähnen. Zunächst Herrn Kapitän Johanssen, ein Mann, der von seinem vierzehnten Jahre ab zur See gefahren ist und alle Weltteile kennengelernt hat. Von seinen Abenteuern ließe sich ein ganzes Buch schreiben. Vor etwa fünfundzwanzig Jahren wäre er auf einer der Südseeinseln beinahe erschlagen worden. Ferner Wilhelm Grieger, dessen Wirkungsgebiete Sibirien, Ostafrika, Südwestafrika und Südamerika sind, und Ernst Wache, der nach mancher Weltreise sich augenblicklich in Abessinien aufhält, um einen größeren Transport von Tieren nach Europa zu geleiten. Wache ist als Sohn des früheren Besitzers des Lübecker Zoologischen Gartens gleichsam inmitten der Tierwelt ausgewachsen, und war für seinen jetzigen Beruf prädestiniert.

Zu den interessantesten Persönlichkeiten dieses Schlages, die aus meinem Etablissement hervorgegangen sind, gehört entschieden der Norweger Adrian Jacobsen. Der Norden bringt starke, früh zur Reife gelangende Menschen hervor, das zeigen mannigfache Beispiele, von denen Eivind Astrup, der als Jüngling zum Begleiter Pearys wurde und bei seinem frühem Tode ein epochemachendes Buch hinterließ, nur eines ist. Als ich Jacobsen kennenlernte, war auch er noch ein Jüngling, neunzehn Jahre alt, aber seine erste Tat war gleich die Zusammenstellung und Überführung der Eskimovölkertruppe, die, wie der Leser weiß, einen ganz außerordentlichen Erfolg hatte. Später brachte Jacobsen eine Truppe von Lappländern und außer diesen noch die Bella Coola-Indianer nach Europa. Seine größten Erfolge hat Adrian Jacobsen aber für die ethnologische Wissenschaft errungen; Erfolge, die niemals nach Gebühr anerkannt worden sind. Schon frühzeitig wurde Professor Bastian vom Ethnologischen Museum in Berlin auf das seltene Talent Jacobsens aufmerksam, Gegenstände, welche für die Völkerkunde Interesse besitzen, zu sammeln. Nach verschiedenen an mich ergangenen Aufforderungen ließ ich Jacobsen in das Berliner Ethnologische Museum ziehen, von wo ihn nach kurzer Vorbereitung Professor Bastian zum Sammeln nach Nordamerika entsandte. Seine Erfolge waren derartig, daß noch manche

Der Kaiser an den Raubtier-Außenkäfigen.

Reise folgte. Jacobsen hat für das Berliner Museum Vancouver, Alaska, Sibirien, China, Japan, Korea, den indischen Archipel und manche andere Gegend bereist, und von überall reiche Schätze heimgebracht. Seine Erlebnisse hat Jacobsen in verschiedenen Büchern niedergelegt. Für das Berliner Museum hat Jacobsen etwa 16 000 Nummern unter einer so minimalen Kostenaufwendung angeschafft, daß das Verdienst des Sammlers um die Wissenschaft kaum einzuschätzen ist, jedenfalls könnte man dieselbe Sammlung nicht nach einmal zusammenbringen, und wenn man Millionen aufwenden wollte. Leider hat Jacobsen, wie schon angedeutet, nicht die verdiente Anerkennung gefunden. Als seine Reisen beendet waren, gab man ihm eine kleine Anstellung, deren

Ertrag nicht einmal zur Erhaltung einer Familie ausreichte, sodaß der verdiente Reisende sich schleunigst nach einem andern Erwerb umsehen mußte. Jacobsen, der Vielgereiste, ist später auf eine Weise seßhaft geworden, die doch auch wieder mit seinem alten Berufe zusammenhängt. Er ward Restaurateur im zoologischen Garten zu Dresden und hat diesem Posten zwölf Jahre vorgestanden. Jetzt befindet sich Jacobsen wieder in enger Verbindung mit mir, der Kreis hat sich geschlossen, Jacobsen ist Restaurateur im Tierpark zu Stellingen.

Arbeitselefanten vor dem Kaiser.

Der Kaiser am Straußengehege.

II. Kaiser Wilhelm II. in Stellingen

Mit Empfindungen der Rührung und Dankbarkeit füge ich dieses letzte Blatt meinen Schilderungen hinzu. Es enthält die Krönung meines Lebenswerkes durch den Besuch des Kaisers in Stellingen. Ganz unbeeinflußt war in dem Kaiser der Wunsch rege geworden, den neuartigen Tierpark kennen zu lernen, von dem man ihm soviel erzählt hatte. Als ich wenige Wochen vorher von der Absicht des Kaisers Kenntnis erhielt, ergriff mich ein großes Glücksgefühl, denn unter den Wünschen, die man in der Stille nährt, hegte ich als höchsten Lebenswunsch schon lange diesen: den Kaiser in meine Schöpfung einführen zu dürfen. Dieser schöne Traum ward am 20. Juni 1908 zur Wahrheit. Ein herrlicher Sommertag war angebrochen, der grüne Rasen, die Wasser der Lagunen leuchteten im Sonnenschein, und auf den Gebirgsstöcken kletterten die Grastiere lustig bis zu den höchsten Spitzen. Der Garten war menschenleer. Mit Recht hatten Se. Majestät gewünscht, während der Besichtigung des Tierparkes ungestört zu bleiben. Absperrungsmaßregeln wären auch kaum zweckdienlich gewiesen, das entstehende Gedränge hätte jeden Rundgang vereitelt. Nur in Begleitung meiner beiden Söhne, Heinrich und Lorenz, die zugleich meine Kompagnons sind, fand ich mich am Hauptportal ein, um den hohen Gast zu erwarten. Schon früh gegen zehn Uhr traf der Kaiser per Automobil ein, von seinem kleinen Gefolge begleitet, zu dem unter anderen Herrschaften der preußische Gesandte Graf Goetzen sowie Graf Eulenburg gehörten. Der Kaiser schien sich in der gemütlichsten Laune zu befinden und besiegte durch sein unvergeßlich leutseliges, gewinnendes und natürliches Wesen von vornherein jede Scheu. Auch das Äußere des hohen Gastes stand mit diesem Auftreten im Einklang. Der Kaiser sah außerordentlich wohl und heiter aus, trug das unscheinbare Marine-Jacket, in der Hand einen einfachen Spazierstock. Als mir Se. Majestät die Hand zur Begrüßung reichte, dankte ich in Worten, die aus dem Herzen kamen, und wie sie mir der Augenblick eingab, für die hohe Ehre des Besuches und sprach zögernd die Hoffnung aus, mein Werk möge Sr. Majestät Beifall fin-

Der Perhaherra-Festzug vor dem Kaiser.

den. Schlichtweg antwortete der Kaiser: „Ich habe sehr viel von Ihrem Garten gehört und mußte mir die Sache endlich doch auch einmal selbst ansehen“ Und, nach einigen Schritten stehen der Kaiser an den Raubtier-Außenkäfigen bleibend und sich lächelnd umsehend, fügte der Kaiser hinzu: „Nach allem, was ich hier schon erblicke, ist die Sache ja mit viel Intelligenz angelegt“

Ohne weiteres begann nun der Rundgang. Wie natürlich führte ich Se. Majestät zuerst an den Vogelteich, von wo aus man den Blick über das große Tierpanorama schweifen lassen kann, und mein Herz schwoll, als ich den Kaiser einmal über das andere ausrufen hörte: „Famos! Einfach entzückend!“ Nun ging es an dem Gehege der Pflanzenfresser vorbei, wo ich mir erlaubte, Erklärungen über verschiedene Tiere und ihre Bedeutung für die Landwirtschaft zu geben, bis zur Löwenschlucht, deren Einrichtung der Kaiser mit dem größten Interesse in Augenschein nahm. Sofort fiel ihm das malerische Bild dieser offenen Felsenschlucht mit den schönen Tieren und dem blumigen Vordergrunde auf, und er sagte: „Das ist doch wirklich wie geschaffen, um Künstlern als Studienobjekt zu dienen“, worauf ich darauf hinwies, daß Künstler, die hier Studien zu machen wünschten, stets freien Zutritt zum Garten hätten. Inzwischen war ein Wärter in die Schlucht eingetreten und es kam die Rede darauf, daß die Tiere wöchentlich einmal abgeseift würden. Dem Kaiser erschien das eine etwas kitzlige Prozedur, und er wandte sich, ganz eigen lächelnd, plötzlich mit der Frage an sein Gefolge: „Meine Herren, womit wäscht man die Löwen?“ Die Ansichten waren verschieden, einer der Herren meinte mit reinem Wasser und Seife, ein anderer mit Desinfektionsmitteln usw. „Nein“ sagte der Kaiser lachend, „mit Lebensgefahr.“ Wenige Minuten später befand sich der Kaiser oben vor der Sennhütte und ließ seinen Blick über das Straußengehege, besonders aber über die japanische Insel schweifen. „Eine ganz reizende Anlage“, bemerkten Se. Majestät zu den Herren des Gefolges, „aber ist die Anlage auch echt und natürlich?“ Die Antwort fiel sehr befriedigend für mich aus, denn einer der Herren, der in Japan gewesen war, meinte, die Insel sei nicht nur stilecht, sondern noch hübscher angelegt, als man es in Japan gewohnt sei. Drei schöne Eichen, welche auf der Insel stehen, fielen dem Kaiser auf, weil sie, wie Se. Maiestät bemerkten, so famos in die Landschaft paßten. Ich erzählte nun die Geschichte dieser drei Eichen, nämlich, wie ich eines Tages, als das Terrain noch nicht in meinen Besitz übergegangen war, einen Bauernknecht beider Veranstaltung überrascht hätte, die Eichen zu fällen, und wie ich daraus zu dem Burschen in der landesüblichen Weise gesagt hätte: „Hier, min Jung, hest du een' Doler, nu go tu Hus und seg din Herrn, dat de Eken nich afhaun warn dröft. Ik denk dat Terrain to köpen und dobi sünd de Eken de Hauptsok.“ Der Kaiser lachte herzlich und sagte zu seinen Begleitern: „Sehen Sie, meine Herren, da haben Sie den Geschäftsmann – hat sich die schönen Eichen für'n Taler gekauft.“ Vor dem Straußengehege teilte mir der Kaiser mit, daß er vom Großherzog von Oldenburg gehört habe, dieser wolle sich eine Straußenfarm anlegen, und ob die Sache wohl Erfolg haben würde. Hierauf konnte ich dem Kaiser die Mitteilung machen, daß im kommenden Frühling eine große Straußenfarm auch im Tierpark zu Stellingen eröffnet würde. Se. Königliche Hoheit, der Großherzog von Oldenburg, hätten auch mit mir über seine Absicht gesprochen und ich hätte ihm anempfohlen, noch zu warten, da ich nach meiner Gewohnheit niemals etwas empfehle, was nicht praktisch ausprobiert sei, und die Probe bestanden habe. Der Kaiser wünschte Glück zum Gedeihen der Straußenfarm und fügte scherzend hinzu: „Nun weiß ich doch, wo ich Straußenfedern für meine Frau kaufen kann. Das wird jedenfalls eine famose Quelle.“ Im Zentralgebäude befand sich zurzeit eine prachtvolle ethnographische Sammlung aus dem Institut Umlauff. Diese Sammlung, die durch den anwesenden Herrn Heinrich Umlauff erklärt wurde, besichtigte der hohe Gast sehr eingehend, insbesondere eine japanische Riesenvase von zehn Fuß Höhe, das schönste Kunstwerk aus Bronze, das wohl je aus Japan nach Europa gekommen ist. Viel Interesse brachte der Kaiser auch den großen Bronzen entgegen, die im Park und in der Nähe der japanischen Insel aufgestellt sind. Der nächste Besuch galt dem Ceylondorf, das nur flüchtig besichtigt wurde, weil die Zeit bereits knapp zu werden begann. Dagegen wohnte der Kaiser in der Dressurhalle einer Vorführung der großen Raubtiergruppe durch den Dompteur Schilling bei, spendete lebhaften Beifall und wunderte sich darüber, daß Löwen, Eisbären und Hunde zusammen dressiert werden können. Dies gab mir Gelegenheit, die große Gruppe zu erwähnen, die aus Löwen, Tigern, schwarzen Panthern, Leoparden, Seidenpudeln und Shetlandponies, Zwerg-Zeburindern, schwarzköpfigen Somalischafen und Angoraziegen bestand und 1892 zur Vorführung auf der Weltausstellung in Chicago dressiert wurde. Als ich dem Kaiser auch von der Epidemie erzählte, die unter meinen Tieren vor Ausbruch der Cholera in Hamburg grassierte, rief er seinen Leibarzt herbei und diesem mußte ich den Vorfall noch einmal genau erklären. „Sie haben wirklich schon viel durchgemacht“, sagte der Kaiser, zu mir gewendet. Das konnte ich allerdings bestätigen. Bei dieser Gelegenheit erzählte ich Se. Majestät, daß ich mit der Niederschrift meiner Lebenserinnerungen beschäftigt sei, und dabei war ich kühn genug, den Kaiser zu bitten, die Dedikation des Buches von mir anzunehmen. In größter Güte reichte der hohe Gast mir die Hand und sagte die Annahme der Widmung zu. Nach Austritt aus der Dressurhalle bewegte sich draußen im Ceylondorf der Perhaherra-Festzug vorüber, doch blieb nur wenig Zeit für die Besichtigung, dagegen gestatteten Se. Majestät. daß der vorzügliche indische Zauberer an Bord der Hohenzollern geschickt würde, um eine Probe seiner Kunst abzulegen.

Vom Anblick des Nordlandpanoramas schien sich der Kaiser gar nicht trennen zu können, wiederholt bemerkte er: „Aber es gehört ja viel mehr Zeit dazu, um alles dies in Augenschein zu nehmen“ Dann fügte er hinzu: „Meine Frau und meine Tochter müssen das auch sehen, die werden Sie aber nicht so schnell wieder los, weil sie viel mehr Zeit mitbringen können als ich.“ In der Geweihsammlung, deren Vorführung der Kaiser noch gestattete, bemerkten Se. Majestät scherzend, als ich von einigen wohlfeilen Einkäufen Bericht erstattete: „Sehen Sie, meine Herren, einen solchen Mann wie Hagenbeck könnte ich ganz gut als Finanzminister gebrauchen, besser noch als meinen eigenen Privatschatzmeister.“ Der Kaiser befand sich, wie man aus allen diesen Bemerkungen sieht, in strahlender Laune und schien von dem Gesehenen hochbefriedigt. Als ich meine zukünftigen Pläne in bezug auf Einführung und Kreuzung ausländischer domestizierter Tiere mit einheimischen entwickelte, sprach der Kaiser den Wunsch aus, weitere Berichte über diesen Gegenstand zu erhalten, einerseits im Hinblick auf Erhöhung des Milchvertrages, andrerseits zur Beschaffung eines billigen Zugtieres für die Landwirtschaft. Wie im Fluge verstrich die Zeit, längst war der vorherbestimmte Zeitpunkt der Abfahrt überschritten, als der Kaiser sich um zwölseinhalb Uhr an sein Automobil begab, das inzwischen im Park vor meinem Wohnhaus wartete. Hier reichte der Kaiser meinen Söhnen und mir wiederholt die Hand und sprach: „Haben Sie herzlichen Dank für die schönen genußreichen Stunden. Die Anlage ist mit Fleiß. Und Kunstsinn hergestellt. Sie können versichert sein, daß ich große Propaganda für Sie machen werde. Ich werde meiner Familie, meinen Freunden und Bekannten empfehlen, dieses hochinteressante Institut zu besuchen. Zur Besichtigung des übrigen Teils Ihres Parks komme ich im nächsten Jahre gern wieder zu Ihnen. Auf Wiedersehen.“ So endete dieser unvergeßliche Besuch. Er wird mir ein Ansporn sein, meinen Park, meinen Ideen und Plänen gemäß, in den nächsten Jahren weiter auszubauen, sodaß er zu einer so eigenartigen Schöpfung wird, wie in der Welt bis jetzt noch keine vorhanden war, zu einer permanenten Ausstellung, deren Existenz nur auf Grund der jahrelang gesammelten Erfahrungen und eines durch Jahrzehnte herangebildeten Personals von Mitarbeitern möglich ist.